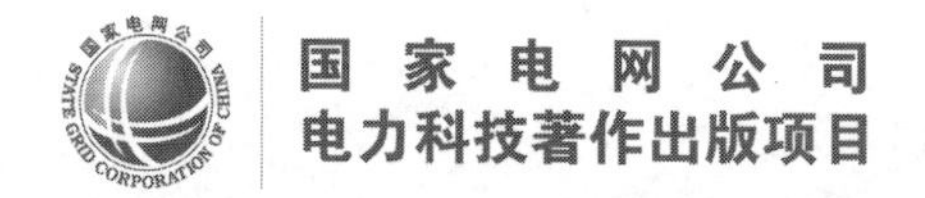

智能电网芯片技术及应用

杜蜀薇　赵东艳　杜新纲　赵兵　等　编著

ZHINENG DIANWANG XINPIAN
JISHU JI YINGYONG

中国电力出版社
CHINA ELECTRIC POWER PRESS

内容提要

智能电网的发展趋势是自主、可靠、可控、安全稳定运行，迫切需要推动芯片的国产化进程。新技术的发展，要求电力设备更加小型化、微型化，并实现移动作业，促使芯片向着高安全、高可靠、高集成、低功耗的方向快速发展。为了总结智能电网芯片技术及应用成效，更好地研究、开发以及应用智能电网专用芯片技术，特编写《智能电网芯片技术及应用》一书。

本书共分为7章，分别为概述、智能电网芯片关键技术、主控芯片技术及应用、通信芯片技术及应用、安全芯片技术及应用、射频识别芯片技术及应用、传感芯片技术及应用。

本书可供从事智能电网芯片技术及应用等工作的技术人员学习使用，也可供大专院校相关专业师生阅读参考。

图书在版编目（CIP）数据

智能电网芯片技术及应用 / 杜蜀薇等编著 . —北京：中国电力出版社，2019.5

ISBN 978-7-5198-2898-1

Ⅰ. ①智…　Ⅱ. ①杜…　Ⅲ. ①电网—芯片　Ⅳ. ① TM727

中国版本图书馆 CIP 数据核字（2019）第 005994 号

出版发行：中国电力出版社
地　　址：北京市东城区北京站西街 19 号（邮政编码 100005）
网　　址：http：//www.cepp.sgcc.com.cn
责任编辑：罗翠兰
责任校对：黄　蓓　常燕昆
装帧设计：张俊霞
责任印制：石　雷

印　　刷：三河市万龙印装有限公司
版　　次：2019 年 5 月第一版
印　　次：2019 年 5 月北京第一次印刷
开　　本：710 毫米 ×1000 毫米　16 开本
印　　张：15.5
字　　数：272 千字
印　　数：0001—2000 册
定　　价：88.00 元

《智能电网芯片技术及应用》编委会

前 言

“关键核心技术是国之重器，对推动我国经济高质量发展、保障国家安全都具有十分重要的意义。”习近平总书记在2018年中央财经委员会第二次会议上深刻阐述了关键核心技术在经济社会发展全局中的重要作用。突破芯片核心技术，是提高创新能力、掌握科技发展主动权的一项重要任务。近期发生的“中兴事件”体现出中国在芯片核心技术方面受制于人，从而导致了主动权的丧失。但从长远来看，这个事件必将促进我国芯片业快速发展，并以此为契机，促进世界芯片产业加速转向中国，形成第三次产业转移，中国接下来的几年，芯片行业将迎来发展的黄金时代。

智能电网作为现代工业系统的重要组成部分，其集成现代通信信息技术、自动控制技术、决策支持技术与先进电力技术，具有信息化、自动化、互动化特征，适应各类电源和用电设施的灵活接入与退出，实现与用户友好互动，具有智能响应和系统自愈能力，能够显著提高电力系统安全可靠性和运行效率。芯片在智能电网中起着举足轻重的作用，适用于智能电网发展的各种专业芯片也伴随着电网技术的进步而不断升级换代。智能电网的发展趋势是自主、可靠、可控、安全稳定运行，迫切需要推动芯片国产化进程，促使芯片向着高安全、高可靠、高集成、低功耗的方向快速发展。

近年随着电网智能化的快速发展，芯片在智能电网中大量应用，这两大领域紧密相连，催生了新技术、新产品、新应用，但系统性地讲述智能电网芯片的文献书籍却不多见。本书所介绍的智能电网芯片是一类专用芯片，部分关键技术是经过多年的生产实践总结出来的，具有自主知识产权，这些关键技术的应用，极大提高和推动了智能电网终端产品的创新水平。本书共分7章，分别为概述、智能电网芯片关键技术、主控芯片技术及应用、通信芯片技术及应用、安全芯片技术及应用、射频识别芯片技术及应用、传感芯片技术及应用。第1章概述中对芯片的发展历史进行了回顾，并着重介绍了智能电网芯片的需求与应用。第2章对芯片研制过程中的功耗、可靠性、电磁防护、可测性及热电仿真 5 项关键技术进行了详细描述。这几项关键技术是芯片开发过程中需要解决的基础性问题，只有全面掌握这些关键技术，才能为专用芯片的研发奠定基础。第 3 章 ~ 第 7 章对智能电网专用芯片进行了充分的介绍，分别是主控芯片、通信芯片、安全芯片、射频识别芯片和传感芯片。每一章都列举了芯片在智能电网中的应用场景，突出了各专用芯片的特殊设计理念。书中所介绍的技术均来自有关单位研发制造智能电网芯片过程中的经验积累。全书不涉及较深的理论，通俗易懂，实用价值高，但对研究和开发芯片在智能电网中的应用工作具有非常高的参考价值，对研发、制造、应用智能电网设备的技术人员、研究院所和高校的师生有很大的帮助。

本书由杜蜀薇教授级高级工程师总体策划、拟订大纲，由赵东艳研究员高级工程师、杜新纲教授级高级工程师和赵兵教授级高级工程师指导，由长期从事智能电网芯片的研发、制造工作和智能电网芯片应用技术的相关技术人员共同完成编写工作，最后由杜蜀薇统一定稿。

本书在编写过程中，得到国家电网有限公司营销部、中国电力科学研究院有限公司、国网北京市电力公司、相关科研院所和高校等单位的大力支持，在此表示诚挚的谢意。

由于芯片产业是一个多学科的产业，加之编者水平和精力所限，本书很多地方叙述不够透彻，也有很多不尽如人意的地方，作为智能电网芯片领域的从业人士，笔者愿意以此抛砖引玉，欢迎各位专家、学者及同仁们批评指正，也希望能够以此带动更多的同道中人凝聚智慧，引领行业前行。

编者

2018 年 9 月

主要符号说明

英文缩写	英文全称	中文全称
ACK	Acknowledgement	有效应答位
ADC	Analog Digital Converter	模数转换器
AHB	Advanced High Performance Bus	高级高性能总线
AMBA	Advanced Microcontroller Bus Architecture	高级微控制器总线结构
AMR	Anisotropic Magneto Resistive	异性磁电阻
APB	Advanced Peripheral Bus	高级外围总线
APDU	Application Protocol Data Unit	应用协议数据单元
ARM	Advanced RISC Machine	进阶精简指令集
ASK	Amplitude Shift Keying	振幅键控
AXI	Advanced Extensible Interface	高级扩展接口
BCI	Bulk current injection	大量电流注入法
BJT	Bipolar Junction Transistor	双极型晶体管
CIC	Cascaded Integrator Comb	积分梳状滤波器
CMOS	Complementary Metal Oxide Semiconductor	互补金属氧化物半导体
CMR	Colossal Magneto resistive	庞磁电阻
COS	Chip Operation System	芯片操作系统
CPLD	Complex Programmable Logic Device	复杂可编程逻辑器件
CRC	Cyclic Redundancy Check	循环冗余校验
CT	Current Transformer	电流互感器
DAC	Digital Analog Converter	数模转换器
DDC	Digital Down Converter	数字下变频器
DMA	Direct Memory Access	直接存储器访问
DSP	Digital Signal Processing	数字信号处理

续表

英文缩写	英文全称	中文全称
DTMOS	Dynamic Threshold(Voltage)Metal Oxide-Semiconductor	动态阈值电压金属氧化物半导体
DTU	Data Transfer Unit	数据传输单元
DUC	Digital Up Converter	数字上变频器
EEPROM	Electrically Erasable Programmable Read Only Memory	电可擦可编程非易失性存储器
EMC	Electromagnetic Compatibility	电磁兼容
EPON	Ethernet Passive Optical Network	以太网无源光网络
ESAM	Embedded Secure Access Module	嵌入式安全存取模块
ESD	Electro-Static discharge	静电放电
FCLK	Feedback Clock	反馈时钟
FCS	Frame Check Sequence	帧校验序列
FEC	Forward Error Correction	前向纠错编码
FFT	Fast Fourier Transformation	傅氏变换的快速算法
FTU	Feeder Terminal Unit	馈线监测终端
GFSK	Gauss frequency Shift Keying	高斯型频移键控
GIS	Gas Insulated Switchgear	气体绝缘开关设备
GMR	Giant Magneto Resistance	巨磁电阻
GPIO	General Purpose Input/Output	通用输入/输出口
IED	Intelligent Electronic Device	智能电子设备
IFFT	Inverse Fast Fourier transform	快速傅里叶反变换
IGBT	Insulated Gate Bipolar Transistor	绝缘栅双极型晶体管
LCD	Liquid Crystal Display	液晶显示器
LDO	Low Dropout Regulator	低压差线性稳压器
LNA	Low Noise Amplifier	低噪声放大器
LPF	Low Pass Filter	低通滤波器
LSB	Least Significant Bit	最低有效位
MAC	Media Access Control	媒体访问控制(物理地址)
MCU	Micro Controller Unit	微控制器
MEMS	Micro-Electro-Mechanical System	微机电系统
MOS	Metal Oxide Semiconductor Field-Effect Transistor	金属-氧化物半导体场效应管

续表

英文缩写	英文全称	中文全称
MPCP	Multi-Point Control Protocol	多点控制协议
MPDU	Application Protocol Data Unit	应用协议数据单元
MSB	Most Significant Bit	最高有效位
MTJs	Magnetic Tunnel Junction	磁隧道结
OAM	Operation Administration and Maintenance	操作维护管理
OFDM	Orthogonal Frequency-Division Multiplexing	正交频分复用
OLT	Optical Line Terminal	光线路终端
ONU	Optical Network Unit	光网络单元
OSI	Open System Interconnection	系统互联
PA	Power Amplifier	功率放大器
PCI	Peripheral Component Interconnect	外设部件互连
PCS	Physical Coding Sublayer	物理编码子层
PDCP	Packet Data Convergence Protocol	分组数据汇聚协议
PGA	Programmable-Gain Amplifier	可变增益放大器
PHY	Physical	物理层
PKI	Public Key Infrastructure	公钥基础设施
PLC	Power Line Communication	电力线载波通信
PMA	Physical Medium Attachment Sublayer	物理媒质附加子层
PMU	Power Management Unit	电源管理单元
POR	Power-On Reset	上电复位模块
PSAM	Purchase Secure Access Module	销售点终端安全存取模块
PT	Potential Transformer	电压互感器
PWM	Pulse Width Modulation	脉冲宽度调制
RAM	Random Access Memory	随机存储器
RFA	Radio Frequency Amplifier	射频前端放大器
RFID	Radio Frequency Identification	射频识别
RLC	Radio Link Control	无线链路控制层协议
RTC	Real Timer Clock	实时时钟单元
SAR ADC	Successive Approximation ADC	逐次逼近寄存器型 ADC
SAW	Surface Acoustic Wave	声表面波

续表

英文缩写	英文全称	中文全称
SC-FDMA	Single-carrier Frequency-Division Multiple Access	单载波频分多址
SCI	Smart Card Interface	智能卡接口
SDRAM	Synchronous Dynamic Random Access Memory	同步动态随机存储器
SNR	Signal-Noise Ratio	信噪比
SoC	System on Chip	系统级芯片
SPI	Serial Peripheral Interface	串行外设接口
SP	Strict Priority	严格（或绝对）优先级
TB	Transport Block	传输块
TCM	Tightly Coupled Memories	紧耦合存储器
TDD	Time Division Duplex	时分复用双工
TDMA	Time Division Multiple Access	时分多址
TEM	Transmission Electron Microscope	透射电子显微镜
TMR	Tunnel Magneto Resistance	隧道磁电阻
UART	Universal Asynchronous Receiver/Transmitter	通用异步收 / 发传输器
WRR	Weighted Round Robin	权重轮询调度

目 录

第1章 概　述

1.1 芯片发展概述

芯片是半导体元件产品的统称，也是集成电路的载体，是现代工业的“粮食”，是现代信息技术的基础。芯片的发展历史并不长，1958年9月12日，美国人杰克·基尔比提出将两个晶体管集成在一块半导体材料上，从而发明了第一个集成电路，开启了人类通向智慧世界的大门。诺贝尔奖评审委员会在基尔比获得2000年诺贝尔物理学奖后如是评价：“为现代信息技术奠定了基础。”

在此之后，半导体芯片展现出令人目眩的发展速度，英特尔（Intel）创始人之一戈登·摩尔（Gordon Moore）提出了著名的摩尔定律，这个定律是对集成电路惊人发展速度的最量化的描述：当价格不变时，集成电路上可容纳的元器件的数目，约每隔18~24个月便会增加一倍，性能也将提升一倍。换言之，每一美元所能买到的计算机性能，将每隔18~24个月翻一倍以上。经过半个多世纪的实际观测，这一间隔基本稳定在18个月的水平。60年后的今天，芯片已经可以实现在指甲盖大小的面积上制造出超10亿个晶体管、每根导线相当于人的头发丝的五千分之一，并且这种发展速度还将持续一段时间。

中国芯片发展起步并不落后，自主发展期间基本同美国同步。1965年，王守觉在一块约1cm^{2}大小的硅片内，刻蚀了7个晶体管、1个二极管、7个电阻和6个电容的电路，我国第一块集成电路由此诞生，从此中国进入集成电路时代。1972年，自主研制的大规模集成电路在四川永川半导体研究所诞生，实现了从中小集成电路发展到大规模集成电路的跨越，仅比美国多用一年的时间。在20世纪70年代的特殊时期，中国芯片的发展受到较大冲击，日本在美国的技术支持下，半导体研发大获成功，并全面超越中国。20世纪90年代初，日本经济泡沫破裂，韩国趁势加大投资、拉拢人才，在芯片产量和研发上全面超越日本，成为世界第一。20世纪70年代开始落后的中国芯片产业虽然在改革开放后奋起直追，但各种原因造成了以芯片进口为主的产业格局，尤其在核心、高端、通用芯片，特别是在数模混合电路中的 AD/DA、超高速串行器 / 解串器（SerDes）、射频前端的 SAW/BAW 滤波器、高性能功率放大器（PA）、现场可编程门阵列（FPGA）、高性能处理器和电子设计自动化（EDA）工具等高阶领域差距更大，技术代差普遍在 5~10 年，替代率乐观的估计也不足 20%。

芯片的发展自然离不开产业的支撑，而芯片产业的转移变迁在不断验证着日本经济学家赤松要提出的产业发展的“雁形模式”。在过去的近半个世纪，世界芯片行业经历了两次产业转移：第一次在 20 世纪 70 年代末，从美国转移到了日本，造就了富士通、日立、东芝、NEC 等世界顶级的芯片制造商；第二次在 20 世纪 80 年代末，韩国与我国台湾成为芯片行业的主力，继美国、日本之后，韩国成为世界第三个半导体产业中心。近年，由于中国已经成为世界最大的电子产品制造国和消费国，从 2006 年开始中国进口芯片超过石油成为我国最大宗进口商品，2013 年至今每年进口额均超过 2000 亿美元。根据联合国贸易统计，中国在 2017 年进口了 2601 亿美元的集成电路芯片，这促使芯片形成第三次产业转移，即向中国的产业转移。

芯片的发展历程也恰恰在信息技术的应用中体现出来，各种电子类、工业控制类设备和系统都伴随着芯片的发展而被发明创造或改造升级。在如今的信息时代，个人消费品中的家用计算机、手机、家电、汽车等可能只包含有某几种芯片，就可以极大地方便人们的生活与工作；在电力系统、航空航天、高铁船运、医疗仪器、机器人等工业产品和控制系统中，更是有数不清的芯片在发挥着不可替代的作用，尤其是在近几年发展迅猛的智能电网、人工智能、物联网等新技术中应用了高端的专用芯片，使大数据、云计算应用成为可能，让人类更好地管理社会，同自然协同发展。

1.2 智能电网概述

电网是经济社会发展的重要基础设施，是能源战略布局的重要内容，是能源产业链的重要环节，是国家综合运输体系的重要组成部分。智能电网的发展与国际能源发展密切相关。21 世纪以来，世界经济形势和能源发展格局发生了深刻变化，世界主要国家均加速调整能源结构，转变能源开发利用模式，加快向绿色、多元、高效的可持续能源系统转型。构建清洁、低碳、可持续的能源体系成为新一轮能源变革的显著特征，而智能电网是新一代能源体系的核心平台。通过近 20 年的发展，智能电网已上升为各发达国家占据能源科技制高点的国家战略。

在全球能源深度转型的新时期，世界各发达国家都纷纷依据各自的战略需求提出智能电网发展纲要，从而占据能源科技制高点，获得在新一轮能源革命和世界竞争格局中的优势地位。

美国把发展智能电网作为电力系统改造、提高能源利用效率和促进经济发展的重要战略举措。根据美国“电网 2030”计划，2030 年将建立美国国家电力主干网、区域互联网（含加拿大和墨西哥）和地方配电网三部分，形成横跨四个时区的统一电网，发挥加强国家电网安全性、推动可再生能源利用、促进智能电网产业发展的战略作用，并且已开始实施 IntelliGrid、GridWise、GridWorks、现代电网先导计划（MGI）等一批技术创新项目，以及西北太平洋地区智能电网示范工程等一批示范工程。

欧洲智能电网是承载大规模可再生能源的重要平台。根据欧洲“超级电网”设想，通过构建超级电网，实现欧洲、北非、中东等环地中海地区的大规模可再生能源电力的跨国输送和互补利用。现已开始实施北海国家近海电网先导计划（NSCOGI）、ISLES、EcoGrid、德国 E-Energy 等一批技术研发和工程示范项目。

日本将提升能效作为发展智能电网的核心目标，在可再生能源利用方面着重发展太阳能。大力推进技术革新和产业升级，其能源消费强度下降到全球平均水平的三分之一，占据世界领先地位。

韩国也已提出智能电网发展计划，一方面在国内普及智能电网，另一方面积极主导国际标准制订，培育具有国际竞争力的智能用电产品和企业，抢占国际智能电网市场份额，充分体现其“出口导向型”经济特点。

我国对智能电网的认识非常深刻，认为电力系统技术革命是能源革命的重要组成部分，其关键在于智能电网。我国从 2009 年开始提出建设智能电网理念，并在政府工作报告中提到要推动智能电网建设。2015 年，国务院印发《关于积极推进“互联网 +”行动的指导意见》，对“互联网 + 智慧能源”行动做了详细阐释，为智能电网的发展注入了新的元素和活力。《国家中长期科学和技术发展规划纲要（2006—2020 年）》实施情况中期评估能源领域专题报告明确提出，为适应当前能源发展形势，需要新增“新型能源系统关键技术及系统集成”优先主题，推动以电为中心的能源系统与智能电网全面融合，构成能源生产和消费互动的新型体系。另外在“中国制造 2025”先进装备制造业中，将智能电网成套装备也列为重要发展领域之一。近期电力行业提出的新一代电力系统，更是把智能电网领域推向了一个新的水平。

智能电网是在传统电力系统基础上，集成新能源、新材料、新设备和先进传感技术、信息技术、控制技术、储能技术等而构成的新一代电力系统，可实现电力发、输、配、用、储过程中的全方位感知、数字化管理、智能化决策、互动化交易。芯片在智能电网的信息化、自动化、互动化的过程中起到的正是核心支撑作用，可以说，没有芯片的应用就不会有智能化的电网。智能电网中应用了大量芯片，这些芯片既有复杂度极高的主控芯片，又有可实现特定功能的专用芯片；既有国外的进口芯片，又有国内自主研发的芯片。智能电网的快速发展，对芯片产生了强大的需求，也促进了电力专用芯片的发展。

1.3 芯片在智能电网中的应用

智能电网作为现代工业系统的重要组成部分，集成了现代通信信息技术、自动控制技术、决策支持技术与先进电力技术，具有信息化、自动化、互动化特征，适应各类电源和用电设施的灵活接入与退出，可实现与用户友好互动，具有智能响应和系统自愈能力，能够显著提高电力系统安全可靠性和运行效率。芯片在智能电网中起着举足轻重的作用，适用于智能电网发展的各种专业芯片也伴随着电网技术的进步而不断升级换代。

芯片作为电力设备和系统的基本单元，是构成传感、测量、控制和通信的硬件基础。如果将智能电网比作人体的话，主控芯片就好比人的大脑，可完成数据的分析、处理和控制工作；传感芯片就好比人的各种感知器官，可感知电网中的多项参数及变量，实现对电网环境的监测；通信芯片就好比人的神经系统和血管，可完成信息传输与交互的工作；安全芯片就好比给人戴上了施工和运行的安全帽和护盾，有效保障了整个系统的安全性；射频识别芯片就好比人的身份证号码，用来唯一区分不同的人。利用这些芯片搭建的高效传感与通信网，可以实时监测电网关键节点的电压、电流、导线温度、覆冰等运行状态，并及时反馈控制，还可以监测电网运行环境温度、湿度、安全监控等信息，使得全网的状况可知可控，从而全面保障智能电网的安全可靠运行。图 1–1 所示为智能电网中涉及的技术及芯片。

按照电力输送及控制环节的不同，通常可对智能电网按照发、输、变、配、用、调度和通信信息专业方向进行划分。在每个环节中都有不同功能的智能终端和系统进行支撑，这些设备和系统都要依靠芯片提供不同的功能，如数据采集、模数和数模变换、逻辑运算与判断、计算算法、调度控制、数据传输、信息安全等，根据这些功能需求必要时还要开发出特定的专用芯片。目前智能电网用芯片已经是一类特定的种类，并且根据智能电网的发展还在不断地推陈出新。

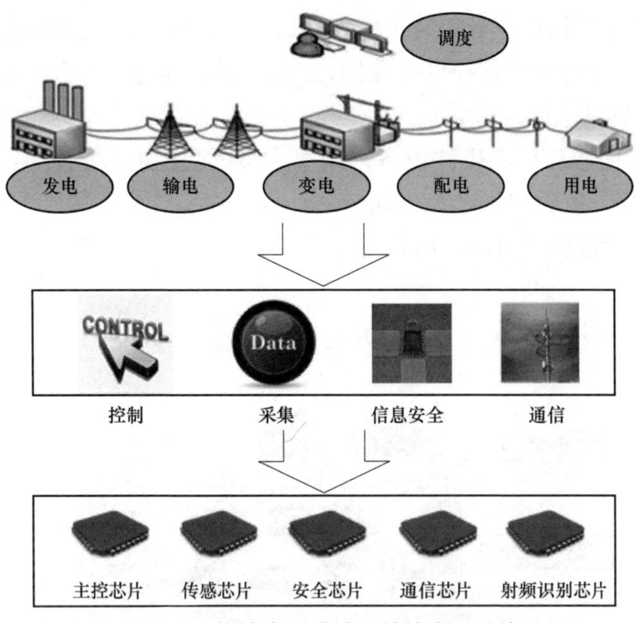

图 1–1　智能电网中涉及的技术及芯片

1.3.1　智能电网对芯片的需求

1.3.1.1　发电环节

中国是世界上装机容量最大的国家，截至 2017 年年底，我国全口径装机总容量达到 17.77 亿 kW，以太阳能和风能为代表的清洁能源发电已经超过国家"十三五"规划目标，并在装机容量和发电量上已经位居世界首位。在这些发电设备上，需要安装各种监控和监测设备，以便于设备的安全运行和并网。

在传统的火电和水电设备上，近些年有针对性地对新投设备和运行多年的设备安装了大量的运行参数和故障诊断的状态监测设备。如在对发电机定子开展监测过程中，需要监测定子的局部放电、定子段部振动情况、转子匝间短路、转子轴电压电流参数等。在监测这些参量时会产生大量的数据，并对硬件提出了较高的要求，应用嵌入式 CPU 及数字信号处理（DSP）芯片技术，已经广泛应用在上述监测系统中。在太阳能光伏发电设备上应用的大量的逆变器设备，将太阳能电池板产生的微弱直流电流汇集逆变后变成交流电然后升压送出，在这个过程中逆变器的触发控制就需要应用各种专用芯片。同样，在风电设备上，需要通过芯片控制风机的旋转速度。在生物质发电中，需要利用传感器芯片监测可燃气体浓度，以提高生物质的发电效率。

目前，发电厂基本上都安装了监控系统，能连续监测机组的各种重要参数，保证机组安全，同时提供在线诊断数据，工作人员可通过诊断数据分析机器故障，发电厂设备在线监测系统如图 1–2 所示。发电厂监控系统主要由传感器及智能板件组成。传感器及智能板件设备采用了大量的主控芯片、传感器芯片、模拟 / 数字转换芯片、射频识别芯片、通信芯片等。初步统计，用于电站型设备各类芯片的总需求量将超过 3000 万颗。

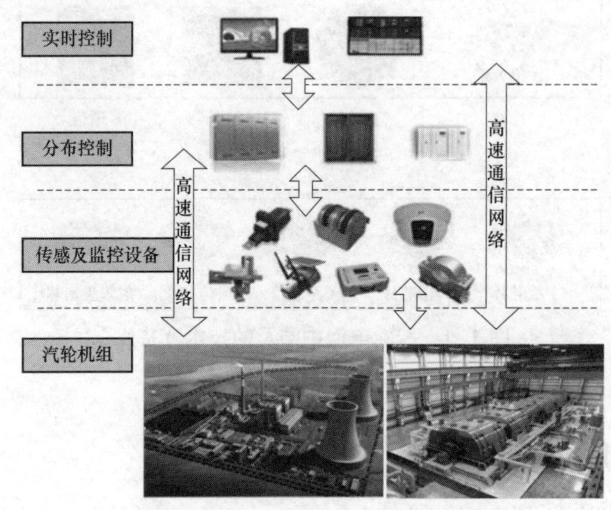

图 1–2 发电厂设备在线监测系统

1.3.1.2 输电环节

中国地域广阔，经济的快速发展和西电东送促使中国建设了世界最大的输电网络，既运营着全世界电压等级最高、送电里程最远的特高压线路，同时又在像北京、上海这样的特大型城市的地下运行着数百千米的高压及特高压电力电缆。雷、雨、风、雪、山火等各种自然灾害以及外力都在不同程度影响着输电线路的安全运行。据统计，输电线路故障的 90% 以上来自于自然灾害，因此对输电线路的在线监测对保障电网的安全运行具有重要的意义。

架空输电线路在线监控系统主要用于监测输电线路的温度、倾角、相位、振动、风偏等物理量的变化，从而实现预警分析和智能控制，如图 1–3 所示。输电线路在线监测系统需要大量温度、湿度、风偏、舞动、故障电流、杆塔倾斜和拉力等传感器，包含大量的传感芯片、通信芯片、射频识别芯片等。目前全国电网 35kV 及以上输电线路长度超过 183 万 km，按平均每 0.5km 安装 3 类传感器，传感器需求量将达到 900 万颗。

图 1–3　输电线路在线监测系统

1.3.1.3　变电环节

变电站是输电网的结点，是网络系统的“神经元”。变电站中应用芯片的数量和种类在智能电网中是最多的，变电站主要由一次系统、二次系统以及必要的辅助设施构成，其中二次系统通常包含了监控系统、保护自动化系统、安全稳定系统、测量及计量系统、通信系统、在线监测及状态评估诊断系统等。二次系统和所涉及的二次设备无一例外均要应用芯片，由此可见，芯片在变电站起到的作用非同一般。

在二次系统中最核心的是变电站监控系统，如图 1–4 所示。变电站监控系统对全站设备的运行参数进行采集、测量，并对运行状态进行监视和记录；对变电站主要一次设备进行自动控制或远方操作；当变电站的主要设备或输、配电线路发生故障时，能及时记录和提供故障信息；将采集到的数据通过先进的网络通信技术及时上送至调度主站，并执行调度主站下达的命令。监控系统主要由数据采集、数据分类和处理、数据存储、辅助分析决策、优化控制、安全监控、操作与控制、人机联系、系统维护、同步对时等功能模块组成。智能变电站监控系统除完成常规变电站监控与数据采集功能外，还将视频环境监测、在线监测等各种子系统的数据进行有机的融合，并在此基础上满足电网实时在线分析和控制决策以及运行状态可视化的要求。变电站监控系统应用了计量装置、变压器智能组件、合并单元、测控装置、监控装置、保护装置、时间同步装置等众多设备，这些设备包含大量芯片，主要有主控芯片、传感器芯片、安

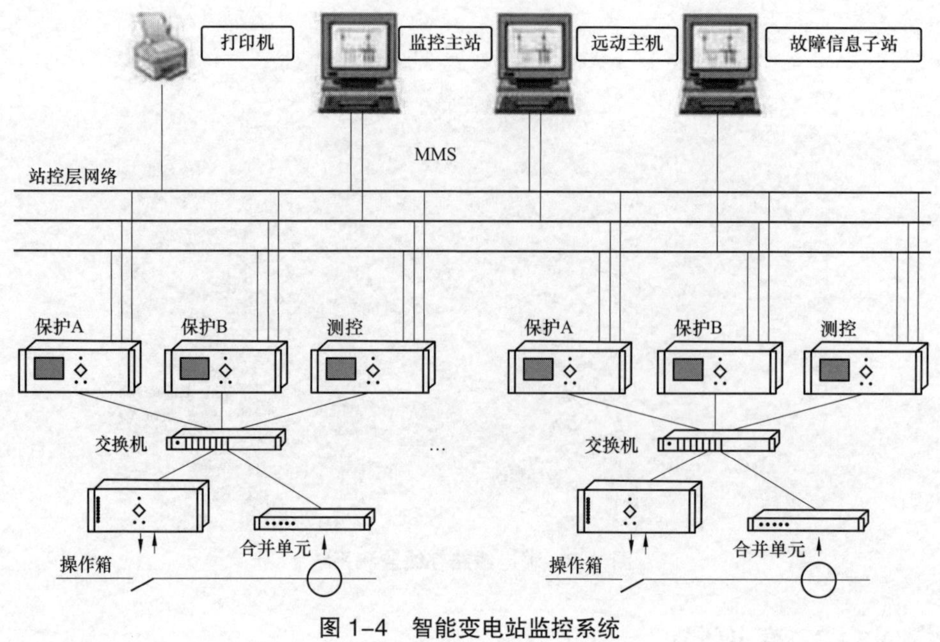

图 1–4　智能变电站监控系统

全保护芯片、通信芯片、射频识别芯片等。截至 2017 年年底，全国变电容量总计 66 亿 kVA，110kV 及以上智能变电站达 5000 多座，各类芯片总量超过 1 亿片。

在变电环节中，在线监测及状态评估诊断系统作为一次设备的“医生”也应用了大量芯片，而且部分芯片还是专门针对某一种特定功能开发的专用芯片。围绕着声、光、电、磁、热、振动等理化特性对电力设备进行监测和诊断，这都要通过精密传感器才能获得，而这些精密传感器的核心就是专用芯片，并且一部分特定芯片既承担着传感器作用又承担着运算作用，可以说是多种功能集于一身，这对传感器小型化提出了需求。另外，机器人巡检目前已经批量应用于变电站中，机器人本身就是智能型设备，自然也应用了大量的芯片。随着测试技术和芯片技术的相辅相成，更高性能的芯片将会不断地被开发出来。

1.3.1.4　配电环节

在配电环节中，类似于变电环节的状态监测和保护自动化等二次系统仍然得以应用，但配网自动化系统是配电环节中最大的智能化系统，因为它应用的智能终端是变电站数量的数十倍。配网自动化系统对配电系统进行监测与控制，实现配电系统的科学管理，如图 1–5 所示。其主要功能包括数据采集与监控、故障隔离与恢复、电压及无功管理等。配网自动化系统主要包含配电终端、馈线和配电监控终端 [数据传输单元（DTU）、馈线监测终端（FTU）]、继电保护、断路器、

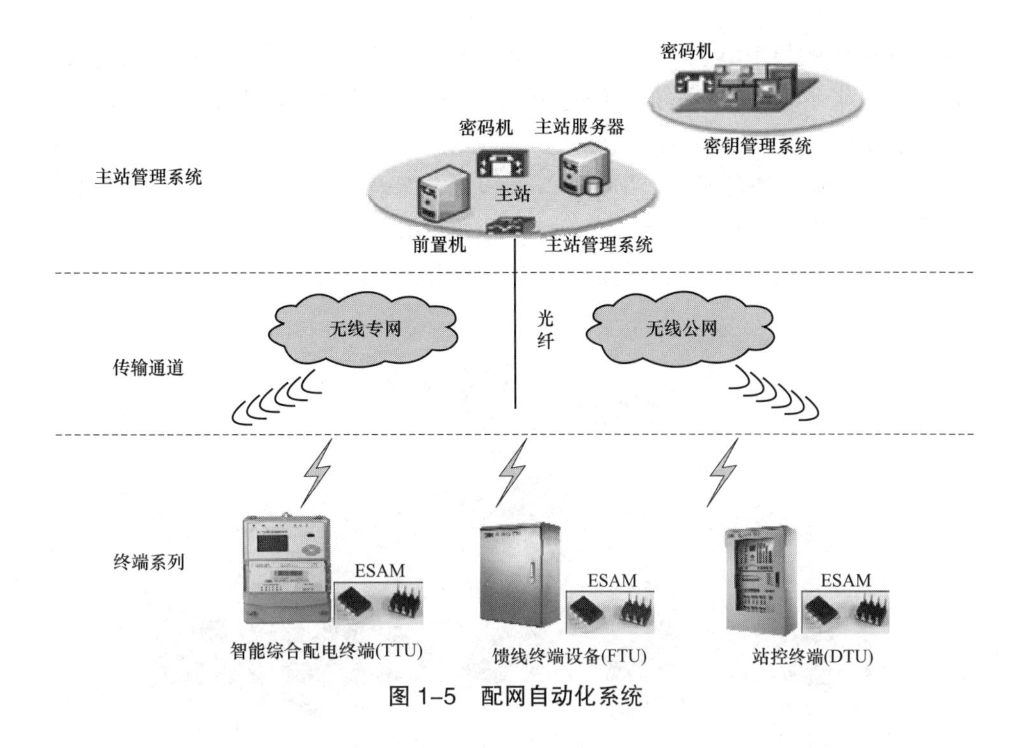

图 1–5 配网自动化系统

开关电源、整流器、谐波分析、无功补偿等众多设备，其中又包含大量主控芯片、通信芯片、安全芯片、数模转换芯片、射频识别芯片等。目前配网自动化系统中各种终端需求超过 300 万台，各类芯片需求总量将超过 3.5 亿片。

最近几年，国内外推出了主动配电网的新理念，我国在北京、厦门、杭州也开展了试点。主动配电网将传统配电网和用户侧内部的负荷、分布式电源、柔性控制负荷紧密联系在一起，打通了主网和中低压电网的界限，通过云计算、大数据等新技术在同一平台上协同优化源、网、荷，使电网高可靠性、高供电质量、科学规划成为可能。这套先进的系统自然离不开新型的智能终端，如配电网综合配电单元、配电网快速切换装置、安全合环系统以及基于图数据库的配电网数据库系统，这些新技术均伴随着最新芯片组的升级应用。

1.3.1.5 用电环节

用电环节是智能电网覆盖面最大的领域，既有需求侧管理的用电问题、电量采集传统的专业，又有近些年因为技术进步而产生的新的用电领域，如电动汽车充电设施及网络、智能家居、智能小区、智能园区、集群需求相应等。

用电信息采集系统是对传统的人工抄表的技术替代，利用用电采集自动化技术完成计量、采集、通信、核算的一体化，其核心设备是用户侧的智能电表，中间通信通道中的集中器、采集器、路由器，以及后端的用电信息采集主站系统。用电信息采集系统在用户量最大的省份可以承载几千万个实时对电力用户的用电信息进行采集、处理和监控的系统，其结构示意图如图 1-6 所示。用电信息采集系统主要由主站、通信网络、采集终端和智能电能表组成，该系统的实现需要大量安全芯片、主控芯片、通信芯片、计量芯片、射频识别芯片等。目前中国智能电表需求约为5亿只,集中器/采集器可达5000万只,各类芯片总量将超过40亿片。

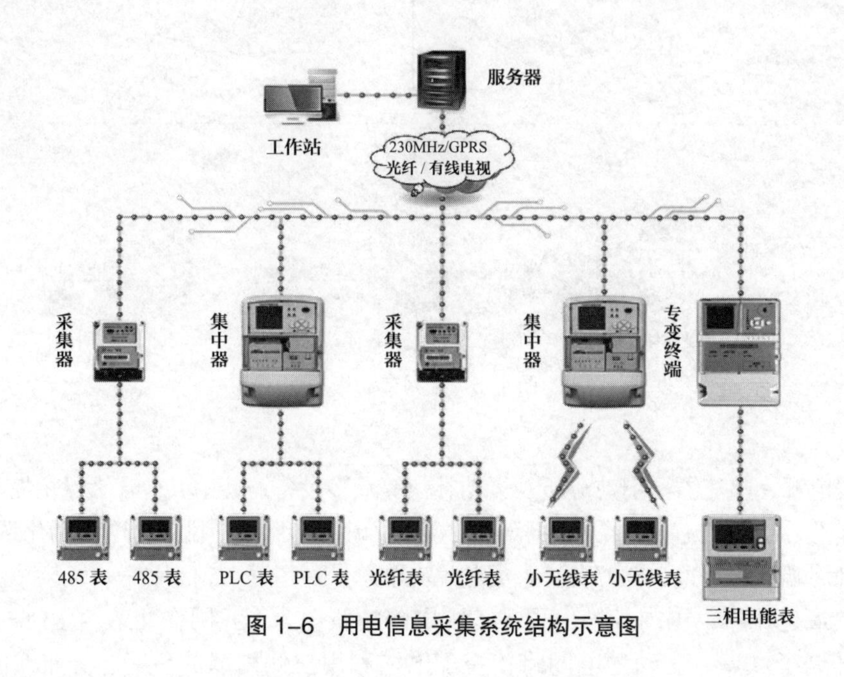

图 1-6　用电信息采集系统结构示意图

电动汽车充电设施及网络伴随着电动汽车的数量快速增长而迅猛壮大。截至 2017 年年底，我国公共类充电基础设施保有量达 21.4 万个，月均新增公共类充电基础设施约 6054 个，全国随车配建私人类充电基础设施约 23.2 万个。充电桩本身就是一个智能终端，在它上面配有电度表、整流器、逆变器、GPS 定位、通信模块等元部件，因此单个充电桩就要应用十几个甚至数十个芯片，每年仅充电设施对芯片需求可达数百万个。

用电环节的智能家居领域对芯片的需求数量更大，并且也正在呈现快速的增长。智慧家庭系统具有安全、方便、高效、快捷、智能化、个性化的独特魅力，对于改善现代人类的生活质量，创造舒适、安全、便利的生活空间有着非常重要的意义，并具有非常广阔的市场前景。目前智能家居设备可以在家庭内部自行组网，也可以通过家庭路由器连接 Internet，通过计算机和手机终端进行遥控。智能家居及能效管理系统如图 1–7 所示。这些智能型家居一旦被公众所接受，其对芯片的需求必将如同智能手机一样不可估量。

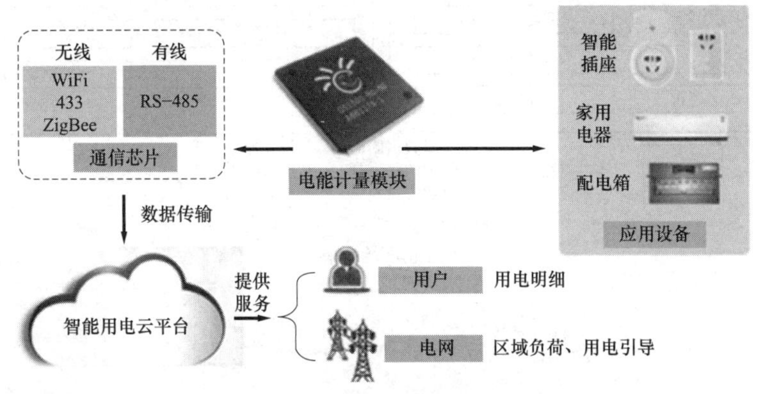

图 1–7　智能家居及能效管理系统

1.3.1.6　调度环节

调度环节是智能电网电力流的调控中枢。调度环节中，电网信息由厂站端的采集装置经过通信平台的传输，将电网潮流信息及时展现在远端的调度系统中，由调度系统进行综合判断，给出电网运行的合理运行方式，因此调度系统对大量的信息流进行加工分析，从而实现对调度员的辅助决策。调度自动化系统就是加工电网信息的复杂决策系统，其对由各类芯片组成的计算机硬件标准要求很高。

调度系统采用的服务器、信息安防系统、数据库系统、存储备份系统等都是高等级的计算机类设备，需要内置最先进的芯片。各级智能电网调度支持系统就是在这种先进的硬件环境下开发出来的智能化系统，它可以将发、输、变、配、用的信息进行组合，甚至可以同时在同一个平台进行展示，便于协同源网荷潮流，实现优化调度。目前，我国基本搭建了以 D5000 为代表的国际最先进、应用规模最大的调度平台。D5000 调度系统基础平台如图 1–8 所示。

1.3.2　智能电网中的芯片类别

智能电网通信、量测、设备、控制各领域，完成对数据的收集和监测、分析，诊断和解决、控制智能电网安全运行，主要涵盖了主控、通信、安全、射频识别、传感、功率器件等关键芯片。

1.3.2.1　主控类芯片

主控类芯片是实现各类应用采集、算法、控制的中心，也是实现硬件装置设备智能化的核心处理单元，包括以运算性能和速度为特征的微处理器（MPU）

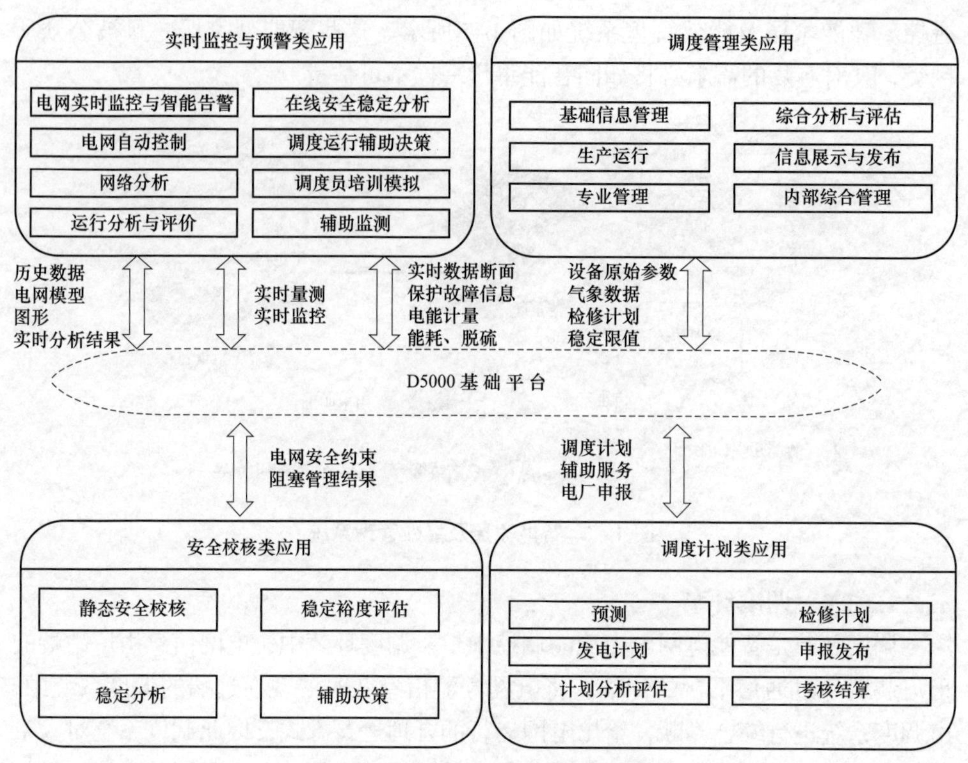

图 1–8　D5000 调度系统基础平台

和以控制功能为特征的微控制器（MCU）。

主控芯片是各类终端设备控制端的核心器件，主要实现加载和运行操作系统，控制整个设备的运行状态。根据功能和性能的不同，主控芯片可分为智能电能表专用主控芯片、低功耗主控芯片、高性能通用主控芯片以及高速处理主控芯片，广泛应用于电力系统的智能设备中。

智能电能表专用主控芯片和高性能通用主控芯片是针对国网标准的单相智能电能表、采集器、集中器、配网自动化 FTU 及二次回路巡检仪等设备定制的两款主控芯片。智能电能表专用主控芯片针对电表的应用集成了多种功能，方便用户快速开发单相智能电能表，高性能通用主控芯片是针对电力二次设备应用的通用 MCU 芯片。低功耗主控芯片是针对国网标准的配网故障指示器设备定制芯片，采用超低功耗设计理念，使得产品静态功耗达到国际领先水平，满足电网低功耗设备应用需求；高速处理主控芯片主要应用于中高端智能配电终端设备、高端继电保护装置及模组化集中器等设备，满足处理速度快、运算能力强、支持大型操作系统等高端需求，高速处理主控芯片瞄准以双核或多核 CPU 架构为核心的主控芯片，支持 FPU 和 DSP 扩展指令集，支持存储管理单元，支持虚拟内存和物理内存的动态页面映射，集成了多路以太网通信接口和方便信息采集和控制的其他相关接口的高端主控芯片。

1.3.2.2　通信类芯片

电力通信网是保证电力系统安全稳定运行的神经系统。为了适应电力通信环境的复杂性和应用范围的广泛性，通信芯片分为有线和无线两大类，满足终端通信接入网建设的多元化需求。无线类包括 GPRS/GSM、NB-IOT、eMTC、TD-LTE 230MHz 与微功率无线通信芯片等，有线类包括 RS-485、以太网、电力线载波芯片、以太网无源光网络（EPON）光通信芯片等。应用多种类通信芯片的电力系统端通信接入网整体解决方案，确保通信可靠稳定，有效提升电力通信速率。

GPRS/GSM、NB-IOT 与 eMTC 无线通信芯片是针对物联网数据传输的低功耗远程通信芯片，采用国际通用的 3GPP 技术标准，依托于公用的移动通信网络来工作。TD-LTE 230MHz 无线芯片是满足智能配用电网业务通信需求而定制开发的无线通信芯片，基于该芯片的 LTE 230MHz 基站和终端通信单元，具备广覆盖、高可靠、实时性强、安全性强、频谱适应性强、灵活易扩展等特性，适用于电力配用电业务数据的承载。微功率无线通信芯片工作在 470~510MHz 频段，采用高斯频移键控（GFSK）调制技术，GFSK 调制通常采用锁相环来实现，电路简单，功耗低，为满足国家无线电委员会的要求，发射功率控制在 50mW（17dBm）以内，传输距离受限，通常作为电力本地通信方式。

RS-485 芯片的技术成熟，容易应用，但传输距离受限，布线复杂，通常应用于电表与采集器间的短距离通信。以太网芯片和计算机网络中使用的一样，技术很成熟。电力线载波芯片是基于电力线为传输介质的通信类芯片，分窄带与宽带两种。EPON 光通信芯片采用光纤通信技术，速率高、延时短、传输距离远，系统可靠，但须铺设专用线路，成本相对较高，通常作为电力骨干通信网或集中器（采集器）与远距离控制中心的通信方式，如想在电表中应用，在成本与功耗方面须做特定的优化。

1.3.2.3　安全类芯片

当前信息技术已渗透到社会所有领域，信息安全的重要性日益凸显，并成为保障国家安全的战略性核心产业。以基于国密算法的安全芯片产品为核心向电力系统领域提供安全解决方案，有效保障智能电网的信息安全。基于安全芯片产品的解决方案为用电信息采集系统提供整体的安全保障。通过智能电能表、集中器、采集器等现场终端设备的内置安全芯片对用电信息进行加密，实现与主站层的密钥管理系统、发卡系统、预付费售电系统安全交互，保障用电信息安全存储、安全传输、安全交互。

安全类芯片可支持各类密码算法，提供多种性能指标，以适用于不同应用场景，广泛应用于智能电表安全模块、用采终端安全模块、配电终端安全模块、智能 CPU 卡、现场服务终端、车载终端、统一安全接入平台终端安全模块、电动汽车支付卡、USB 密码钥匙、SD 密码卡、外设部件互连标准（PCI）接口密码卡、计量安全单元等模块和设备中。

基于安全芯片的智能电表安全模块和智能终端安全模块是专用于用电信息采集业务的智能电能表和采集终端（采集器、集中器、专变终端）中的信息安全防护。模块满足工业级产品设计标准，智能电表安全模块支持国密算法，嵌入在智能电能表内，用于实现数据的安全存储、数据存取权限控制、数据传输加密保护等功能，确保智能电能表预存金额、运行参数的存储安全和电表远程开合闸控制的合法性；智能终端安全模块支持国密算法，可以实现数据的加密、解密、签名、验签等基本功能，嵌入到用电信息采集终端内，在采集终端和采集主站之间建立安全加密的传输通道，确保数据传输安全，并完成主站和采集终端之间双向身份认证、访问权限控制等功能。

1.3.2.4 射频识别类芯片

射频识别技术作为电力领域的一项重要的识别技术，可通过射频信号自动识别目标对象并获取相关数据，其识别过程无须人工干预，而且它可工作于各种恶劣环境中。随着技术的发展，射频识别技术可识别高速运动物体并可同时识别多个标签。凭借其特有的操作快捷方便、抗污损能力强、安全性高及读写距离远等众多优势，在电力领域得到了广泛的应用，涉及智能巡检、智能用电服务、用电信息采集、电力资产管理等领域。目前核心芯片包括超高频射频识别芯片、高频射频识别芯片等，并有基于上述产品的电力系统资产全生命周期管理解决方案，为电网精细化管理提供支撑。

超高频射频识别标签具有识别距离远、高安全性、高可靠性的特点，适合电网复杂工控环境，可以广泛应用于智能电表、互感器标签等诸多电力设备的资产管理，同时该芯片也可植入变压器、断路器等一次设备专用电子标签中，用于电力资产的全寿命周期管理。

高频射频识别标签带有国产加密算法，可以在近距离完成安全可靠的识别，可以封装形成多种形式的 RFID 电子封印，应用到智能电能表、计量箱等计量器具中，只能与经过授权的读写机具实现通信，有效杜绝非法设备的恶意攻击，保证计量机具的安全防伪。

在智能电网中，不同的应用场景，需要灵活地使用不同类型的射频识别电子标签，以适应各种特殊环境。

1.3.2.5 传感类芯片

随着智能电网和全球能源互联网的发展，电网对运行状态在线监测的需求日益旺盛。电力系统的电流、温度、压力、姿态、位置、振动、倾角、磁场等传感芯片，以及以传感芯片技术与产品为核心的电力在线智能监测解决方案，可广泛应用于电网发、输、变、配、用各环节。

在输电环节，高压架空输电线路容易受到气象环境的影响而引起故障，从而导致输电线路设备损毁，甚至导致大面积停电。因此实时掌控输电线路导线、杆塔的实时运行状态对线路的安全运行至关重要。采用监测导线的舞动、振动、高度等物理运动、动态位移的导线动态位移传感器，可实现对输电线路的舞动、震动在线监测；采用杆塔运动状态监测传感器，可实时监测杆塔的摆动、摆幅、震动、倾斜等工作状态，避免导线相间放电、倒塔等事故的发生。

在发电、变电环节，例如变电站内高压电气设备由于过载、接触不良、绝缘下降等原因会引起设备温度异常升高或连接引线松动引起发热，实时监测设备运行温度是最有效的设备故障预警手段之一。接触式测温、红外热像仪等测温方式都有其局限性，这就需要一种非接触式的低成本的无线无源温度传感器，来实现设备运行温度的有效监控。

在配电环节，例如配电变压器在生产过程中，存在一些诸如硅钢片 / 线圈不平整、磁芯材质不过关等出厂检测时无法发现的质量问题。这类变压器投入使用后异常振动越发明显。在变压器壳体上安装振动传感器，监测变压器的振动情况，为运维人员提供可靠的数据依据。

在用电环节，智能电表目前全部采用电流互感器作为电流计量器件，而其计量精度往往极易受到外界磁场的干扰。绝大部分窃电行为正是利用电流互感器这一特性，通过使用恒定磁场造成互感器磁性材料达到磁饱和，扰乱计量精度。利用磁传感芯片监测电能表周围恒定磁场，可记录潜在的窃电行为，通过用电信息采集系统上传至后台主站，及时发出提示与告警信息。

1.3.2.6 功率器件芯片

功率器件是由半导体材料制成的用于自动控制与电能变换的集成电路产品，它除了保证设备的正常运行以外，还能起到很好的节能作用，因此在智能电网、轨道交通、航空航天、电动汽车、新能源等朝阳产业领域有着广泛应用。主要的功率器件有绝缘栅双极型晶体管（IGBT）、MOSFET、晶闸管、GTR（电力晶体管）、二极管等，根据它们自身的电压电流能力被应用于不同的场合。在智能电网中，IGBT 与晶闸管主要用于高电压大电流场合；MOSFET 与 GTR 主要用于电源电路和驱动电路；二极管主要用于整流、续流环节。智能电网中的绝大多数电能都需要经过功率器件的处理，它是实现电能的传输、转换及其过程控制的核心部件。在这些功率器件中，IGBT 是极具代表性的产品，它引领高压大功率功率器件进入全控时代。

IGBT 是复合全控型器件，可以同时控制它的开通和关断，它既具有 MOSFET 器件驱动功率小、开关速度快的优点，又具有双极型器件（GTR）通态功耗低而容量大的优点。在智能电网建设的大背景下，IGBT 在智能电网的相关设备中起着至关重要的作用。IGBT 在电力系统发、输、变、配、用等各个环节的使用，让电能的利用更高效、更节能、更环保，同时也推动了电网技术的发展和进步。IGBT 类芯片的发展创新，必将打破微电子、电力电子、高电压设备各自独立的局面，一体化、小型化、大功率设备的发展将推动电网装备的变革。

1.4 智能芯片未来发展方向

1.4.1 国家对智能芯片的政策方针

2014 年 6 月国务院出台了《国家集成电路产业发展推进纲要》，进一步突出企业的主体地位，以需求为导向，以技术创新、模式创新和体制机制创新为动力，破解产业发展瓶颈，着力发展集成电路设计业，加速发展集成电路制造业，提升先进封装测试业发展水平，突破集成电路关键装备和材料，推动产业重点突破和整体提升，实现跨越发展。

智能芯片是集成电路经过设计、制造、封装、测试后的产品，以及外围器件配合运行的整体。根据世界半导体贸易统计协会预测，全球芯片和半导体市场未来三年将保持两位数的增长，近年来通信芯片的需求大幅度增长，给全球智能芯片注入了新的活力。在最近几年里，智能化的大趋势有力推动了芯片业的发展，智能通信芯片在移动通信、物联网和无线数据传输领域的发展，已经超过了计算机 CPU 芯片。

智能电网专用芯片涵盖了电网通信与安全、传感与量测、控制与保护等领域。目前电力系统专用芯片研究，突破高精度电力系统传感集成电路设计技术、电网专用芯片可靠性设计技术、电网专用芯片自取能集成电路设计技术等关键技术，主控关键技术，射频识别关键技术，为电力系统专用芯片的设计提供了基础技术支撑。

作为电力设备、系统的基本单元，智能芯片是构成传感、测量、控制和通信安全的硬件基础。利用电网专用芯片搭建的高效传感与通信网，可以实时监测电网关键节点的电压、电流、导线温度、覆冰、舞动等运行状态，并及时反馈控制，还可以监测电网运行环境温度、湿度、安全监控等信息，使得全网的状况可知可控，从而全面保障智能电网的安全可靠运行。

1.4.2 智能电网关键芯片的技术趋势

发展智能电网是未来国际电力发展的现实选择，智能电网建设为芯片产业带来巨大的发展机遇。中国智能电网建设周期预计，自动化智能化设备的投入将达到25000亿元人民币,其中各种芯片需求达3000亿元到5000亿元。近几年，随着“一带一路”倡议的推进，我国电力企业积极开拓国际市场业务，也将带动芯片产业在海外市场的拓展。

智能电网的发展趋势是自主、可靠、可控、安全稳定运行，迫切需要推动芯片国产化进程。新技术的发展要求电力设备更加小型化、微型化，并实现移动作业，促使芯片向着高安全、高可靠、高集成、低功耗的方向快速发展。下面对芯片技术在智能电网中的发展趋势按照主控、通信、安全、射频识别、传感几个领域做一下简单归纳。

在主控领域，主控芯片的设计推广将覆盖CPU内核设计技术、低功耗芯片架构设计技术、总线技术等关键领域的研究以及主控芯片开发生态的建设。对于CPU内核来说，代码密度和执行效率需要在硬件资源受限的条件下完成；此外，在功耗同比下降的情况下，集成更多的外围设备接口、更大的存储器，以及保证数据处理传输的安全有效，这些都是在芯片设计领域的技术核心和发展方向。

在通信领域，电力通信芯片需要支持更多的通信接入方式、更高的通信速率、更强的抗干扰能力与增强的安全算法和安全机制；同时随着海量的设备接入到电力通信网中，对通信芯片的功耗与成本更加敏感，低功耗低成本与高性能之间矛盾凸显，需要采用更加先进的设计与制造技术来解决。

在安全领域，芯片安全包括物理安全和逻辑安全。物理安全指芯片中各模块的物理保护，免于破坏、丢失等。逻辑安全包含信息完整性、保密性、非否认性和可用性。这是一个涉及硬件、软件、应用系统、人员管理等多方面的问题。安全芯片所有主要的发展方向和产品种类上，都包含了密码技术的应用。国际密码算法方面，目前多采用高级加密标准（AES）代替数据加密标准（DES）算法。非对称算法仍以RSA算法为主，一些新型椭圆曲线算法（ECC）等也出现了可应用的产品。除此之外，将公钥基础设施（PKI）体系引入应用市场也是一个趋势。商密算法方面，对称算法、非对称算法主要使用商用密码算法。除密码技术外，芯片安全防护等级也在逐步提高。在性能方面，安全芯片也有了更高的要求，55nm 工艺也是近年各安全芯片的工艺发展方向。

在射频识别领域，当前的射频系统都是开放性系统，对于安全要素考虑不充分，大规模使用过程中容易爆发安全问题，因此提升射频识别芯片的安全性势在必行。同时，研究如何在高灵敏度下持续降低芯片功耗依然将是未来几年中的主要发展趋势。由于射频识别芯片主要用于传递温度、湿度等环境参数，因此将射频识别芯片和传感技术的结合会是未来智能电网发展的技术趋势。

在传感领域，未来传感器芯片一方面呈现出去单一功能化特征，朝着智能化、集成化的方向发展，另外一方面朝向低功耗、无源的技术方向发展。微机电系统（MEMS）芯片在这个过程中起到了至关重要的作用，MEMS 的优势在于批量化的制造技术，成本低、便于集成、功耗低。

1.4.3 技术演进路线

MCU 于 20 世纪 70 年代在欧美开始兴起，1981 年 8051 单片机问世，到今天已经有 36 年。目前 32 位 MCU 已经成为今天全球消费和工业电子产品的核心，并且随着应用需求的不断细分，整合各种不同功能的 MCU 不断涌现，根据应用定制主控芯片已成为未来发展趋势。随着智能设备、物联网等产业的快速发展，无线射频（RF）、传感器、电源管理等搭配 MCU 成为一种新趋势。高度整合的 MCU 不仅可以方便客户开发产品，并且可减少印刷电路板的占用空间，从而能够降低一部分成本，将来非常具有应用前景。

智能电网应用智能芯片以主控芯片技术的发展为智能化水平的标志，随着全球芯片消费市场向移动化迁移的趋势愈加明显，精简指令集架构的 ARM 架构成为新兴的霸主。近几年来，ARM 内核的芯片出货量持续高速增长。移动系统级芯片（SoC）整合优势已成为 ARM 阵营芯片厂商攻城略地的利器，所有不顺应发展趋势的芯片企业都将逐步被淘汰。移动 SoC 将组合芯片的整合度提升至一个新的水准，使其成为一款集成移动基频、应用处理器与无线连接等众多功能的单芯片，有效降低了移动智能终端的开发成本和周期，已成为主流的芯片产品开发方式。

ARM 架构处理器因其低功耗优势，不仅广泛植根于传统嵌入式应用领域，更是当下国际主流知名可穿戴产品的首选。在传统设备领域，ARM Cortex-M 系列产品在全球有 40 多个合作伙伴，应用场景包括智能测量、人机接口设备、工业控制系统、移动终端等。基于 ARM 架构的创新设备，同时将连接器、传感器、通信、云端服务软件组件和开发工具加以整合，打造动态合作的生态系统。ARM 还与 WiFi、蓝牙、ZigBee 等无线通信组织密切合作，确保涵盖最新的无线通信技术，借由低功耗优势快速切入新兴可穿戴市场，以多设备协同加速生态圈构建，占据生态链的顶端。

电力行业和芯片产业的不断融合创新，着力在智能电网各环节全面推动芯片国产化进程，同时芯片研发加快向电力系统发、输、变、配、用各个环节的应用领域推进，研发通信速率更快、性能更强、安全性和可靠性更高的高端工业级芯片。芯片规模将达到 1 亿门，芯片工艺将向 55nm、40nm 以及 28nm 的国际先进水平不断推进。通过持续不断的产品研发和技术改进，逐步提高芯片的集成度、可靠性和先进性，以满足电力及工控领域对芯片的需求。除此之外，还将逐步推进 IGBT 等高端半导体电子器件的研发，逐步掌握适用于高电压等级电力设备的 IGBT 设计能力，打破国外企业对 IGBT 技术的垄断。

1.4.4 生态链建设

集成电路产业链分为设计、制造、封装、应用四个环节。其中芯片设计、应用是人才密集型企业，芯片制造是资本密集型企业，芯片封装是劳动密集型企业，这四个环节与相关装备材料业一起组成了集成电路产业的生态链，如图 1–9 所示。

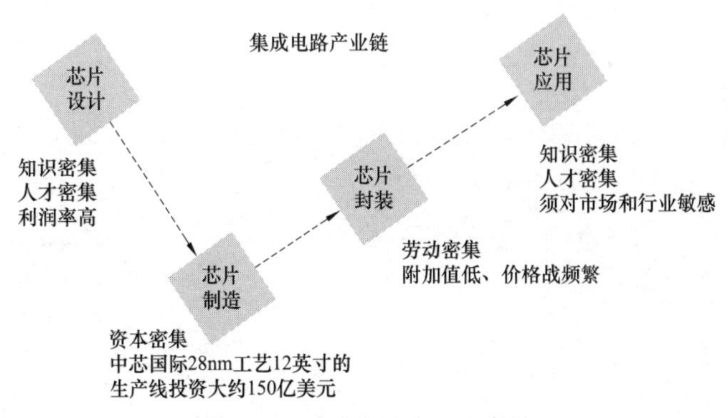

图 1–9　集成电路产业生态链

在电力行业，以“应用带动设计”的创新发展模式促进我国集成电路产业发展。以电网企业为代表的集成电路产品的应用方，深刻了解电力系统各应用终端的功能需求，同时，面向规模化的应用也统一了终端设备的相关标准。以国家电网公司为例，通过创建智能芯片产业基地，搭起了电力系统与国内集成电路设计企业的桥梁，可对应用终端的芯片进行精准定义，定制面向于电力应用的专用芯片产品并实现规模化应用，带动一大批设计、制造、封装等集成电路产业链上下游企业共同发展，大大提升了电力系统芯片国产化水平。未来，智能电网芯片领域相关企业，需要进一步加强在芯片设计、芯片应用两个方面的研发投入，结合坚强智能电网的建设，利用市场优势，引进优秀人才，开展兼并重组实现优势互补，共同打造一个良性的产业生态，推动我国集成电路产业的发展。

第2章 智能电网芯片关键技术

随着智能电网建设不断地推进，电网设备采用的芯片在工艺水平、集成规模、智能化、速度等方面的要求也在提高，但芯片功耗随之增加，导致芯片发热量增大和可靠性下降。集成百万门以上的器件和在数百兆时钟频率下工作，将会有数十瓦的功耗，在深亚微米工艺条件下瓶颈效应日益显现，低功耗设计逐渐成为芯片设计方法学的艰巨任务，对大规模芯片设计的要求已从单纯追求高性能转变成对性能、面积、功耗等的综合要求，因此需要引入多种低功耗设计手段，通过数字、模拟等控制方式对芯片做功耗管理以及通过芯片底层器件亚阈值仿真技术提高功耗仿真精度。同时，芯片的可靠性是电力专用芯片的关键指标，其可靠性要高于普通的工业级标准，高可靠性芯片是电网平稳正常运行的保障，也是国家安全的保障；电网所处的高压环境中电磁环境复杂，电磁防护能力是影响可靠性的一个重要方面，必须保证各芯片在复杂的电磁环境中可以正常使用。可测性设计技术是芯片设计流程中一项必不可少的环节，这个环节直接影响芯片在制造过程中的生产良率和芯片的品质。电力芯片尺寸的减小及长时间处于高温环境导致电力芯片的发热问题也成为制约其发展的主要因素，因此芯片热电仿真分析变得至关重要。本章从芯片低功耗技术、芯片可靠性设计技术、电磁防护技术、芯片可测性设计技术、热电仿真技术五个方面对智能电网芯片关键技术进行阐述。

2.1 芯片低功耗技术

功耗是芯片的关键技术指标。随着无线通信、物联网等技术在智能电网中的应用，大量手持设备、无线设备使用电池供电，芯片对低功耗的要求开始凸显出来。比如，2016年全国居民在用的电表超过5亿只，每只电表至少内置一颗主控芯片。假设主控芯片静态功耗为100μA，则每年全国电表主控芯片的静态耗电高达 78 万 kW · h；假设主控芯片平均动态功耗为 3mA，则每年全国电表主控芯片的动态耗电高达 2400 万 kW · h。这只是冰山一角，每种电网设备使用的芯片有几种到几十种，总的耗电量非常惊人。因此，智能电网芯片研发始终将降低功耗放在重要位置。

当今半导体工业应用最广泛的是基于硅的集成电路，制造工艺主要包括（金属－氧化物半导体场效应管）MOS 电路和逻辑门电路（TTL）电路。在 MOS 工艺中，互补金属氧化物半导体（CMOS）由于具有成本低、集成度高、稳定性好等优势，脱颖而出；20 世纪 90 年代 CMOS 取代 TTL 占据了大规模集成电路市场，经过近 30 年的发展，CMOS 工艺已经突破 10nm 水平，成为目前高集成度、数模混合芯片生产制造的主流技术。整个 IC 行业的发展趋势是尽量采用纯 CMOS 工艺，尤其在 SoC 芯片领域，CMOS 工艺更是居于主导地位。因此，本节从 CMOS 电路角度探讨低功耗设计技术。

2.1.1 芯片功耗概念

CMOS 逻辑电路的功耗可以分为动态功耗、静态功耗两部分。动态功耗是指当芯片处于激活状态时，即信号发生跳变时的功耗。静态功耗是指芯片处于未激活状态或者没有信号跳变时的功耗。CMOS 电路功耗原理图如图 2-1 所示。

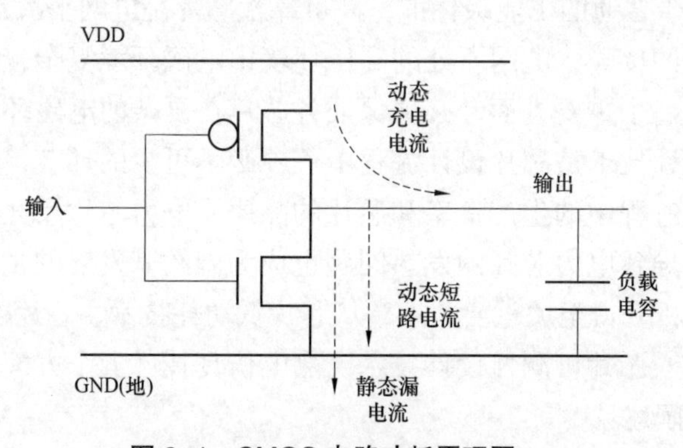

图 2-1 CMOS 电路功耗原理图

动态功耗的 70% 源自电路在开关过程中对负载电容充放电所消耗的功耗，开关电容的功耗定义如式（2-1）所示：

$$P=0.5TCV^2f \tag{2-1}$$

式中 T——跳变因子系数（与翻转概率有关）；

C——节点的负载电容，F；

V——电源供电电压，V；

f——时钟频率，Hz。

电路的动态功耗正比于电路翻转频率和电路规模，设计中 SoC 电路中时钟的动态功耗约占芯片动态功耗的 30%。降低芯片动态功耗的主要举措包括：降低时钟和信号的翻转频率、降低电压、掉电等。静态功耗主要是指泄漏电流功耗，在 CMOS 电路中，有反偏 PN 结漏电流和亚阈值沟道电流，静态功耗主要取决于不同工艺的器件参数。

2.1.2 常用芯片低功耗设计技术

1. 门控时钟和变频技术

CMOS 电路的功率损耗主要来源于动态功耗中的交流开关功耗，它不仅正比于电源电压的平方，也正比于电路的工作频率。

对每个功能模块设计单独的时钟门控，在不需要模块工作时关闭模块时钟，减少时钟电路的翻转功耗；同时，在对芯片的寄存器转换级电路（RTL）代码进行综合时，插入时钟门控单元，这样寄存器输入端的时钟在信号不翻转时就不会翻转，极大地降低了时钟的动态功耗。

SoC 芯片内部不同模块的工作时钟频率一般是不同的，当使用高频时钟的模块工作时，可以将分频后的时钟送给使用低频时钟的模块。但当高频模块停止工作时，如果内部其他执行电路仍然采用高频时钟的分频，必然会造成功耗的无谓增加，所以要求芯片能够根据状态的跳变在一个快时钟和一个慢时钟之间自动切换，这就是时钟频率可变技术。

变频技术的核心是采用安全稳妥的时钟切换电路，时钟无毛刺切换电路结构图如图 2–2 所示。

该电路的优点在于解决了异步时钟切换过程中可能出现的毛刺问题，同时使用两级触发器降低了异步控制信号产生亚稳态的风险，而且在切换过程中时钟输出保持低电平，进一步降低了异步控制信号产生亚稳态的风险，同时进一步降低了系统产生异常的可能性。

2. 低功耗总线技术

SoC 芯片设计都采用标准化总线完成芯片内模块的互联，总线的引入使得芯片设计进入模块化结构设计，便于系统的集成，也有利于系统的扩展。但另一方面，高级高性能总线（AHB）总线和高级外围总线（APB）总线信号伸展到了芯片的每一个功能模块，而从总线的互斥性可以看到，总线的主设备同一时刻只会访问一个从设备，但是不被访问的从设备的输入总线信号还是会跟随翻转，

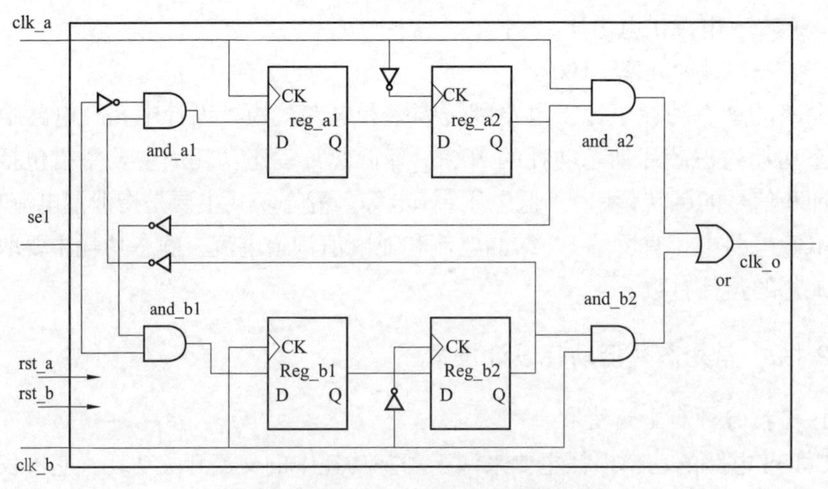

图 2-2 时钟无毛刺切换电路结构图

所以总线的无效翻转功耗很高。

常用的降低总线功耗的技术有总线反相技术，主要原理是：在每个时钟周期，总线矩阵处理模块将总线上当前数据总线值与上一个数据值进行比较，选择是发送原码还是反码，选择依据是哪一种码导致总线的翻转更少，设计时需要总线增加一位极性信号，以让接收模块正确地恢复总线上的数据。例如，如果当前周期总线数据为 0000，下一个周期总线数据为 1110，则总线下一周期实际会传输的数据是 0001，同时将极性反转信号置起，这样从设备接收到这组信号后，会将总线数据取反，还原出真正的总线数据 1110。这项技术极大地减小了总线的动态功耗。

3. 异步电路设计

在同步电路中，系统由全局时钟控制，在每个时钟脉冲到来时，所有的触发器都会运行，并消耗动态功耗，尽管在这个过程中一部分触发器并没有新的数据需要存取。而异步电路则没有这种无效的功耗浪费，系统的电路单元仅在需要其工作的时候才启动，完成工作之后就恢复静止状态，处于静止状态的电路单元仅仅消耗漏电流，而不会有无效的动态功耗。

4. 多电源域、多电压域技术

芯片制造厂会向芯片设计者提供标准单元库，以简化设计逻辑转化成物理器件的难度。标准单元库是一套完备的系统，一般来说，在同一种工艺下，工艺厂商会定制多套单元库供选择，不同单元库有速度、功耗等性能要求的区别，或者有电压阈值、电压范围等物理参数的区别。标准单元库方面，可以有针对性地选择不同阈值的单元库，功耗要求严格的逻辑选用高阈值单元，其他部分选择低阈值单元。同时，也可以考虑 PD SOI 库或者鳍式场效应晶体管（FinFet）逻辑库。

在电源设计方面，可以使用的方法有多电源域技术、可变电压设计技术、动态电压切换技术、电源关闭技术等。

多电源域设计指的是芯片采用多个电源分别为不同电路模块供电。一部分逻辑和模拟电路工作在电压 V_a；另一部分电路和模拟模块工作在较低的电压 V_b。第一部分电路工作电压高、速度快，但功耗高；第二部分电路速度较慢，但功耗较低。

可变电压技术包括静态电压调节、多级电压调节、动态电压及频率调节及自适应电压调节。芯片在不同工作负荷下，与频率调节相对应，在预定的电压之间进行工作电压的切换。在 28nm SoC 设计中还可以采用多阈值电压技术，对关键路径使用低阈值电压器件，而在非关键路径使用高阈值电压、标准阈值电压器件，从而满足漏电优化的设计思路。

电源关闭技术指的是在某些低功耗场景下，将不需要工作的区域电源关闭，同时保留需要工作模块的供电。

5. 亚阈值分块建模技术

亚阈值分块建模技术是所有低功耗设计技术的基础。CMOS 电路的静态功耗取决于泄漏电流的大小，而泄漏电流由不同工艺下的器件参数仿真获得。晶圆厂提供的通用模型因其普适性，在精确度方面不能满足低功耗电路设计需求。亚阈值分块建模技术目标是通过设计测试等环节提取能反映工艺的更加精确的器件参数，芯片设计人员以该参数为基础进行电路设计并仿真，如果功耗仿真结果超出预期，则重复修改设计方案，再次仿真，迭代该过程，直到达到理想功耗结束。

亚阈值分块建模技术即是采用分块建模的模型提取技术提高 CMOS 器件亚阈值区模型仿真精度，进而提高低功耗下的功耗仿真精度。分块建模是全局建模技术的延伸，通过对不同器件尺寸采用不同的参数建模，提高了各个尺寸下器件的模型精度。

亚阈值分块建模技术包括测试矩阵设计、版图绘制、流片、测试、提参建模、模型验证及检验等环节。首先根据不同的工艺设计一组不同宽长比的测试器件矩阵，按照器件尺寸绘制相关版图，随后流片并测试器件的直流和交流特性，经过数据分析后，选取中心值数据，并采用分块建模的策略提取高精度亚阈值模型，最后检验模型的连续及收敛等特性。

在芯片设计时，可以根据芯片类型、芯片规模、系统时钟频率等指标选择合适的低功耗技术。主控类、通信类SoC芯片规模大、功能多样、CPU与外设和模拟电路的交互繁杂，可以采用低功耗总线技术、异步电路、多电源域等重量级技术；RFID、传感类芯片规模小、功能单一，适合采用门控技术、变频技术等轻量级技术。

2.2 芯片可靠性设计技术

2.2.1 芯片可靠性概念

1. 芯片可靠性技术

电力芯片通常工作在高温、高湿、高腐蚀、强电磁干扰等恶劣的电力环境中，并保持7×24h全负荷工作。因此，在使用过程中会承受电压、电流、温度、湿度、电磁等应力的冲击，通常表现出不同的失效模式，包括阻断电压失效、浪涌电流失效、热电失效等。研究智能配电主设备关键元器件的失效机理，对于改进设计和工艺、提高元器件的可靠性具有重要意义。研究某种失效模式的失效机理，如同研究某种病症的病因及其发展和病变的过程。这是一项非常复杂和困难的工作，一方面，几乎所有元器件的失效都是不可恢复的，而同时，引起元器件失效的因素也非常多。所以，准确地分析出某种情况下的器件失效机理，需要全面的经验和知识，同时还必须配置必要的分析和试验条件。

2. 芯片可靠性模型

为了设计、分析和评价一个芯片的可靠性和维修性特征，就必须明确芯片作为一个整体系统和它所有的子系统的关系，其中子系统包括输入输出口（I/O）单元、逻辑单元、数字单元等。很多情况下这种关系可以通过系统逻辑和数学模型来实现，这些模型显示了所有部件、子系统和整个系统函数关系。芯片系统的可靠性是它的部件或最底层结构单元可靠性的函数。一个芯片系统的可靠性模型由可靠性框图或原因——后果图表、对所有系统和设备故障和维修的分布定义，以及对备件或维修策略的表述等联合组成。所有的可靠性分析和优化都是在芯片系统概念数据模型的基础上进行的。

典型芯片可靠性模型分为有贮备和无贮备两种，有贮备可靠性模型按贮备单元是否与工作单元同时工作而分为工作贮备模型与非工作贮备模型。典型可靠性框图如图2-3所示。

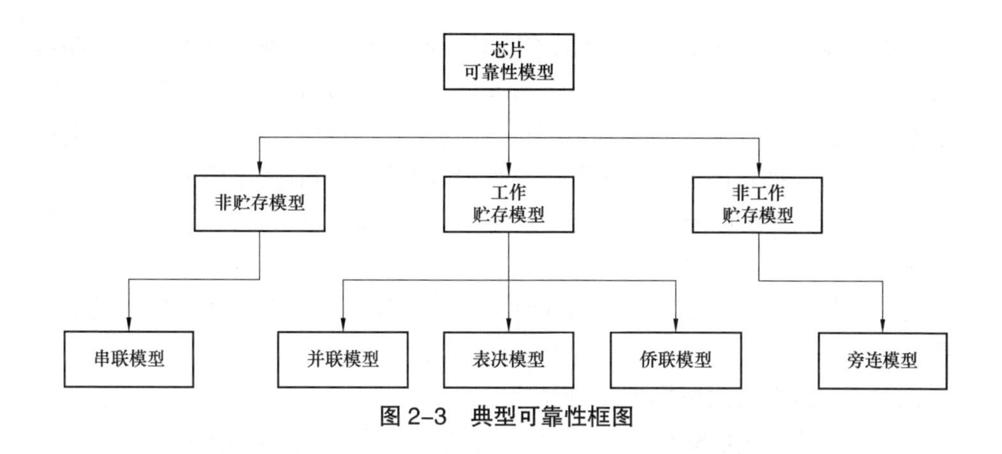

图 2–3　典型可靠性框图

智能电网用芯片的可靠性建模，同样适用于此建模规则。将整个芯片视为整个系统，芯片的存储单元、逻辑单元、数字单元、I/O 等部分视为分系统。

2.2.2　芯片可靠性设计

2.2.2.1　芯片线路可靠性设计技术

随着集成电路规模的不断增大和器件特征尺寸的不断减小，IC 电路的可靠性问题变得更为重要，尤其是互连线的可靠性问题成为深亚微米和超深亚微米集成电路研究的重点。为了改善 IC 互连线可靠性，在工艺上采用了铜互连技术，但是随着器件特征尺寸的减小，互连可靠性问题依然显得重要。互连可靠性除了互连线噪声、信号奇变和衰减、电磁信号串扰等问题外，电迁移问题依然是主要的失效模式。直流、交流和脉冲直流情况下互连线的电迁移可靠性已有所研究。但目前对工艺缺陷引起的可靠性变化，尤其是缺陷对互连可靠性的影响研究得较少，尽管在实验中多次发现这种失效模式的存在。由于集成电路生产过程中始终存在着缺陷，不同粒径的缺陷可以出现在芯片上任何位置，缺陷出现的位置及粒径的大小直接影响着芯片的寿命期望值。如果缺陷的粒径非常大，无论缺陷出现在芯片的哪个位置，均会造成电路的功能失效，从而引起芯片成品率的下降；如果缺陷的粒径非常小，此时缺陷对芯片功能的影响可以忽略，但是却对芯片的可靠性构成了潜在的影响，这样的缺陷称为软故障。同时由于刻蚀工艺的扰动，导致互连线宽度与设计宽度之间产生一个差异，这也对集成电路的可靠性有一定的影响。

线路可靠性设计是在完成功能设计的同时，着重考虑所设计的集成电路对环境的适应性和功能的稳定性。半导体集成电路的线路可靠性设计是根据电路可能存在的主要失效模式，尽可能在线路设计阶段对原功能设计的集成电路网络进行修改、补充、完善，以提高其可靠性。如半导体芯片本身对温度有一定的敏感性，而晶体管在线路达到不同位置所受的应力也各不相同，对应力的敏感程度也有所不同，因此，在进行可靠性设计时，必须对线路中的元器件进行应力强度分析和灵敏度分析，一般可通过仿真电路模拟器（SPICE）和有关模拟软件来完成，有针对性地调整其中心值，并对其性能参数值的容差范围进行优化设计，以保证在规定的工作环境条件下，半导体集成电路整体的输出功能参数稳定在规定的数值范围，处于正常的工作状态。

2.2.2.2 芯片版图可靠性设计技术

版图可靠性设计是按照设计好的版图结构，由平面图转化成全部芯片工艺完成后的三维图像，根据工艺流程按照不同结构的晶体管可能出现的主要失效模式来审查版图结构的合理性。如电迁移失效与各部位的电流密度有关，一般规定有极限值，应根据版图考察金属连线的总长度，要经过多少爬坡，预计工艺的误差范围，计算出金属涂层最薄位置的电流密度值以及出现电迁移的概率；根据工作频率在超高频情况下平行线之间的影响以及对性能参数的保证程度，考虑有无出现纵向或横向寄生晶体管构成潜在通路的可能性。对于功率集成电路中发热量较大的晶体管和单元应尽量分散安排，并尽可能远离对温度敏感的电路单元。

布局图应尽可能与功能框图或电路图一致，然后根据模块的面积大小进行调整。布线是指在不同的层内进行元器件和子单元之间的连接。在进行版图的布局布线时,应确保电路中各处电位相同。芯片内部的电源线和地线应全部连通，衬底应该保证良好的接地。电路中较长的走线，要考虑到电阻效应。金属或多晶硅连线越长，电阻值就越大。为防止寄生大电阻对电路性能的影响，电路中尽量不走长线。在保证电路性能的情况下尽量减小所设计电路的有效面积。芯片设计流程如图 2-4 所示。

版图设计并进行功耗仿真后导入热分析工具进行热仿真，对版图布局进行优化设计，然后反馈到版图设计，使版图的热效应降低到最低状态。

2.2.2.3 芯片工艺可靠性设计技术

为了使版图能准确无误地转移到半导体芯片上并实现其规定的功能，工艺设计非常关键。一般可通过工艺模拟软件如斯坦福大学工艺工程模型（SUPREM）等，来预测出工艺流程完成后实现功能的情况。在工艺生产过程中的可靠性设计主要应考虑：

（1）原工艺设计对工艺误差、工艺控制能力是否给予足够的考虑（裕度设计），有无监测、监控措施（利用 PCM 测试图形）。任何芯片制造厂，其工艺均

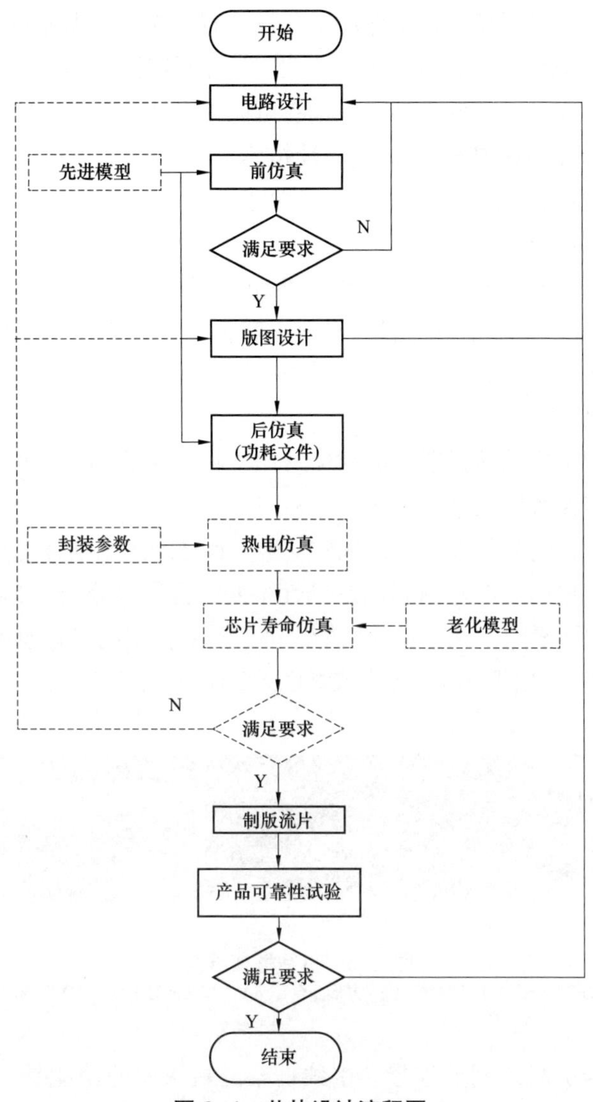

图 2–4　芯片设计流程图

存在误差，这时候就需要了解每一步工艺反映到芯片上面的误差有多大，在前期设计中将此误差考虑进去，增加裕度设计，可以有效地降低由于工艺波动导致的可靠性下降程度。

（2）各类原材料纯度的保证程度。半导体芯片制造过程中，对所使用的原材料纯度要求较高，并且随着工艺尺寸降低，对纯度的要求越高。例如，10nm 工艺对特殊气体的纯度要求比其他高端行业要高 1000 倍。线宽尺寸越小，杂质造成的可靠性降低越明显。在半导体工艺设计时要充分考虑原材料的纯度影响。

（3）工艺环境洁净度的保证程度。生产车间的洁净度会影响杂质进入芯片内部的可能性，或直接降低良品率，也有可能带来缺陷，从而降低可靠性。

2.2.2.4 芯片封装结构可靠性设计技术

随着集成电路的发展，小型化与多功能成了大家共同追求的目标，这不仅加速了 IC 设计的发展，也促进了 IC 封装设计的发展。IC 封装设计也可以在一定程度上提高产品的集成度，同时也对产品的可靠性起着很重要的影响作用。

IC 封装结构一般主要包括封装材料、基板、引线框架、焊线、引脚等。此处主要介绍引线框架、焊线、封装材料的可靠性设计。

1. 引线框架

引线框架的主要功能是芯片的载体，用于将芯片的 I/O 引出。在引线框架的设计过程中，需要考虑几个因素：

（1）与塑封料的黏结性。引线框架与塑封料之间的粘结强度高，产品的气密性更佳，可靠性更高；与塑封料的黏结性不好，会导致分层及其他形式的失效。影响粘结强度的因素除了塑封料的性能之外，引线框架的设计也可以起到增强粘结强度的作用，如在引脚和基岛边缘或背面设计图案。引线框架结构如图 2–5 所示。

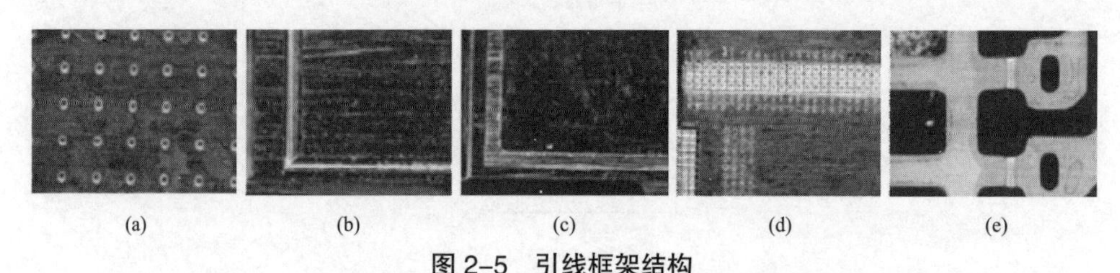

图 2–5 引线框架结构

（a）圆形钉孔；（b）三角形凹槽；（c）方形凸台；（d）方形凹凸钉组合；（e）圆形凹槽及通孔

（2）芯片与引脚之间的连接。引线框架的最重要的功能是芯片与外界之间的载体，因此，引线框架设计应有利于芯片与引脚之间的连接，要考虑线弧的长度以及弧度。

2. 焊线

（1）增强焊线强度。焊线强度除了焊点处的结合强度外，线弧的形状也会对焊线强度有一定的影响。增强焊线强度的方法之一是在焊线第二点种球，有“自动焊线为第二点压球”（BSOB）和“自动焊线为第二点压线”（BBOS）两种方式。BSOB 和 BBOS 的示意图如图 2–6 所示。BSOB 的方法是先在焊线的第二点种球，然后再将第二点压在焊球上；BBOS 的方法是在焊线的第二点上再压一个焊球。

两种方法均能增强焊线强度，经试验，BBOS 略强于 BSOB。BBOS 还可应用于芯片与芯片（die to die）之间的焊接。

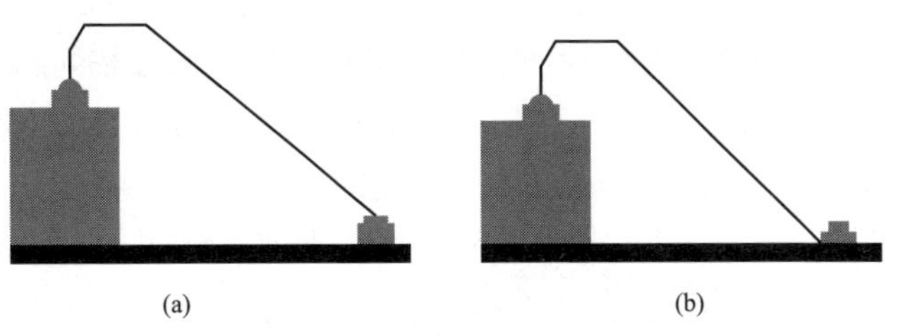

图 2-6　BSOB 和 BBOS 的示意图

（a）自动焊线为第二点压球；（b）自动焊线为第二点压线

（2）降低弧线高度。现在的封装都向更薄更小发展，对芯片厚度、胶水厚度和线弧高度都有严格控制。一般弧度的线弧，芯片表面至线弧最高点的距离通常不低于 100μm，要形成更低的线弧，有以下两种方法：反向焊接和折叠正向焊接，如图 2-7 和图 2-8 所示。反向焊接虽然可以形成低的线弧，但是种球形成了大的焊球，使得焊线间距受到限制。折叠正向焊接方法是继反向焊接之后开发的用于低线弧的焊接方法。

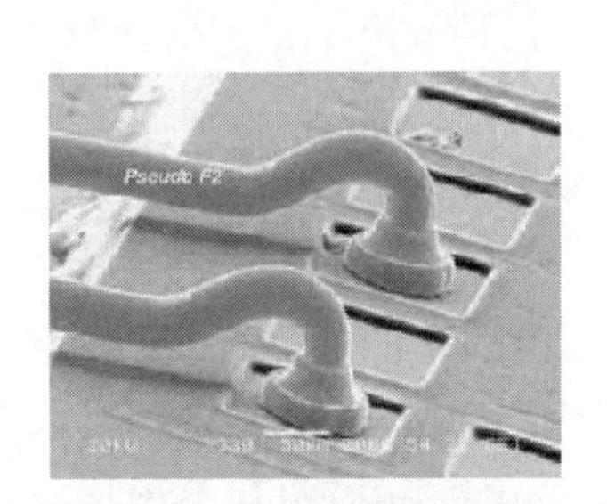

图 2-7　反向焊接

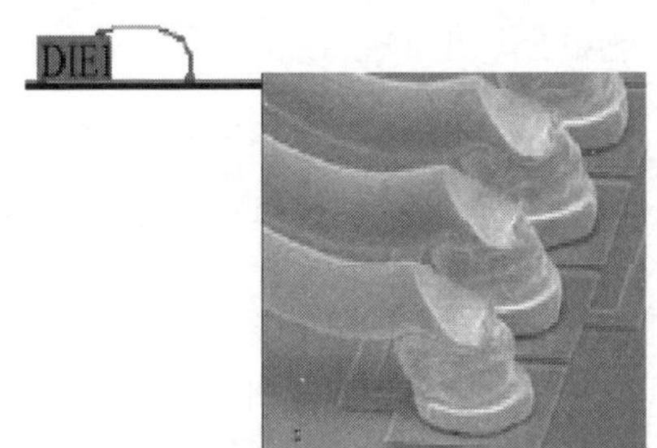

图 2-8　折叠正向焊接

低线弧不仅能够满足塑封体厚度更薄的要求，还能减少塑封时的冲丝以及线弧的摆动，对增加封装可靠性有一定的帮助。

2.3　电磁防护技术

2.3.1　电网电磁环境概述

高压输电具有输电距离远、输送容量大、节省输电走廊、降低损耗等优点，高压输电线路将成为我国西电东送的主干道，但同时造成的电磁环境问题也日益凸显。

高压输变电系统包括高压架空输电线路和高压变电站，其工作频率为50Hz，通常称为工频，不容易产生辐射。但对于110kV上的输电线，由于电压很高，在导线表面会产生“电晕”现象，从而产生十分微弱的电磁波辐射，根据实际测量，500kV高压输电线的辐射强度小于53dB，其单位面积的辐射功率相当于家庭中所接收到的无线电广播电磁波辐射功率强度的千分之一，对人身基本不会产生影响。输变电设施产生的是工频电场和磁场，而非电磁辐射。高压输变电线路和高压变电站会产生一定程度的无线电干扰。其原因有：

（1）电晕放电引起无线电干扰。由于高压线表面的电位梯度很大，高压线不断向周围空气放电，这就是电晕放电。放电形式是脉冲型电磁噪声，其频率为几万赫兹。一般在电位梯度小于15kV/m时，电晕放电几乎不存在。正常运行的良好输电线路，对设备产生的无线电干扰是以电晕放电为主。无线电干扰主要对电器设备产生影响，干扰频率与被干扰设备的频率越接近，干扰程度就越大。

（2）绝缘子放电产生一定程度的无线电干扰。由于高压架空送电线路和变电站绝缘子污秽或绝缘子串中损坏个数过多，使分配到每个绝缘子上的电位差过高等原因形成绝缘子放电。这种放电的频率可高达数百兆赫，有时其强度比电晕放电更强。但对于正常运行的良好线路，这种放电不是主要成分。

2.3.2 电磁防护测试技术

2.3.2.1 电磁兼容（EMC）技术

电磁兼容是指电气和电子设备或系统在包围它的电磁环境中能正常工作，不因电磁干扰而降低工作性能，且它们本身所发射的电磁能量不足以恶化环境和影响其他设备或系统的正常工作。在共同的电磁环境中互不干扰，各自完成各自正常功能的共存状态。

随着变电站综合自动化系统的发展和逐步推广应用，智能电子设备（IED）已构成了新一代静态型的二次设备。国际电工委员会对智能电子设备的定义是：由一个或多个处理器组成，具有从外部源接收和传送数据或控制外部源的任何设备。这些智能电子设备包括数字继电器、自动装置、电子多功能仪表等，它们在物理位置上可安装在3个不同的功能层，即变电站层、间隔层/单元层、过程层。在研究电磁环境对电路、器件的影响时，应着重考虑变电站的电磁兼容问题。

主要干扰源及其特性：

（1）高压开关操作。变电站高压断路器和隔离开关操作是变电站最典型和最重要的电磁干扰源，开关操作时，产生一系列高频率、前沿陡峭的瞬变电磁脉冲，即快速瞬变脉冲群；触头间产生一系列电弧过程，电弧的熄灭和重燃在被断开的母线上将引起一系列的高频电流波和高频电压波，并以暂态电磁波的形式向周围空间辐射能量。变压器、电抗器和电容器组等储能元件断路器的操作也是变电站重要的电磁干扰源。俄罗斯专家在长达 15 年的时间里对 100 多个从 110kV 到 750kV 变电站电磁兼容进行了一系列的研究，他们对隔离开关或断路器操作引起的二次回路干扰电压进行了测量，结果表明：对于电流互感器（TA）、电压互感器（TV）和 220V 交流及直流用的低频电缆产生的干扰电压，通常主导频率为 1~4MHz，幅值为几百伏（气体绝缘变电站例外）；但对于携带保护和远动信号的电力载波用的同轴电缆的干扰电压可达到数千伏，有的甚至超过 5kV。

（2）雷电。雷电是自然界发生的极为强烈的电磁暂态过程。一般雷击不会直接作用于二次回路，更多的可能是线路遭受直击雷或感应雷。雷击暂态过电压以大气行波的方式向变电站传播。不仅直接作用于一次设备，而且通过 TA、TV 或一、二次系统间的各种耦合途径或接地网进入二次回路。如果受影响的设备阻抗很高，则设备承受雷击电压脉冲；如果受影响的设备阻抗很低，则设备承受雷击电流脉冲，导致变电站地电位升高及地电位差。

（3）系统短路故障。系统短路时，大电流经接地点泄入接地网，使接地点乃至整个接地网的电位升高，在二次回路中就会产生共模干扰电压。统计表明，变电站内高压母线单相接地时，在二次电缆的芯线上产生的干扰电压的峰值可达到几十伏到一万多伏，暂态电压的频率约几千赫兹到几百千赫兹。

（4）辐射电磁场。无线电台、电视台、移动式无线电发信机及各种工业发射源都是辐射干扰源。电力系统中常用的步话机也是影响电子设备正常工作的主要辐射干扰源，可能引起继电保护装置误动或误发信号。

（5）静电放电。静电放电可能使电子元器件故障、损坏或控制系统失灵，也可能使计算机程序出错或丢失数据。静电放电的特点是波头很陡，只有数纳秒，带有数十纳秒的阻尼波尾，幅值可达十几千伏。

（6）谐波对二次设备的干扰。电力系统电磁干扰源包括谐波。随着电气化铁道的发展和电力电子器件的广泛应用以及家用电器的不断增加，目前谐波污染已成为电力系统的公害。谐波对 IED 的主要影响是干扰其正常的工作状态、影响测量的准确度和动作的可靠性等。谐波对继电保护装置的干扰，严重时会导致拒动或误动。

综上所述，电力系统电磁兼容问题早已成为不容忽视的重要问题。为保证 IED 安全可靠运行，在研发阶段就必须充分重视电磁兼容技术问题。

2.3.2.2 芯片抗扰度测试方法

为了评定芯片的抗扰度性能，需要一个易于实现且可复现的测试方法。芯片的抗扰度可分为辐射抗扰度和传导抗扰度，需要得到集成电路发生故障时的射频功率大小。抗扰度测试将集成电路工作的性能状态分为 5 个等级，测试时，连续波和调幅波测试要分别进行，调制方式也是采用 1kHz 80%调制深度的峰值电平恒定调幅，这些要求都与汽车零部件的抗扰度测试标准 ISO 11452 相似。

（1）辐射抗扰度测试方法——TEM 小室法。IEC 61967-2 中的 TEM 小室也可以用来进行抗扰度的测试，小室一端将接收机换成信号源和功放，小室另一端接适当的匹配负载，如图 2-9 所示。在小室中建立起来的 TEM 波与远场的 TEM 波非常类似，因而适合用来进行电磁抗扰度的测试。此外，为了实时监视集成电路的工作状态，还需要配套的状态监视设备。

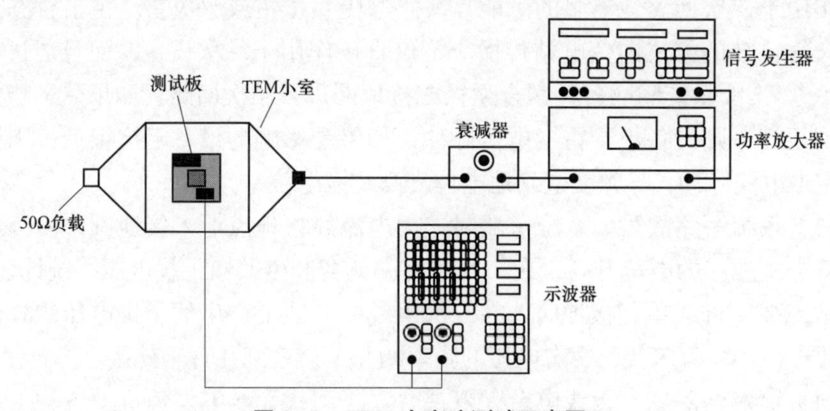

图 2-9 TEM 小室法测试示意图

（2）传导抗扰度测量方法——大量电流注入法（BCI）。本方法是对连接到集成电路引脚的单根线缆或线束注入干扰功率，通过注入探头，被测电缆由于感性耦合而产生干扰电流，此电流的大小可由另一个电流探头测出，其示意图如图 2-10 所示。这种方法其实是由汽车电子抗扰度测试发展而来的，可参见 ISO 11452-4。

（3）传导抗扰度测量方法——直接射频功率注入法（DPI）。与 BCI 方法采用感性注入相对应，DPI 方法采用容性注入。射频信号直接注入在芯片单只引脚或一组引脚上，耦合电容同时起到了隔直的作用，避免了直流电压直接加在功放的输出端。其示意图如图 2-11 所示。

（4）传导抗扰度测量方法——法拉第笼法（WFC）。法拉第笼传导抗扰度测量法采用 IEC 61967—5 的法拉第笼，法拉第笼法抗扰度测试示意图如图 2-12 所示。

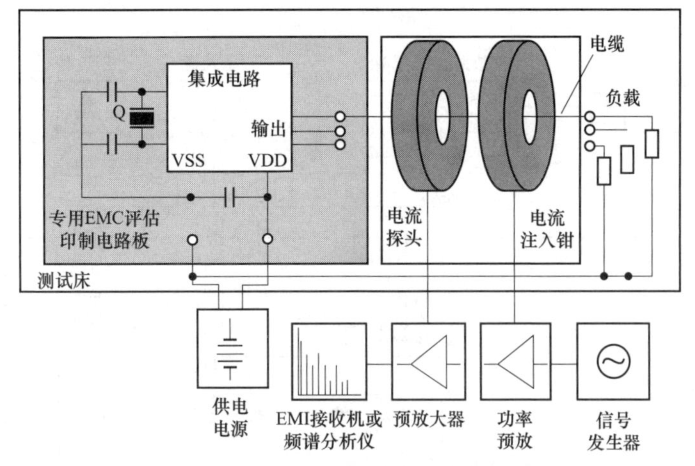

图 2-10　BCI 测试示意图

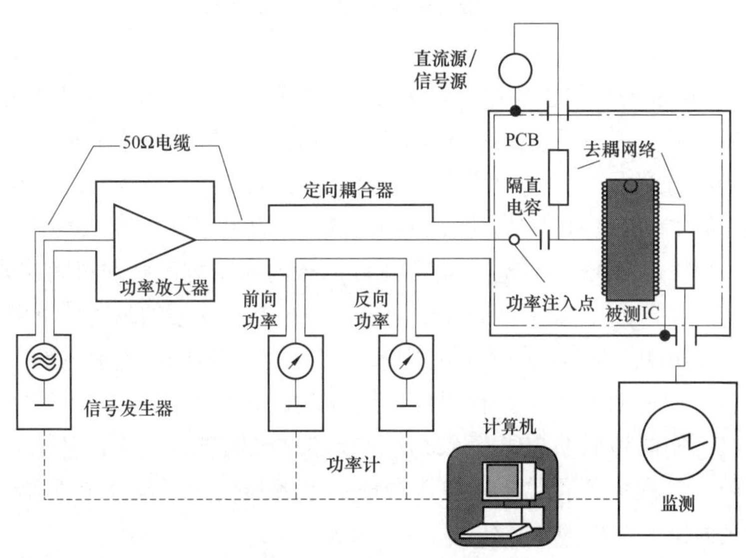

图 2-11　DPI 测试示意图

2.3.2.3　静电放电（ESD）防护技术

静电在芯片的制造、封装、测试和使用过程中无处不在，积累的静电荷以几安培或几十安培的电流在纳秒到微秒的时间里释放，瞬间功率高达几百千瓦，放电能量可达毫焦耳，对芯片的摧毁强度极大。所以芯片设计中静电保护模块的设计直接关系到芯片的功能稳定性，极为重要。随着工艺的发展，器件特征尺寸逐渐变小，栅氧也成比例缩小。二氧化硅的介电强度近似为 8×106V/cm，

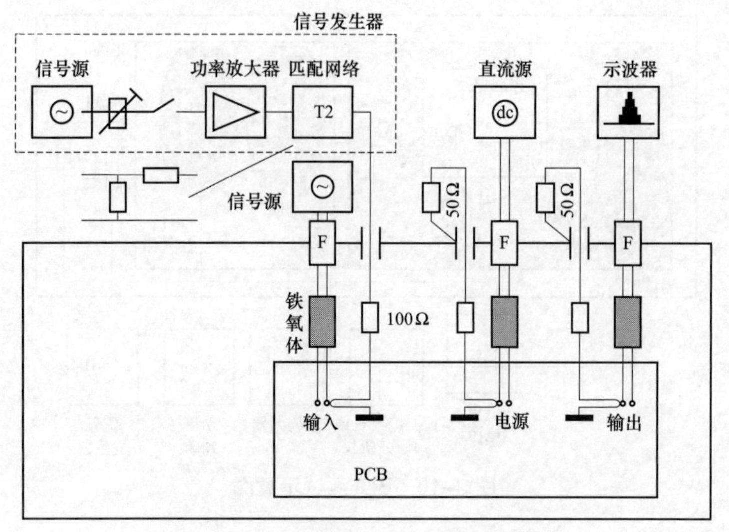

图 2-12　法拉第笼法抗扰度测试示意图

因此厚度为 10nm 的栅氧击穿电压约为 8V，尽管该击穿电压比 3.3V 的电源电压要高一倍多，但是各种因素造成的静电，一般其峰值电压远超过 8V。

因 ESD 产生的原因及其对集成电路放电的方式不同，表征 ESD 现象通常有 4 种模型：人体模型（HBM）、机器模型（MM）、带电器件模型（CDM）和电场感应模型（FIM）。HBM 放电过程会在几百纳秒内产生数安培的瞬间放电电流；MM 放电的过程更短，在几纳秒到几十纳秒之内会有数安培的瞬间放电电流产生。CDM 放电过程更短，对芯片的危害最严重，在几纳秒的时间内电流达到十几安培。

ESD 引起的失效原因主要有两种：热失效和电失效。局部电流集中而产生的大量的热，使器件局部金属互连线熔化或芯片出现热斑，从而引起二次击穿，称为热失效；加在栅氧化物上的电压形成的电场强度大于其介电强度，导致介质击穿或表面击穿，称为电失效。

2.4　芯片可测性设计技术

2.4.1　芯片可测性设计概念

芯片可测性设计旨在通过可测性设计技术，保障电力工业芯片在复杂应用环境中不间断稳定工作，对于电力行业、智能用电发展等领域具有深远的意义，具体体现在以下两个方面：

（1）降低产品成本、缩短研发周期。随着数字电路集成度的不断提高，系统设计日趋复杂，集成电路测试也变得越来越棘手。当大规模集成电路和超大规模集成电路问世之后，出现了研制与测试费用倒挂的局面。提高目前的可测试性设计技术，可以在生产制造过程的早期筛查出故障产品，可以大大降低测试成本，进而缩短研发周期。

（2）有利于提升产品性能和可靠性。电网作为国家基础设施，保证其正常运转不仅与电力生产安全和经济安全密不可分，而且已经关系到国计民生、社会稳定与公众利益。产品性能的保障工作是电网安全稳定运行的重要基础，同时也是国家安全战略的重要组成部分。可测性设计技术可以针对各种芯片的可靠性失效进行故障模型建立，然后在芯片中插入针对这些特定故障的测试电路，通过施加一定的测试激励，将可靠性相关的参数转化为电流、电压等容易测量的指标，并通过测试电路引出至外部端口进行测量，从而有效提高芯片的测试覆盖率及可靠性，降低芯片在实际应用中的失效率，保证电网关键设备的稳定运行。

2.4.2 芯片可测性技术

在可测性设计技术应用过程中，首先需要研究芯片失效的原因和机理。通过不断对芯片的失效原因和机理进行定位分析，提取并归纳出多种故障类型，然后利用这些故障类型对设计好的数字电路进行逐一分析和排查，最终设计出符合要求的测试电路，同时按照一定算法生成测试需要的测试矢量。

集成电路的可测试性一般定义如下：若能对一电路产生、评价并施加一组测试向量，并在预定的测试时间和测试费用范围内达到预定的故障检测和故障定位的要求，则说明该电路是可测的。可测试性包括可控制性和可观测性两种特性。可控制性是指通过芯片原始输入端口将芯片内部的逻辑点控制为逻辑“1”和逻辑“0”的能力，可观测性是指通过芯片原始输出端口观测芯片内部逻辑节点的响应能力。目前业界常用的可测性设计技术有扫描测试技术、内建自测试技术、边界扫描技术等。

国外的半导体行业因为起步比较早，所以技术水平比较高，在可测性设计技术方面，国外目前基本支持所有的缺陷类型，从固定故障（Stuck-At）、转换故障（Transition）、桥接故障（Bridging）、时序敏感（Timing Aware）到单元敏感（Cell-Aware）的故障缺陷模型，另外还可以根据芯片的失效情况和失效机理重新定义故障模型，并通过测试向量自动生成工具自动生成测试向量。随着工艺节点的不断缩小，国外芯片厂商对于故障类型的更新也非常及时。在测试覆盖率方面，国外的芯片设计公司也达到了很高的技术水平，比如为了使芯片不合格率低于百万分之五以内，芯片的测试覆盖率都可达到99% 以上。

相比之下，国内芯片公司的产品以消费类电子为主，芯片的不合格率一般都在千分之一的水平，测试覆盖率也较低，给芯片的质量以及可靠性带来了很大风险。此外对于芯片故障类型的支持，也集中在最常用的 Stuck-At，随着工艺节点的不断缩小，对新工艺下所引起的芯片失效现象调查、机理研究以及故障模型提取都相对落后。下面对常见的几种可测性设计技术进行介绍。

2.4.2.1 安全芯片可测性设计技术

芯片的安全性依赖于限制芯片的可控性与可观测性，以保护芯片内部的密钥信息不被攻击者探测。扫描测试结构依赖于通过外部端口访问待测电路的内部节点，因此有可能被攻击者使用为攻击旁路，来访问或者恢复安全芯片中的密钥信息。

对传统扫描结构进行处理，将安全扫描寄存器引入扫描链结构中，同时对测试向量进行输入 / 输出线性变换，实现对测试向量的硬件加密。安全扫描结构通过在扫描路径上增加组合逻辑形成，除非确切知道扫描链中组合逻辑的结构，否则既不能通过扫描链控制寄存器的状态，也不能通过扫描链观测寄存器的状态能抗击基于扫描结构的旁路攻击和复位攻击。

设长度为 n 的扫描链,随机选取 k 个寄存器替换为安全寄存器（$0<k<n-1$），则扫描链结构有 C_{n-1}^{k} 种组合。假如扫描链上寄存器个数为 530，20 个寄存器替换为安全寄存器，则可能的扫描链结构为 C_{530}^{20} 个，按照均匀分布的数学期望公式,平均需要验证一半的可能结构,也都需要 4.21 × 1035 种才能猜中所选扫描链。安全扫描结构示意图如图 2-13 所示。

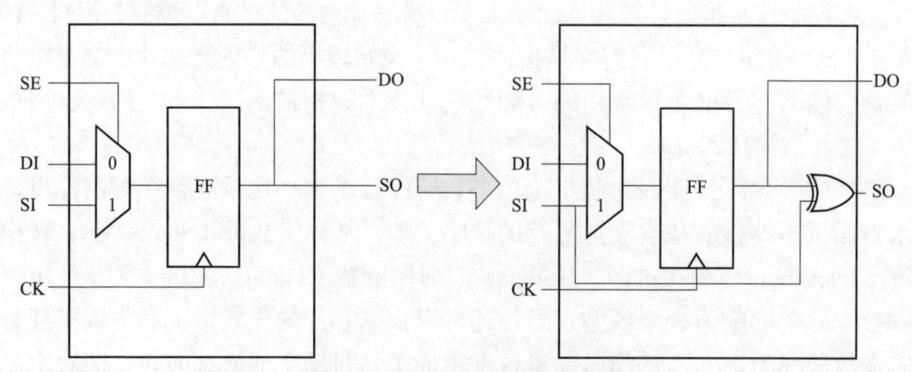

图 2-13 安全扫描结构示意图

FF—寄存器；SE—扫描使能；DI—数据输入端；SI—扫描输入；CK—时钟；DO—数据输出；SO—扫描输出

2.4.2.2　高同测可测性设计技术

芯片量产筛选阶段的同测数直接影响了单颗芯片的测试时间，从而影响芯片的测试成本。可以通过可测性设计技术的应用，提高芯片量产测试阶段的同测数。以射频识别芯片为例，该芯片的特点是逻辑功能简单、芯片面积小，因此芯片的 PAD 个数将对芯片的面积产生很大影响。低测试成本芯片可测性设计结构示意图如图 2–14 所示，应用此图所示的可测性设计结构，将每颗芯片的 PAD 个数由 6 个减少为 2 个，大大减小了芯片的面积，从而有效降低了芯片成本。

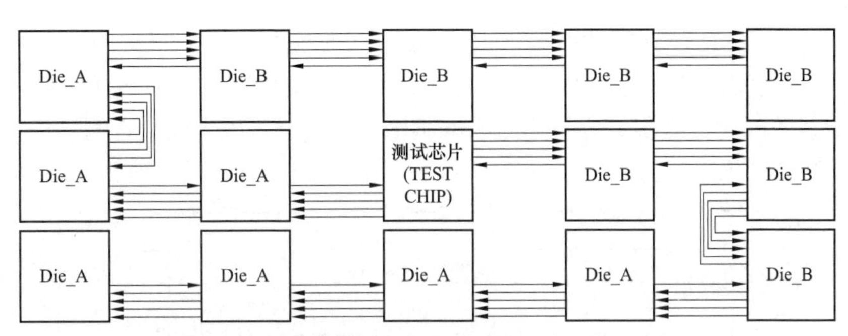

图 2–14　低测试成本芯片可测性设计结构示意图

版图内包含两种芯片：一种是专门用于测试的中央测试芯片，芯片内部除了 IO 和测试 PAD 外，还包含一些测试电路；另一种是正常的标签芯片（Die），其中 14 个标签芯片通过置于划片槽中的金属走线与测试芯片相连。在每个标签芯片中不包含测试 PAD，所有测试 PAD 都放在 TEST CHIP 中，测试机台可以通过 TEST CHIP 中的测试 PAD 与每个标签芯片进行通信，从而实现对每个标签芯片的测试。可测性设计结构具体工作过程如下：

芯片输入信号由测试机经测试芯片发出，通过穿越芯片以及划片槽走线到达每一颗芯片；而输出信号通过穿越芯片以及划片槽走线到达测试芯片，通过测试机判断芯片功能响应是否正确。

芯片输入阶段，所有芯片同时接收测试机发出的激励，即所有芯片可同时工作，因此芯片输入阶段可达到 14 同测；芯片输出阶段，为了使测试机能够判定每一颗芯片的响应，只有特定芯片的响应被测试机接收，每条测试链上只能有一颗芯片发出响应，因此芯片输出阶段为 2 同测。

每颗芯片具有一个独立的标志位，测试机发出的每一条测试指令都包含标志位部分内容，芯片输出阶段，所有测试链上只有标志位与测试指令中标志位相同的芯片进行工作，测试链上其他芯片不工作。

每颗芯片有两组输入输出数据总线，通过芯片自身的标志位对两组数据总线进行选择。

2.4.2.3 压缩可测性设计技术

针对几百万门有的甚至几千万门的复杂芯片，如果采用传统的扫描结构，为了达到较高的测试覆盖率，就会增大测试通道的需求，同时测试向量的规模也会急剧增长，进而导致测试时间以及相应的测试成本将大大增加。对于此类芯片可以采用压缩的扫描结构，在传统扫描结构的基础上引入压缩电路与解压缩电路，压缩扫描结构示意图如图 2–15 所示，在外部端口扫描链个数一定的情况下，芯片内部扫描链可以多达几百条。同时应用压缩的自动测试向量生成（ATPG），使测试向量的规模压缩几百倍，测试时间也随之压缩同样倍数，在保证高覆盖的同时，既不影响芯片的测试质量，同时又可以大大节省测试成本。

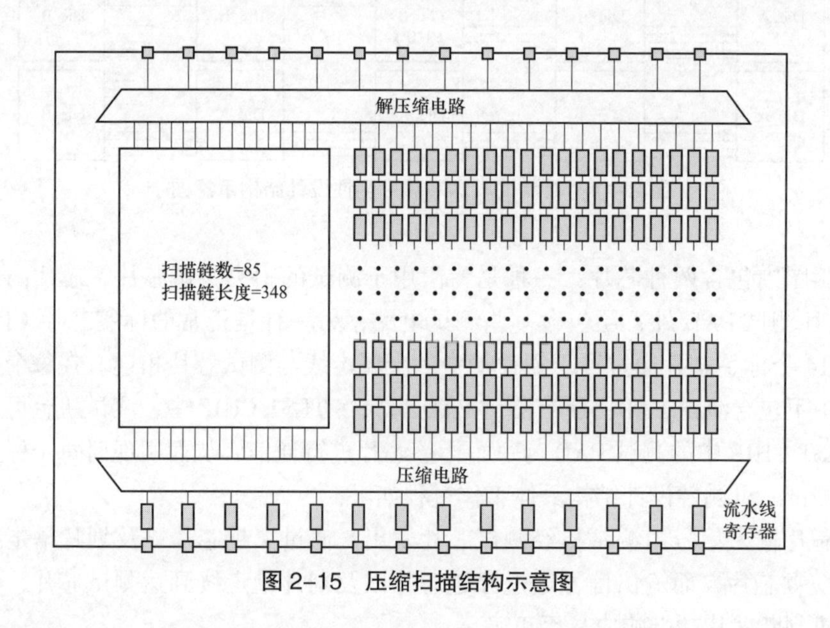

图 2–15　压缩扫描结构示意图

2.5 热电仿真技术

2.5.1 热电仿真原理

热电仿真技术主要依赖于芯片在一定偏置条件或状态下正常工作所仿真获得的功耗，其根本物理原理是基于传热学的热传导、热对流和热辐射。

下面就热量传递的 3 种基本方式：热传导、热对流和热辐射做详细介绍。

（1）热传导。物体各部分之间不发生相对位移时，依靠分子、原子及自由电子等微观粒子的热运动而产生的热量传递称为热传导。从微观角度来看，气体、液体、导电固体和非导电固体的导热机理是有所不同的。

（2）热对流。热对流是指由于流体的宏观运动，从而使流体各部分之间发生相对位移、冷热流体相互掺杂所引起的热量传递过程。热对流仅能发生在流体中，而且由于流体中的分子同时存在着不规则的热运动，因而热对流必然伴随着热传导现象。

（3）热辐射。热辐射指物体发射电磁能，并被其他物体吸收转变为热的过程。物体温度越高，单位时间辐射的热量越多。热传导和热对流都需要有传热介质，而热辐射无须任何介质。

热电仿真就是通过计算机模拟上述 3 种热传递形式，通过设置相应的材料属性、边界条件等因素，通过仿真结果指导实际芯片的设计和制造。

2.5.2 芯片级热仿真

芯片的能耗直接导致芯片温度的升高，而温度的升高对电路的性能产生着不可低估的影响。芯片的温度每升高 10℃，MOS 管得到的驱动能力就要下降约 4%，连线延迟大约要增加 5%，并且芯片的失效率会增加 1 倍。数据显示，芯片的失效有一半以上与温度相关，其中包括许多著名的芯片失效机制（如电迁移、热载流子效应等）。最重要的是，芯片上过大的温度梯度会导致功能上的逻辑错误。芯片的热分析已经逐步成为芯片分析中不可或缺的一部分。要实现芯片的功耗、性能、可靠性和封装的正确结合，就必须进行精细化分层热电联合仿真，其流程图如图 2-16 所示，主要包括三个部分：芯片功耗的分析、基于热模型的有限元分析、互联层的参数提取。

1. 功耗分析

一个芯片实际是由电学子系统和热学子系统共同组成。电学子系统由电学元件如晶体管、电阻等连接而成，热学子系统由芯片本身及其封装构成。两个系统相互耦合：电学元件的功耗作为热学网络的热源，而热学网络中不同的温度值作为参数会影响电学系统中元器件及其性能。芯片中元器件的功耗转化成热能，使得芯片自身温度升高，即为一种自热效应。精细化分层热电联合仿真，指在考虑电路自热效应的情况下模拟电路自身功耗造成的芯片温度升高和在该温度下的电路性能。器件和互连线都能够产生热量，为了能精确地模拟芯片的温度就必须考虑芯片的每层所产生的功耗。根据电路的工作模式，芯片的总功

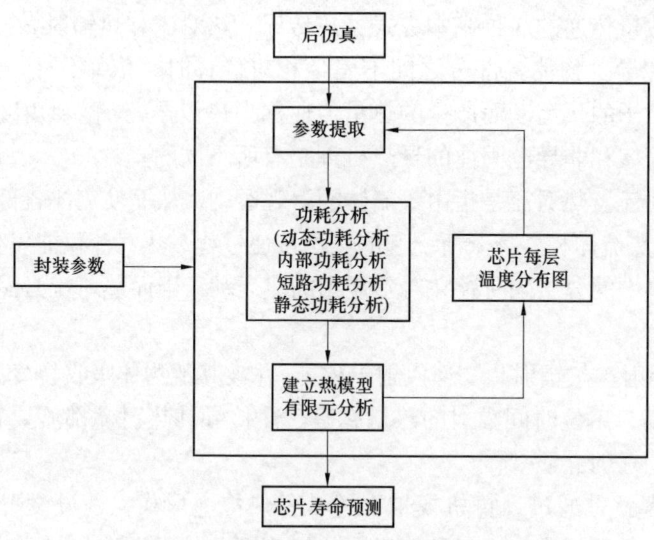

图 2-16　精细化分层热电联合仿真流程图

耗主要包括四个部分：电路的动态功耗、逻辑单元内部功耗、短路功耗以及静态功耗。

2. 有限元分析

芯片热电有限元模拟的基本原理是在有限元方法基础上求解傅里叶热传导方程。

热电仿真的有限元分析主要包括七部分，其架构如图 2-17 所示。

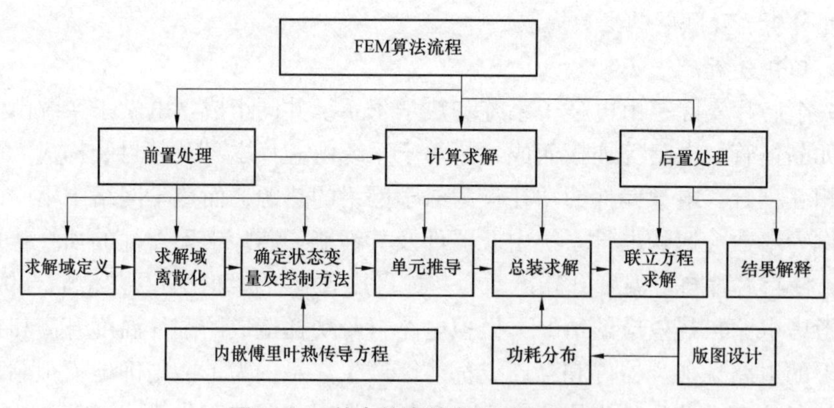

图 2-17　热电仿真的有限元分析架构

其算法流程如下。

第一步：问题及求解域定义。根据实际问题近似确定求解域的物理性质和几何区域。

第二步：求解域离散化。将求解域近似为具有不同有限大小和形状且彼此相连的有限个单元组成的离散域，称为有限元网络划分。求解域的离散化是有限元法的核心技术之一。

第三步：确定状态变量及控制方法。一个具体的物理问题通常可以用一组包含问题状态变量边界条件的微分方程式表示，为适合有限元求解，通常将微分方程化为等价的泛函形式，在芯片热电仿真中需要在这里嵌入傅里叶热传导方程，方程分为瞬态方程和稳态方程。

第四步：单元推导。对单元构造一个适合的近似解，即推导有限单元的列式，其中包括选择合理的单元坐标系，建立单元试函数，以某种方法给出单元各状态变量的离散关系，从而形成单元矩阵。

第五步：总装求解。将单元总装形成离散域的总矩阵方程（联合方程组），反映对近似求解域的离散域的要求，即单元函数的连续性要满足一定的连续条件。总装是在相邻单元结点进行，状态变量及其导数连续性建立在结点处，此处引入芯片功耗分布图作为负载条件，以及加载合适的单元边界条件。

第六步：联立方程组求解。此步骤是计算机计算过程，对以上方程进行数值求解。

第七步：结果解释。有限元法最终导致联立方程组。联立方程组的求解可用直接法、迭代法和随机法。求解结果是单元结点处状态变量的近似值。对于计算结果的质量，将通过与设计准则提供的允许值比较来评价并确定是否需要重复计算。

芯片热电有限元模拟仿真的优势是利用本实验室的硬件条件，在模拟仿真的基础上对仿真结果进行验证，并修正仿真结果，然后继续仿真，形成一个正反馈的过程，最终总结出芯片热特性分析模型，从而达到优化电路的目的。

3. 寄生参数分析

寄生参数是指在芯片加工的过程中，由于半导体器件、金属互连线、硅衬底等引入的寄生器件的参数。这些寄生器件广泛存在于芯片的各处，会给芯片性能带来负面的影响，无法避免和消除。而且芯片工作的频率越高，寄生器件所带来的负面影响也就越大，甚至会导致芯片无法工作。所以寄生参数的提取和分析就变得非常重要。寄生参数所导致的芯片性能的下降甚至失效是非常严重的，必须在芯片的设计阶段就把这些寄生参数准确地提取出来，这样才能准确分析出寄生所带来的具体影响，进而在设计过程中考虑到这些影响，将这些负面影响降低到可接受的程度。

2.5.3 封装级热仿真

1. 芯片电子封装简介

芯片封装是安装半导体集成电路芯片用的外壳，起着安放、固定、密封、保护芯片和增强电热性能的作用，而且还是沟通芯片内部世界与外部电路的桥梁——芯片上的接点用导线连接到封装外壳的引脚上，这些引脚又通过印制板上的导线与其他器件建立连接，封装结构示意图如图 2-18 所示。因此，封装对 CPU 和其他大规模集成（LSI）集成电路都起着重要的作用。

封装不仅对芯片具有机械支撑和环境保护作用，使其避免大气中的水汽、杂质及各种化学成分的污染和侵蚀，从而使芯片能稳定地发挥正常电气功能，并且封装对器件和电路的热性能乃至可靠性都起着举足轻重的作用。

电子封装的失效率与热成正比，而且与封装的最高温度成指数增长。经过百万个原件工作 1000h 失效数目，分析各种因素对失效率的影响，结果如图 2-19 所示，可见温度是封装失效的主要因素。

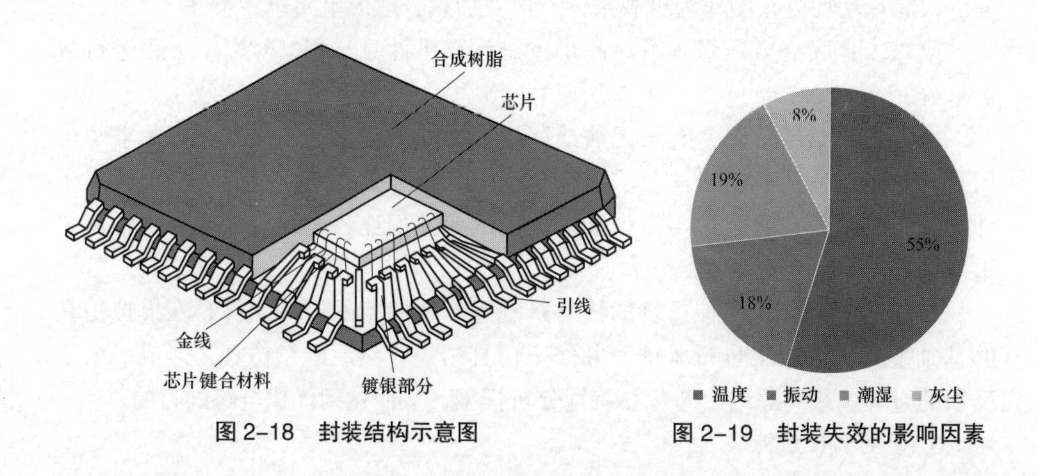

图 2-18 封装结构示意图

图 2-19 封装失效的影响因素

芯片级的热分析主要研究芯片内部结构及封装形式对传热的影响，计算机分析芯片的温度分布，对材料、结构进行热设计，降低热阻增加传热途径，提高传热效果，达到降低温度的目的。

2. 建立封装热模型

封装级热仿真主要集中在封装级和板级分析。通过自然对流和强迫对流情况实验数据分析，研究在不同风速条件下封装芯片模型的热性能。封装后芯片散热途径如图 2–20 所示。

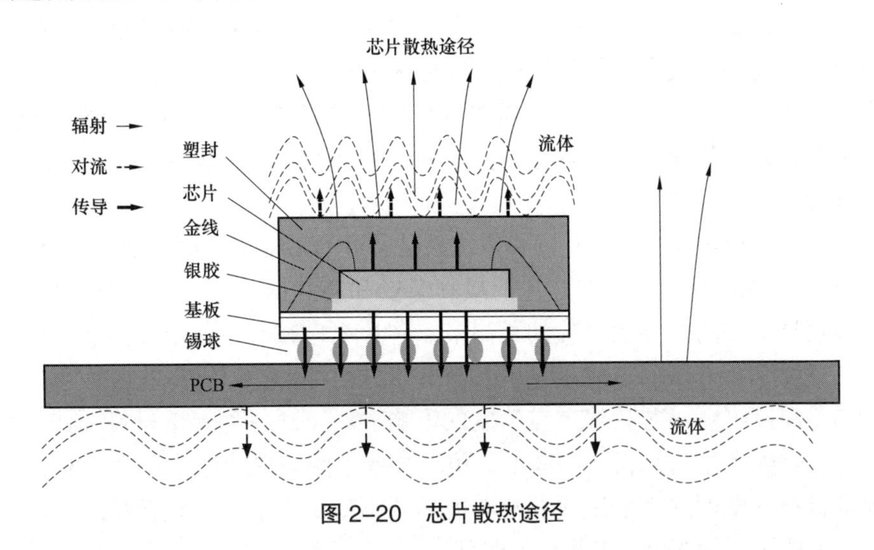

图 2–20　芯片散热途径

热仿真模型的建立首先需要在热分析软件中建立实体几何模型，或通过其他软件导入封装结构、定义材料热性能参数等；然后定义求解域，求解类型，施加热载荷，定义边界条件，划分网格，定义收敛标准，求解；最后进行后处理，以图形显示温度场、节点温度、计算热阻、列表各面的热流率，换热系数等，封装热仿真流程如图 2–21 中所示。按照典型的封装步骤，采用从自底向上的建模方法依次建立封装焊料层、引线框架层、芯片黏结焊料层、硅及封装塑料几何模型。

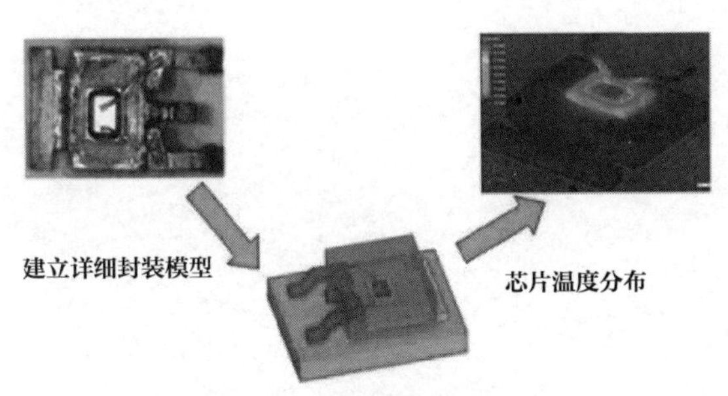

图 2–21　封装热仿真流程

3. 封装热仿真中考虑的主要封装因素

芯片稳态特性有两个主要参数：芯片的最高允许节点温度和热阻。影响芯片温度的因素有很多，封装中对温度影响的主要因素包括电子封装材料热导率、

PCB 板热导率、芯片焊接厚度等。

（1）电子封装材料热导率。封装材料对传热的影响主要是由于封装材料热导率不同所造成的，电子封装材料主要有塑封料、陶瓷封装材料和金属封装材料。塑封料是目前用量最大的封装材料。封装材料的热导率对芯片散热有一定影响，在进行芯片热设计时，可以根据需要选择适合的封装材料，对进行芯片的热特性改善有很好的帮助，但并不是材料的热导率越大越好，热导率达到一定值时，对热特性作用不再显著。

（2）PCB 板热导率。芯片的热量主要是通过 PCB 板传导散发到周围环境中，PCB 板的导热能力直接影响芯片的最高温度和芯片的可靠性。仿真结果表明，PCB 板热导率的增加导致芯片的最高节点芯片温度减小，可以加强芯片的散热效果。当设计 PCB 板时，应尽量增大 PCB 板的热导率，以提高散热效果。

（3）焊接厚度对芯片热节点温度的影响。对于同一种焊接材料，其对芯片温度的影响因素主要是材料的厚度。仿真结果表明，焊接芯片和 PCB 板时，由于焊接材料的厚度并不会造成芯片温度场的不稳定，不会导致新品的不可逆损坏，只应稍加注意不超过工艺要求即可。

（4）芯片放置的位置。自然对流中，对流换热系数受到物体放置方位的影响，所以芯片温度也会受到此因素的影响。芯片主要有三种放置方法，分别是竖直放置、朝下放置和朝上放置。经过仿真分析芯片放置位置对最高节点温度影响不大，在实际使用中，芯片位置的放置不会导致芯片被烧毁。

第3章 主控芯片技术及应用

3.1 主控芯片概述

主控芯片作为自动化设备的大脑，被广泛应用于国防军事、工业生产、科学研究和生活中的各个方面，也是智能电网建设中核心要素之一。主控芯片功能全面、控制灵活、适用面广，几乎所有的电子设备，都包含有一颗或多颗主控类芯片。

在工业领域，主控芯片以通用控制为主，注重芯片的精确可控性、高可靠性、广域适应性等。作为智能电网中各类控制系统的中心，主控芯片连接、控制各类智能设备，通过对设备的运行方式进行编程，达到智能电网安全可控的目的。智能电表作为智能电网最重要的智能终端之一，其主控芯片能够精确采集客户用电信息，通过多种接口与片外芯片通信，并通过液晶显示器（LCD）实时显示相关信息。

主控芯片的发展历程依托于集成电路的发展进程，经历了分立器件、模块集成和 SoC 三个阶段。

第一阶段：PCB + 分立元器件。主控系统通过在一块 PCB 电路板上焊接若干分立器件（如电阻、电容、线圈）的方式实现。此阶段下主控系统电路规模小，可以实现的功能较为简单，系统体积大，功耗高，可靠性通常不高。

第二阶段：模块集成。半导体制造工艺精度的不断突破促成了系统模块的出现。系统模块就是通过在一个尺寸很小的硅片上实现功能规范的电路，如处理器芯片、存储器芯片、数模混合芯片等。与分立元器件电路相比，模块集成具有功能更强、体积小、功耗低、易于集成以及可靠性更高等优点。这一时期，典型的主控系统会集成 CPU 芯片、电可擦可编程非易失性存储器（EEPROM）芯片、随机存储器（RAM）芯片、编解码芯片、接口芯片等。随着市场应用需求的不断提升，系统模块芯片与 PCB 板的矛盾日益严峻。集成电路的速度高、功耗小，而 PCB 板线路延迟大、引入噪声大、抗干扰性差，不能及时响应各设备需求。

第三阶段：SoC。SoC 出现于 20 世纪 90 年代，指包含处理器、存储器和片上逻辑的集成电路。随着其他功能电路（如模拟电路、射频电路）在同硅片上的集成技术越来越成熟，SoC 已发展成为一个包含处理器、存储器、数模混合电路及其他功能单元的复杂系统。主控系统设计水平从元件、模块跨入系统级设计，这时期的主控系统可称为是真正意义上的主控芯片，其处理速度、集成度、可靠性、成本以及功耗均得到了大幅优化。

SoC 阶段，主控芯片进入快速发展阶段。当前，主流主控芯片大多采用 32 位或 64 位处理器内核，存储器容量也提升至百千字节至兆字节级别，部分处理器内核内还集成了容量达几十千字节的 cache。除了处理器内核性能的大幅提升，主控芯片的其他功能模块也越来越强大。集成通信接口在速度和种类上都得到大幅提升。主流主控芯片已经集成了高速通信接口，如 USB2.0、安全输入输出卡 / 多媒体卡（SDIO/SDMMC）、高速串行计算机扩展总线标准（PCIe）、以太网控制器、WIFI 等。部分主控芯片还集成了高精度模拟电路和特殊功能单元，如图形处理器（GPU）等。主控芯片的设计规模也提升到了几百万门甚至千万门级别。

3.1.1 主控芯片架构

应用需求驱动主控芯片的设计和发展，主控芯片在工业控制、汽车电子、消费电子、医疗电子等众多应用中催生了种类丰富的主控芯片的类型。但从结构上看，典型主控芯片的架构主要包括四个部分：处理器内核、总线、存储器和外设。典型主控芯片架构图如图 3–1 所示。

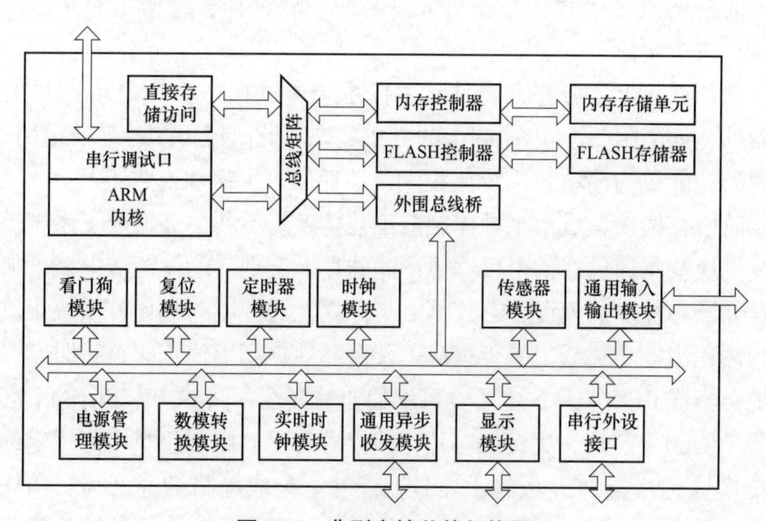

图 3–1　典型主控芯片架构图

3.1.2 主控芯片的分类和功能

由于应用场景的差异，市面上的主控类 SoC 芯片会在处理器内核、总线、外设等方面存在比较大的差异，也正是这些多种多样的组合，才打造出了主控类芯片的“多才多艺”的特性。从可胜任的场景范围上，主控芯片可分为通用型主控芯片和专用型主控芯片。

通用型主控芯片的硬件结构类似，场景应用多依靠软件功能的差异性来达到。专用型主控芯片针对特定的应用场景定制，在某些性能指标上设计和运行效率更高，如高精密度仪器仪表、放射性环境探伤等。早期智能电网主控系统多是在通用型主控芯片上外接专用功能芯片 [如计量芯片、实时时钟单元（RTC）芯片、安全芯片、液晶驱动芯片] 的方式搭建而成。

从市场需求上看，近年来，随着物联网、云计算、工业 4.0、智能家居、可穿戴装置、自动驾驶、虚拟现实（VR）、无人机、汽车电子等新业态的蓬勃发展，催生了更多的主控芯片需求。2015 年主控芯片的出货量达到了 250 亿颗，销售金额 159 亿美元，2016 年预计增加到 224 芯片亿颗，销售额 166 亿美元，预期增长率 4%。同时，由于应用场景类型多样，主控芯片在技术和厂商上不太可能形成垄断寡头，因此，主控芯片领域将呈现百花齐放的局面。这对于国内起步较晚的主控厂商来说，是一个重要的发展机遇。

从技术发展上看，半导体成熟制程已经跨过 28nm，这为主控芯片设计规模达到千万门以上奠定了非常好的支撑基础，32 位主控芯片将成为研发和市场推广的热点。

3.2 主控芯片的关键技术和电路

3.2.1 主控芯片关键技术

3.2.1.1 系统级低功耗设计技术

集成电路设计方法可以划分为系统级、模块级、电路级、门级以及晶体管级。低功耗设计技术贯穿于集成电路设计方法的整个设计过程。从系统级到器件级电路设计的各个阶段，都要进行功耗优化。随着设计的不断细化、精炼，电路结构逐渐变得清晰，功耗估计结果的精确性也不断提高。第 2 章节提及的通用低功耗设计技术主要着眼于门级、电路级，主控芯片，根据其自身特点，可以采取一些系统级的低功耗设计方法，降低芯片功耗的效率更高。

1. 工作模式设计

为了降低主控芯片工作时的功耗，还可以根据芯片不同的应用场景，设计不同的工作模式，以满足应用系统不同应用场景下的低功耗需求。在不同的工作模式下，可以设置芯片不同的工作频率、不同的工作电压，甚至在休眠模式下可以设置芯片局部功能模块掉电，以达到最低工作功耗。

在没有操作的时候，也就是在 SoC 处于空闲状态的时候，SoC 运行于睡眠状态，只有部分设备处于工作之中；在预设时间来临的时候，会产生一个中断，由这个中断唤醒其他设备。实际上，这一部分需要硬件的支持，如判断、周期性的开 / 关门控时钟等。

针对电表应用，正常工作模式应用于电表日常应用模式，普通休眠模式应用于电表挂装后市电掉电、以电池供电的工作模式，最低功耗模式对应电表放在库房尚未挂装时的极低功耗模式。

2. 存储器的低功耗模式

主控芯片 SoC 系统中通常会嵌入多种存储器，包括易失存储器和非易失存储器。非易失存储器中 FLASH 存储器的应用最为广泛，FLASH 功耗较高，因此一般有工作模式、休眠（standby）模式甚至掉电模式。

3. 设计专门的功耗管理模块

主控芯片上的电源管理模块可以动态控制整个芯片功耗，将时钟动态切换、电压动态切换、模式动态切换、FLASH 存储器各种工作模式切换（如工作、休眠、掉电、上电等）有机地结合在一起。根据系统所需服务和性能级别，动态地配置系统，使系统中各功能模块处于所需的较低功耗状态，达到功能与功耗的优化组合。

3.2.1.2 高性能系统集成技术

1. 高性能总线技术

普通的芯片结构中一般存在多个主设备，如 CPU、直接存储器访问（DMA）、DSP 等，当多个主设备访问同一个从设备时候，一般会采用拉住仲裁方式，将访问权授予一个主设备，而将另一个主设备拉住，这种总线形式称为仲裁形式。

在高性能的主控芯片中，多主多从总线矩阵结构如图 3-2 所示。结构上，允许总线从端口出现两个或以上 slave 接口，当 m0 占据一条 slave 总线时，m1 可以自由占据另一条 slave 总线，从而提高访问效率。

2. 高性能缓存技术

随着 CPU 主频越来越高，CPU 与存储器之间的访问速度逐渐成为制约芯片处理性能的瓶颈。在高性能芯片中，通常高速 CPU 外面会有配套的一级或二级

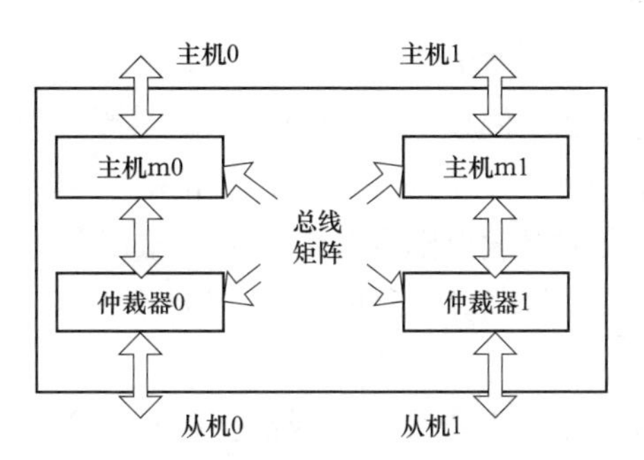

图 3–2　多主多从总线矩阵结构

缓存，以提高 CPU 与存储设备之间指令和数据的访问速度。缓存一般采用预读取形式，利用程序的时间相关性和空间相关性，在 CPU 申请取指时，会一次性从主存中取出附近的整 cache–line 数据，先放到缓存中（cache）。等下次 CPU 申请取指时，会先从缓存中查询该指令是否已被预先取出，如果已取出，则缓存被命中，cache 直接将指令返回给 CPU，不需要再次访问主存，以提高 CPU 的性能。

3. 多原理保护集成技术

继保装置在电网设备中有着广泛的应用。传统的继保装置采用多块芯片的组合来实现保护功能，芯片间布线复杂，抗干扰能力差，保护功能相对单一，装置接口多种多样，制约了应用兼容性与灵活性。

在芯片继电保护的四大功能模块中，其中数据处理模块中主要包含数据读取、滤波算法、傅里叶算法等子模块，该模块主要是用相应的保护算法对外来线路采样信号数据进行运算和处理；逻辑判断模块主要包含一些逻辑门电路，该模块是对保护算法处理过的信号进行逻辑判断分析，判断故障的发生以及发生故障的线路与原因；继电器模块主要包含时间继电器、差动继电器、过流继电器等子模块，该模块主要是来启动继电保护动作的；执行模块主要包含启动子模块、录波子模块和出口子模块，该模块主要执行继电保护措施、录入故障波形等功能。

SoC 型主控芯片中可以将多种原理保护算法集成在一起。集成保护算法专用运算单元、高速查表模块、低噪声锁相环及高速 I/O 接口等关键技术，实现继电保护算法的硬件化，提高保护装置的性能、可靠性。高集成芯片将是电网二次设备的重要发展趋势。

3.2.1.3　高精度设计技术

智能电网中使用的主控芯片必须符合工业级芯片的苛刻要求，因此许多电路模块对精度要求非常高。

1. RTC 时钟模块的计时精度

RTC 的计量精度会随着温度、湿度变化，即温漂现象，尤其是在低温段和高温段，晶振误差呈快速上升趋势。《单相智能表技术规范》（Q/GDW 1364—2013）要求：在 -40~85℃温度范围内，RTC 的计量误差不得超过 0.5s/ 天（等价于 5.787ppm）。因此，为了精确修正外界因素（如温度等）对晶体振荡频率的影响，需要设计高精度的 RTC 补偿电路。

RTC 补偿电路的设计，首先要对造成晶振振动偏差的量进行测量，分析其对振动造成的偏移量后再进行逆向补偿。如某晶振在室温下振动频率为稳定的 32.768kHz，在 -40℃时，其频率变为 32.750kHz。通过 RTC 补偿电路，使得计时尽可能接近 32.768kHz。

工业界比较常用的 RTC 补偿电路的实现方法有：①用高频时钟（如 32.768kHz）直接计算 RTC 计时时钟频率，然后通过调整计数周期来实现 1s 精确计时；②先测试晶振与环境的偏移关系，得到环境 - 补偿系数表，然后用测量到的当前环境值，确定 RTC 补偿电路的补偿系数。RTC 补偿电路图如图 3–3 所示。

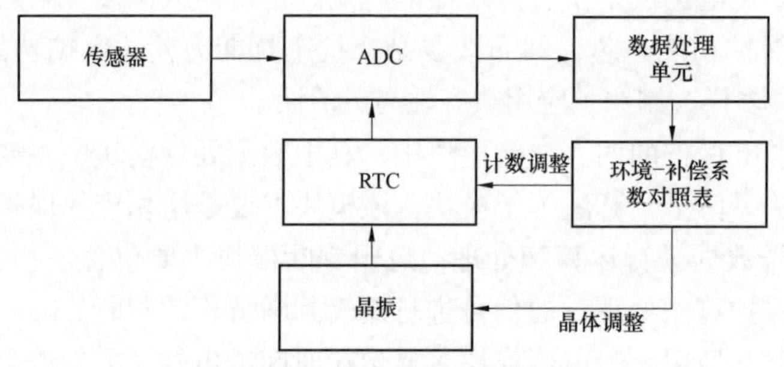

图 3–3　RTC 补偿电路图

2. 模数转换器（ADC）模块的采样精度

ADC 构架主要分为逐次逼近寄存器型模数转换器（SAR ADC）和 Σ - Δ ADC 两种。前者一般功耗较低，精度约为 8~16 位；后者则与之相对，可实现更高的精度。SAR 架构 ADC 则可达到 16 位精度，同时可发挥 SAR 架构低功耗的优势。

电网应用中，对 ADC 的需求一般为百 kHz 级的采样率、10~12 位的分辨率。SAR ADC 能够满足这些指标，同时具有功耗低、与数字兼容性好的优点，因此在主控类芯片中得到了广泛的应用。

图 3–4 是典型的 SAR ADC 系统结构框图，包括采样保持电路（S/H）、比较器、数 / 模转换器（DAC）和逐次逼近控制单元（SAR LOGIC）。模拟输入电压 V_{in} 由

采样保持电路采样并保持，为实现二进制搜索算法，SAR LOGIC 首先将最高位置为 1，比较 V_{DAC} 和 V_{in} 的大小，输出结果将决定转换结果的最高位是 0 还是 1；然后再依次由高位到低位进行相同的过程，使 V_{DAC} 的值逐渐接近 V_{in}，并且最终确定出输出结果。

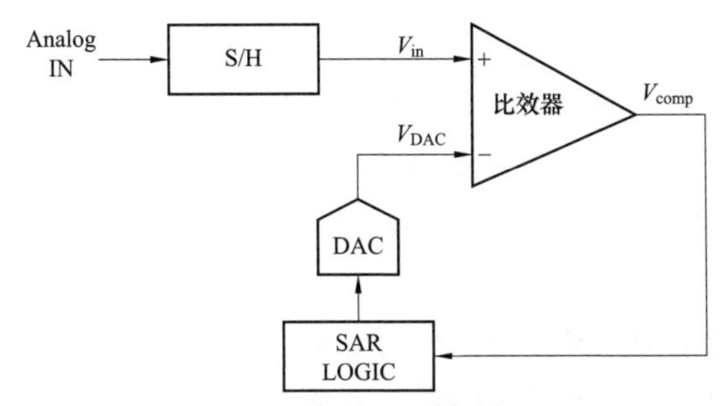

图 3-4　SAR ADC 系统结构框图

SAR ADC 中另外一个重要模块是比较器，现在的设计中一般采用预放大与正反馈型比较器级联的方式，将两者的优点结合在一起，具备速度快、失调小、功耗低的优点。

SAR LOGIC 模块是由数字基本模块组成的时序电路和组合电路，可以控制整个 ADC 按照时钟节拍完成逐次逼近的转换并输出结果。

模数转换器属于高精度模块，在版图设计时有较高的要求，例如，ADC 中电容需要进行中心对称匹配；ADC 的输出信号需要进行非常好的屏蔽，以避免芯片衬底和其他金属线上的跳变干扰到 ADC 比较器的工作；比较器的输入 MOS 管需要进行严格的匹配设计，否则将会有难以接受的失调等。完成版图设计后，还需进行后仿真并进行迭代修改，才能最终保证 ADC 产品的精度。

3.2.2　主控芯片关键电路

3.2.2.1　处理器内核

嵌入式处理器内核（下称处理器内核）指的是内嵌于 SoC 芯片中的处理器模块。与通用计算机系统不同,嵌入式系统的功能是面向具体应用而专门设计的。在嵌入式应用系统中，软硬件紧密结合，作为智能部件嵌入到专用设备或系统环境中，通过通信接口与外界进行信息交换。根据应用场景的不同，嵌入式系统在芯片的可靠性、成本、体积、功耗等方面有差异化的设计要求。

1. 处理器内核的主要技术指标

（1）主频：指处理器内核的工作时钟频率，范围从几十兆赫兹到几吉赫兹。

一般来说，一个时钟周期内完成的指令数是固定的，主频越高，运算越快，相应地功耗也越高。

（2）总线宽度：分地址总线、指令总线和数据总线三个。其中，地址总线的宽度决定处理器内核可以访问的物理地址空间，例如32位的地址总线可以直接访问4GB的物理空间；指令和数据总线的宽度决定对存储器进行一次访问时能够存/读的数据多少，常见的规格有8位、16位、32位和64位等。

（3）缓存：位于处理器内核内的存储模块，用于处理器内核与主存之间的数据缓冲，其读取速度远高于外部内存或FLASH。Cache的性能与容量、替换算法有关，容量从几千字节到几兆字节。

2. 处理器内核的架构

处理器内核的架构（又称为微体系结构）是微架构和指令集的结合。微架构是决定处理器内核性能和能耗的最主要因素。一种给定的指令集可以在不同的微架构上运行，对SoC设计更有指导意义。目前应用较为广泛的指令集有以x86为代表的复杂指令计算机（CISC）和以ARM为代表的（RISC）。前者处理速度快，指令复杂，不容易进行流水线处理；后者容易进行流水线处理，以在小型硬件上高速运行为主要设计目的。

3.2.2.2 常用通信接口

1. 串行外设接口（SPI）

SPI接口是由摩托罗拉提出的同步全双工四线同步串行外围接口协议，在主控应用中主要用于与外围设备的通信，常用SPI通信接口的外设有EEPROM、ADC、DSP、SD卡、FLASH芯片和LCD显示驱动等。

SPI通信系统由一个主设备和一个或多个从设备组成，支持全双工通信，可以同时发送和接收数据。SPI使用同步协议传输数据，串行时钟的极性、相位和传输速率均可编程，通信速率范围1~104kbit/s。当进行数据传输时，主从设备通过约定的极性和相位控制数据传输。实际应用中，主控芯片中的SPI模块多作为主机，带SPI接口的外设作为从机。在实际应用中，SPI只需要四根管脚就可以实现控制和数据的传输，芯片管脚开销小，可节省PCB布局空间。

2. UART接口

通用异步收发传输器（UART）是一种应用广泛的异步串行收发传输协议。UART结构简单，无需时钟配合，占用管脚少，连接方式简单，可实现全双工数据传输，通信速率范围1~103kbit/s。在智能电表应用中，UART模块多用于主控芯片下载程序的更新数据，或与主控芯片外部的模块通信，例如计量模块、安全模块、电力载波模块、红外模块、RS-485模块等。

UART 模块间传输数据时，无需时钟的配合，直接将两颗 UART 芯片的接收管脚（RX）和发送管脚（TX）对应互联即可，即芯片 UART_A 的 TX 对接芯片 UART_B 的 RX，实现数据从 UART_A 向 UART_B 传输；同理，芯片 UART_B 的 TX 对接芯片 UART_A 的 RX，实现数据从 UART_B 向 UART_A 传输。

发送数据时，UART 端口采用串行模式，通信速率与波特率成正比。波特率就是每秒钟发送的比特位数，确定了每个比特持续的时间长度。例如，在与个人电脑通讯中常用的波特率为 9600，即表示每秒钟能发送 9600 个比特数据，每个比特持续宽度为 1/9600s。波特率的设定不受通信协议约束，由芯片自己确定。为了保障通讯质量，波特率的设定通常以接受方的接受上限为设定依据。

3. 智能卡接口（SCI 接口）

SCI 接口（也称为 7816 接口）是智能卡与外部设备的主要通信接口，具有很高的可靠性、安全性和灵活性。

SCI 接口的通讯符合 ISO/IEC 7816-3 协议，通过发送和接收一个个字符帧来实现。字符帧的单位是 etu（elementary time unit），etu 可通过寄存器进行配置，所设的值越小，数据传输得越快。ISO/IEC 7816-3 协议规定：在复位应答期间，1etu 必须等于 372 个主时钟周期的值。1 个字符帧需要至少 10 个 etu 读取，即 1 字符帧的读取包括起始位(start)、8etu 的读取字节位(byte)、1etu 的校验位(parity)和可配置的 1~2etu 的暂停（pause）。其中，起始位为低电平。校验位用于校验本次字符帧的传输是否有效，若校验位有误，接收方会发出一个低电平的错误信号（error signal），然后重发这次的字符帧。若校验位无错误，则接收方会保持一段时间的高电平的暂停状态，等待下一次的字符帧的起始位。

根据工作电压的不同，SCI 接口可分成三类：A 类（5V）、B 类（3V）、C 类（1.8V）。SCI 接口支持其中一类或多类的工作电压。工作电压不同，SCI 接口对 VCC（电源）、RST（复位）、CLK（时钟）、GND（地线）、I/O 等触点的参数要求也不相同。

4. I2C 接口

I2C 是飞利浦公司在 20 世纪 80 年代设计出来的，用于连接整体电路。I2C 总线是由数据线（SDA）和时钟线（SCL）构成的双线制串行总线，以半双工方式发送与接收数据。多个主机或从机同时连接在总线上,每个从机具有唯一地址，这样不同速率、不同类型的多个设备能够连接在同一总线上，彼此独立。图 3-5 为 I2C 协议时序图。

5. SDIO 接口模块

安全数字输入输出卡（SDIO）是一种符合 SD 协议的外设接口。SDIO 接口

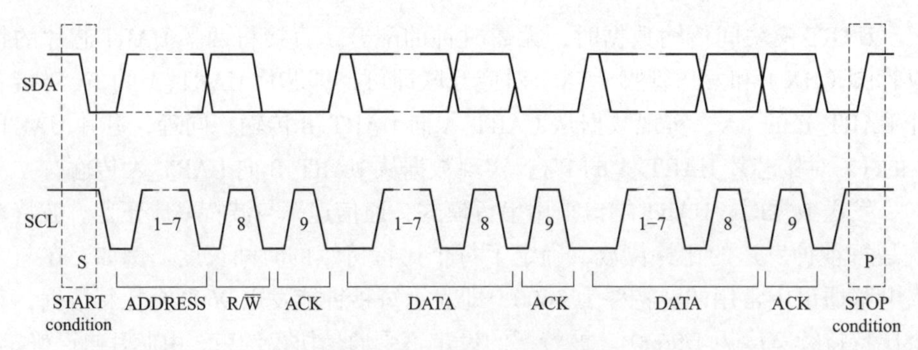

图 3–5　I2C 协议时序图

有两种传输速率：全速 SDIO 卡（超过 100Mbit/s）和低速 SDIO 卡（0~400Kbit/s）。SDIO 卡支持三种操作模式：SPI 兼容模式、1–bit 数据宽度传输模式和 4–bit 数据宽度传输模式。SDIO 接口信号包括：CLK 信号（HOST 给 DEVICE 的时钟信号）、CMD 信号（命令和响应）、DAT0–DAT3 信号（数据线）、VDD 信号（电源信号）、VSS1/VSS2（电源地信号）。

SDIO 的每次操作都是由主设备在命令线上发起一个命令，从设备响应。对于有些命令从设备无须响应。对于读和写操作，首先主设备向从设备发送命令，从设备响应并返回一个握手信号，主设备收到从设备返回的握手信号后，把要传输的数据放到数据线上，在传送数据的同时会跟随着循环冗余校验（CRC）码。当数据发送完后，主设备发送命令通知从设备操作完毕，从设备返回响应信号。SDIO 设备兼容 SD 卡所有的命令和响应，并增加了一些新的命令和响应。

6. USB 接口

通用串行总线（USB）是一个外部总线标准，USB 协议版本经历了从 1.0 到 3.0 历史，传输速度也从 1.2Mbit/s 到若干 5Gbit/s。USB 接口因为支持热插拔、即插即用、通信速率快等优点被广泛采用。

USB 控制电路可以实现 USB 设备和主机之间的数据交换，物理层协议由主机和设备的 USB 物理层（USB PHY）通信完成。智能电网中主控芯片大都包含 USB OTG 控制器。OTG 控制器可实现 USB 链路层的协议，配合应用软件实现从枚举到应用数据交换的全过程。一个典型的 USB OTG 控制器的内部结构如图 3–6 所示：

7. 以太网接口模块

以太网是 1980 年由 Xerox、Intel 和 DEC 公司联合开发的一种基带局域网规范，也是当今最通用的局域网通信协议标准。以太网使用载波侦听多路访

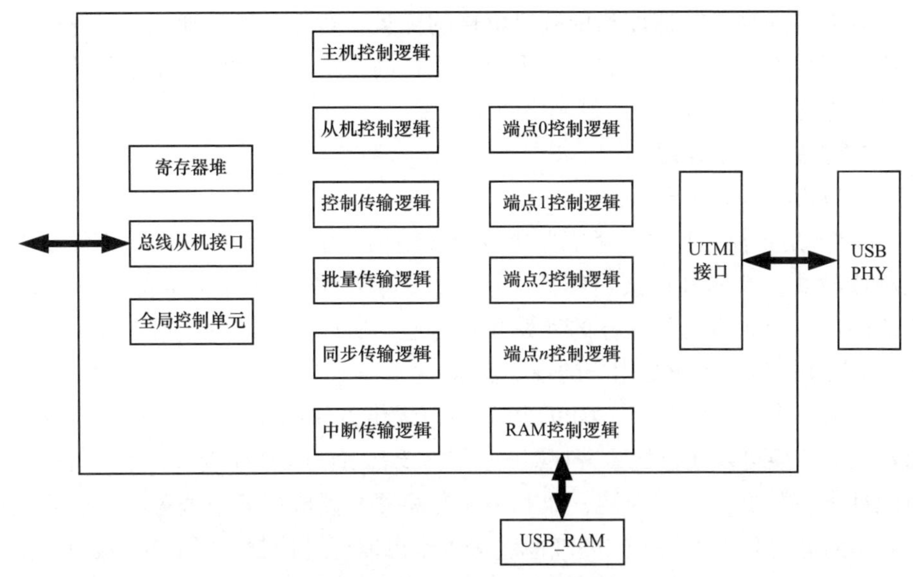

图 3–6 典型的 USB OTG 控制器内部结构

问 / 冲突检测（CSMA/CD）和介质存取控制技术，符合 IEEE 802.3 协议，具有使用简单、价格低、传输速率高等优点。通信速率方面，以太网有标准以太网（10Mbit/s）、快速以太网（100Mbit/s）和 10G 以太网（10Gbit/s）三类。图 3–7 是典型以太网控制器结构示意图，可以作为 SoC 系统与物理层间多用途接口模块，功能可配置。

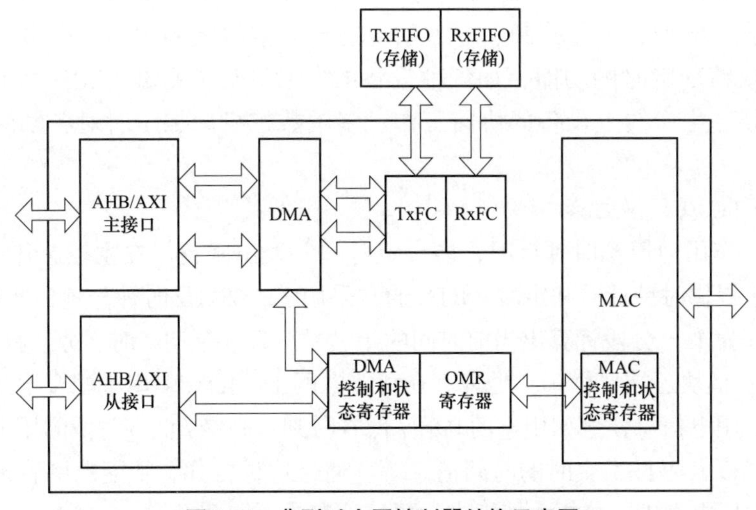

图 3–7 典型以太网控制器结构示意图

以太网的高传输速度和低端口价格的优势，对那些准备通过信息化改造以提高生产效率的领域来说非常有吸引力。目前，工业以太网技术已经成为一种为国内外普遍接受的工业控制网络建设方案。

3.2.2.3　其他外设

1. 通用输入 / 输出（GPIO）

GPIO 是主控芯片中经常需要集成众多结构简单的外设。有些外设需要 CPU 控制或检测，有些外设被当作输入信号，还有些外设只需要开或关两种状态。传统的串口或并口对于这样的外设并不合适，所以主控芯片一般会提供一个或多个 GPIO 接口用于满足用户的各种需求。

作为一个常见的接口，GPIO 可为用户提供方便的输入输出操作，输入 / 输出模式的切换可以通过配置寄存器的方式实现。通过 GPIO 接口，系统可以实现与硬件进行数据交互与控制，如 LED、蜂鸣器、读取中断信号等。一些协议相对简单的低速总线（如 IIC、SPI 总线等）也可以通过控制一组 GPIO 接口模拟总线协议的方式来实现。GPIO 最大的优点在于能通过软件控制的方式实现简单的通信和控制。

2. 定时器 / 计数器（Timer）

Timer 能够记录外部脉冲数量，产生纳秒级的定时脉冲，测量信号电平宽度 / 周期，并有作为串行通信接口的波特率发生器等诸多功能，具有精度高、使用方便、工作可靠、编程简单、运行速度块等优点。配合其他模块，Timer 还可以实现更多复杂的功能，是主控芯片种用途最广泛的模块之一。可以这样说，几乎所有的需要精确控制时间的系统都离不开 Timer。

在消费电子、工业控制、电力系统乃至航空航天领域中，很多场合都需要计数或精准定时的功能，如各种设备的定时开启 / 关闭、LED 显示屏幕的定时刷新、生产线上设备的协同工作、多轴数控机床加工时对各轴的时间控制等。

3. RTC 及补偿电路

RTC 作用为模拟时钟计时，能设定时间并发出闹铃。在主控芯片中，RTC 主要用于提供时钟计时和定时。RTC 通常采用 32.768kHz 时钟分频，即每 32768 个周期计为 1s，分段计算出当前时间的年、月、日、星期、时、分、秒等信息。通常 RTC 模块还需要做闰年处理。在智能电网中，RTC 多用于配合记录任意时刻用户的用电信息，例如用电的高峰 / 低谷时刻、高峰 / 低谷时段的用电量，平均用电量以及事件发生时的时间信息等。通过这种方式，智能电网管理侧可以掌握用户用电需求，分析电能需求，更好地完成电网调度。

4. 功耗控制单元

通常主控芯片中各功能模块由同一个电源供电。芯片上电时，所有模块在电源域内共同上电，芯片掉电时，所有模块几乎同时掉电。通常主控芯片都会做低功耗设计，如分时关闭某些不需要的时钟、降低工作模块的时钟频率、设置时钟门控等。这些手段能够在一定程度上减小芯片能耗，但远远达不到智能电网对主控芯片的功耗要求。《单相智能电能表技术规范》（Q/GDW 1364—2013）要求，在无外部电源供电时，智能电表能保持电表内信息 3 年内不丢失。目前市面上多数的智能电表使用 5V 电池供电，这相当于在断电情况下（如厂家库存），主控芯片的漏点电流不得超过 10μA。

5. PWM

PWM（简称脉宽调制）是一种应用广泛的电力电子控制技术，主要应用于功率控制、功率变换、逆变器、电动机控制、伺服控制、开关电源等。在智能电表中，PWM 技术主要指基于脉宽调制技术的正负脉宽数控调制信号发生电路。

PWM 的两个主要参数是占空比和调制频率。占空比是接通时间与周期之比，调制频率为周期的倒数。不管是电容性负载还是电阻性负载，调制频率多数高于 10Hz，典型值为 1kHz 到 200kHz。在运动控制系统或电动机控制系统中，常见的 PWM 实现方式有数字电路、专用的脉宽调制集成电路、单片机实现方式和可编程逻辑器件等。其中，数字电路方式的电路面积大，抗干扰能力差，控制周期长。单片机方式在无脉宽调制输出时，消耗时间长，CPU 效率低，脉宽调制信号精度不高。在主控芯片中集成 PWM 电路的方式，在成本、功耗、响应速率等指标上均优于其他方式，同时通过软件配置，还可以升级 PWM 算法。

3.2.2.4 电源相关模块

1. 上下电复位模块

在系统上电的过程中，为了保证系统能够正确启动，上电复位电路需要提供一个内部的复位信号对逻辑电路进行初始化，直到电源电压稳定达到系统规定的正常工作电压后撤销该复位信号。

下面给出了一种高可靠性并带有迟滞功能的上下电复位电路原理图，如图 3-8 所示。

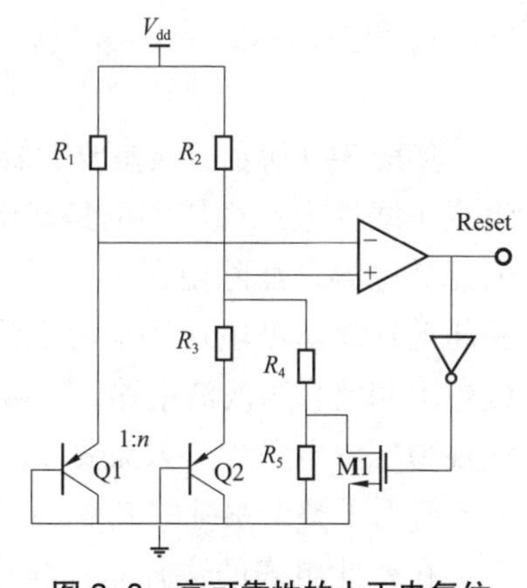

图 3-8　高可靠性的上下电复位电路原理图

最终得到的上电复位放开阈值和下电复位阈值分别如式（3-1）、式（3-2）所示：

$$V_{rth}=\left(1+\frac{R_2}{R_4}\right)V_{bgr} \tag{3-1}$$

$$V_{fth}=\left(1+\frac{R_2}{R_4+R_5}\right)V_{bgr} \tag{3-2}$$

式中 V_{bgr}——在绝对零度时的基准电压，约为 1.25V；

V_{rth}——上电复位放开阈值，V；

V_{fth}——下电复位阈值，V。

相比典型的上下电复位电路，该电路在不同的温度工艺角下的复位阈值偏差较小。

2. 线性稳压源模块

智能电表的主控芯片中的电源电压稳压单元一般采用线性稳压源，这种结构有集成度高、片外元器件少、电路工作可靠性高、电磁干扰少、芯片整体成本低等优势，其典型的线性稳压电路原理图如图 3–9 所示。

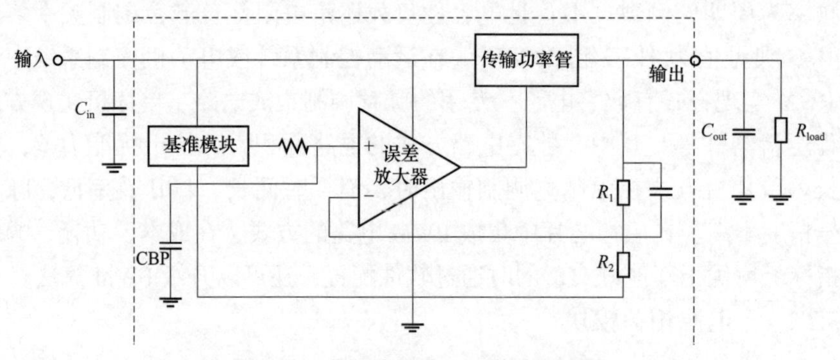

图 3–9 典型的线性稳压电路原理图

如图 3–9 所示，误差放大器、传输功率管、电阻 R_1、电阻 R_2 构成反馈网络，组成了线性电压稳压源的集成电路片上单元；电容 C_{in}、C_{out} 为片外输入、输出的滤波电容，滤除电源上的噪声和纹波；R_{load} 代表芯片负载；基准模块为线性稳压源提供基准电压和参考电流，使线性稳压源输出固定可控的电压值，其后的电阻和电容为滤波电路，一般都集成在片内，片外不再需要额外的分立器件。线性稳压源电路片外只需要 C_{in}、C_{out} 这两个分立器件，其余器件均在片内集成，大大降低了整个系统的成本。

在智能电表的主控芯片应用中，芯片的负载（见图 3–9 中的 R_{load}）在几个微安到十几个毫安的范围内变化，这要求线性稳压器在负载变化达 4 个数量级的范围内都能输出稳定的电压。负载的变化会造成电路的输出极点的变化范围也达 4 个数量级，低功耗的要求又会使线性稳压器内部极点处在很低的频率上，这给二、三级负反馈结构的线性稳压器的稳定性带来了很大的挑战。因此，在用于智能电表主控的线性稳压器中，需要使用密勒补偿、前馈补偿、零极点消除等多种技术，保证其环路的稳定性。

根据实际应用需求，主控芯片中可能会有多个线性稳压源电路，分别为 FLASH、数字电路、模拟模块等供电，每种线性稳压电路的设计会根据具体的输入电源范围、输出电压、输出负载范围、静态电路范围等具体需求，选择实际的电路结构进行设计。设计时需要重点考虑模块的稳定性设计，需要在各种工作条件下尽可能完善稳定性的仿真，确保模块工作的可靠性和高的生产制造良率。

未来，针对智能电网中主控芯片的需求，线性稳压器还需朝着全集成、低静态功耗、大带载能力方向发展，在保证为数字电路提供稳定电源的同时，降低成本。

3. 电压基准电路模块

电压基准电路为线性稳压源、模数转换器、片内阻容振荡器、比较器、电流偏置电路等模拟单元提供基准参考电压，完成模拟信号处理。基准参考电压的准确性决定了芯片绝大部分模拟模块处理信号的准确性，线性稳压电路的输出电压正比于电压基准电路提供的基准参考电压，如果基准参考电压变化了 ±20%，那么线性稳压电路的输出电压也将变化 ±20%，一般 CMOS 工艺器件中数字电路允许的电源电压变换范围为 ±10%，因此这样的稳压源将会导致芯片异常。

智能电表主控芯片主要应用在智能电表上，属于工业级的应用需求，电压基准电路需要在较大电源电压范围和较宽温度范围的应用条件下都能够输出固定的参考电压，然而对于 CMOS 工艺中的基本单元器件，其固有的参数，如阈值电压、迁移率、电阻率等都有较大的温度系数，因此必须要采用特殊的温度补偿设计方法来设计电压基准电路。

在智能电表主控芯片中的电压基准源电路更多地采用工作在亚阈值区的电压基准电路，其工作原理框图如图 3-10 所示。

基于该框图，在主控芯片设计中采用的一种低功耗的电压基准源电路原理图如图 3-11 所示。

该电压基准源电路主要包括三部分：由 M_{s1}、M_{s2}、C_s 组成的启动电路；由 M_1~M_4、R_1 组成的 PTAT 电流产生电路；由 M_5、M_6、R_2 和 C_c 组成的求和输出电路，其中 C_c 是输出滤波电容。

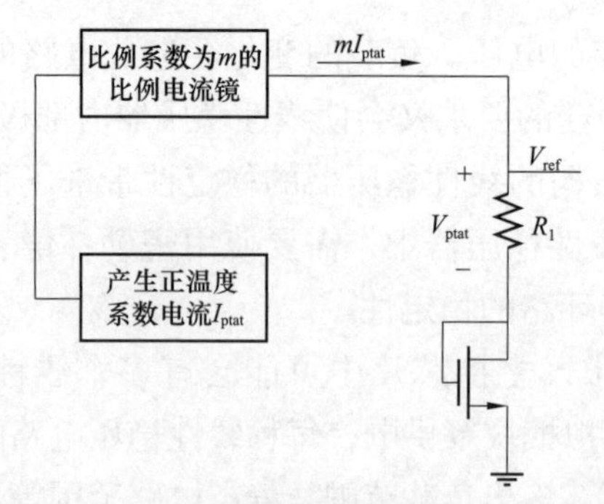

图 3–10　工作在亚阈值区的电压基准源电路框图

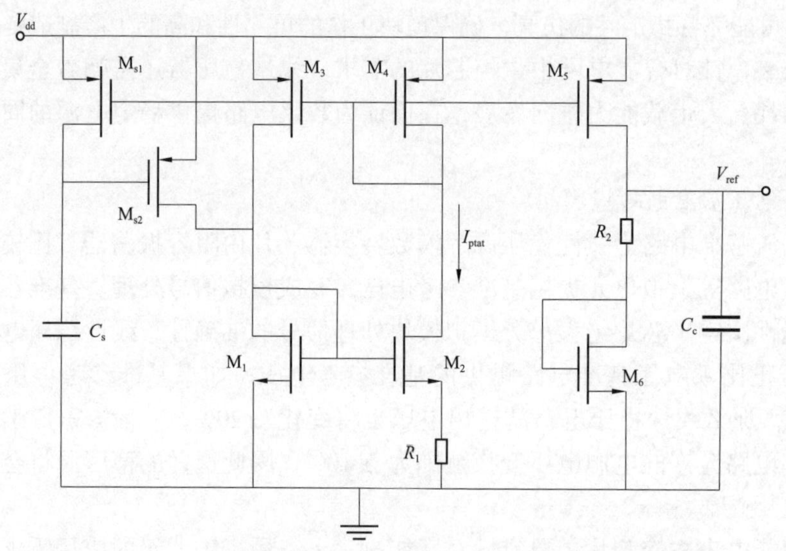

图 3–11　一种基于亚阈值区 MOS 管的电压基准源电路原理图

4. 低电压检测模块

低电压检测电路主要用来检测主电源的供电情况，及时检测到主电源掉电的情况，通知主控进入节电模式，以降低系统功耗，减少电池的电量消耗。当主电源上电时，及时中断和唤醒主控，处理相应事件。

图 3–12 给出了低电压检测模块的典型电路原理图，其中，比较器有迟滞的功能，向下阈值比向上的阈值电压低，从而改善了电源上的噪声造成比较器误翻转的现象。

5. 时钟源产生器类模块

根据应用的不同，主控芯片需要多种类型的振荡器作为时钟源为系统提供时钟，总体上分为片内振荡器和晶体振荡器两种类型。片内振荡器的优点是不

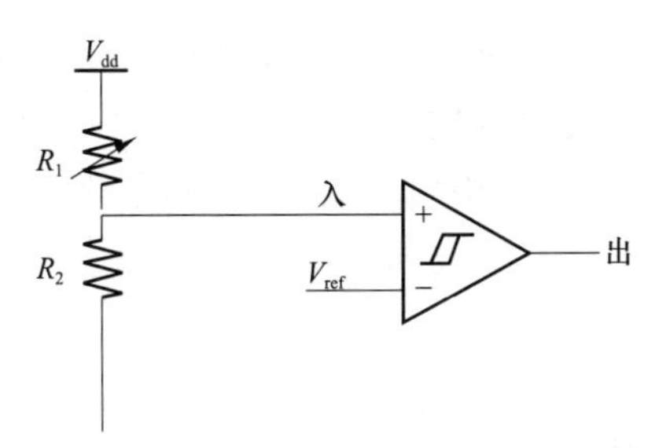

图 3-12　低电压检测模块的典型电路原理图

需要任何片外元器件、成本低、停振风险低、功耗可控等，缺点是振荡器频率不精确，频率随温度变化、电源电压变化范围大，需要出厂做校准后使用，常用在一些对通信速率要求不高的低成本应用中；晶体振荡器的优点是振荡频率精确度高，振荡频率受温度、电源电压等环境影响小，其缺点是起振时间长，晶体需要外置，振荡的稳定度受外围晶体的影响大，存在由于环境的湿度、温度变化而造成的停振风险，应用成本高，因此常常应用在高端、通信速率高、实时时钟功能等场合。智能电表主控芯片中一般会集成 RC 振荡器、32.768kHz 晶体振荡器和高频晶体振荡器这 3 个振荡器，来满足不同客户的应用需求，下面将逐一介绍片内振荡器和晶体振荡器的模拟电路设计考虑。

一般来讲，片内振荡器主要有环形振荡器和 RC 振荡器两种。环形振荡器一般应用在几十兆赫兹以上的高速时钟场合，常用来做锁相环的振荡器模块；RC 振荡器则一般应用在几十兆赫兹以内的低速时钟芯片中，常用作芯片的主时钟。一种带电源电压和温度补偿的环形振荡器电路如图 3-13 所示，其基本原理是采

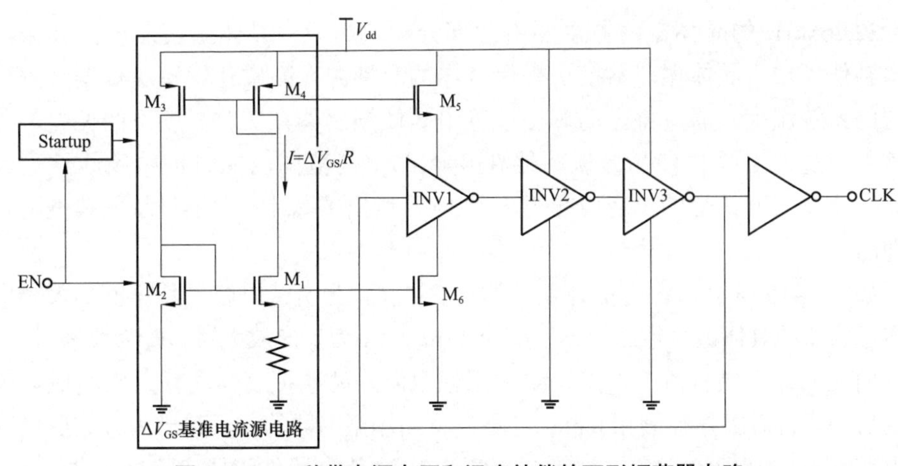

图 3-13　一种带电源电压和温度补偿的环形振荡器电路

用受限于与温度成正比的电流的反相器和普通 CMOS 反相器级联，利用这两种反相器的传播延时在电源电压和温度呈现相反特性来达到补偿的效果。

图 3–14 给出的是一个片内 RC 振荡器的电路原理图，大多数 RC 振荡器都是基于该结构的设计。

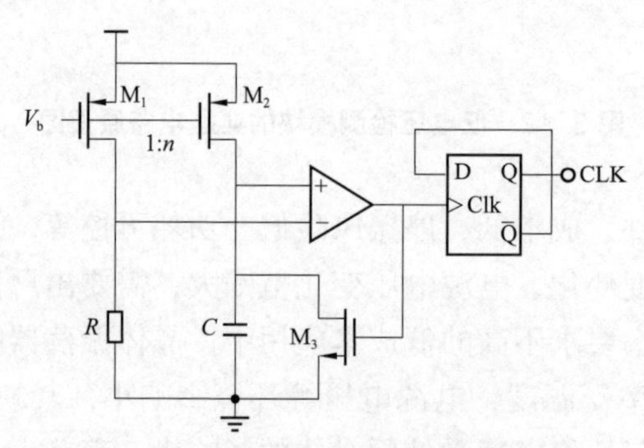

图 3–14　片内 RC 振荡器的电路原理图

相比于环形振荡器，RC 振荡器的结构受电压、温度的特性影响很小，在主控的片内振荡中得到了非常广泛的应用。

对于主控芯片，主要有 32.768kHz 和高频兆赫兹级晶体振荡器的设计需求，32.768kHz 晶体振荡器主要用来进行实时时钟计时，需要具有频率补偿功能，为智能电表进行阶梯电价费控、分时计价费控等智能控制提供时基标准；高频兆赫兹级晶体振荡器主要是为芯片提供精确的系统时钟，来完成数据交互功能。

32.768kHz 的晶体振荡器和高频晶体振荡器的设计方法及电路架构是一样的，本章节重点介绍 32.768kHz 的晶体振荡器电路设计。

32.768kHz 的晶体振荡器主要由两部分模块组成：晶体振荡器模块和振荡频率补偿模块。晶体振荡器模块提供基本的时钟源，频率补偿模块根据系统检测到的系统温度，通过特定的算法计算出晶体振荡器在实时温度下的偏差，并对该偏差进行补偿，使晶体振荡器在 –40~85℃的范围内的时钟精度能够达到 5ppm，保证时基信号的长期精准度。图 3–15 给出了晶体振荡器模块的典型电路原理图。

如图 3–15 所示，Y_1 为晶体振荡器；C_{L1}、C_{L2} 为负载电容，其容值的大小由晶体振荡器的具体型号给出，典型值为 12pF；U_1 为反向放大器，R_f 为反馈系数，为反向放大器提供直流工作点；R_s 为限幅电阻，防止振荡器功耗过大造成晶体振荡器烧毁，后级是整形和 buffer 电路，将晶体振荡器的波形整形为方波后供数字电路使用。其中 R_f、U_1、Y_1、C_{L1}、C_{L2}、R_s 这几个器件组成完整的反馈电路，

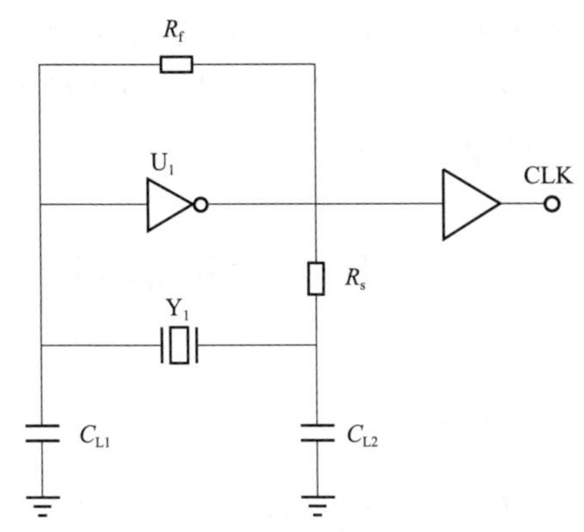

图 3-15 晶体振荡器模块的典型电路原理图

合理设计反相器的增益，反馈网络会在晶体振荡器的谐振点形成正反馈，振荡电路开始振荡，振荡器的振荡频率的表达式如式（3-3）所示

$$F=1/\left(2\pi\times\sqrt{L\times\frac{C_L C_P}{C_L+C_P}}\right) \tag{3-3}$$

式中 C_P——晶体振荡的寄生电容，由晶体厂提供的晶体模型参数给出；

C_L——$\frac{C_{L1}C_{L2}}{C_{L1}+C_{L2}}+C_s$，$C_{L1}$、$C_{L2}$ 为晶体的负载电容的容值，C_s 为来自 PCB 的寄生电容值，典型值一般是 1~5pF。

从晶体振荡器的频率表达式可以看出，振荡频率与负载电容值相关，这也为晶体振荡器的频率补偿方案提供了技术可行性。

频率补偿模块有模拟和数字两种补偿方式，其中模拟的方式是通过调节 C_{L1} 和 C_{L2} 的电容值来实现振荡频率调节。此方法的优势在于调整精细，可以进行步距 ±1ppm 的校准，实现精确微调，其缺点是保证晶振起振和稳定运行，降低芯片的成本，电容的大小有一定限制，电容补偿的偏差范围通常限定在 ±40ppm 以内，且电容占据较大的芯片面积，补偿成本比较大；而数字调校的方式优势为实现较为简单，缺点是调校步长较大、精度较低。最后主控芯片通常为数字和模拟方式互补使用，完成大范围高精度的晶体频率调校目标。

6. ADC 模块

ADC 是连接外界信号和芯片的模块，其作用是将自然界中连续的模拟量转换成 CPU 可以处理的数字量。

智能电表应用中的主控芯片，需要测量晶体振荡器的温度来做实时时钟的频率补偿,因此需要 ADC 模块来将片外温度传感器的模拟信号转换为数字信号；

电源监测模块用来检测主电源的供电状态，需要 ADC 能够监测到市电停电、来电的变化，电池电量的变化，告知主控系统进行对应的工作状态切换；还需要 ADC 监测用户使用的市电的电流电压。

3.3 芯片软件系统

3.3.1 芯片软件系统概述

嵌入式系统是以应用为中心，通过剪裁软硬件资源，适应应用系统对功能、成本、体积、可靠性、功耗上的要求。嵌入式系统主要应用于小型电子装置，系统资源有限，开发时需要配套的开发工具和开发环境。嵌入式系统通常由主控芯片（嵌入式处理器）、外围硬件、嵌入式操作系统（可选）和应用软件组成，嵌入式系统组成框图如图 3-16 所示。

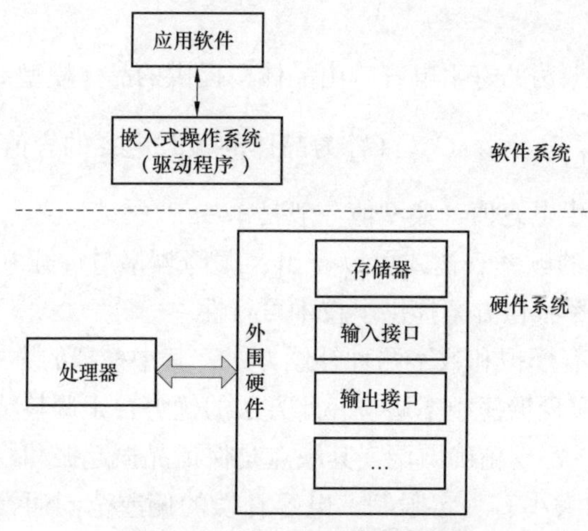

图 3-16 嵌入式系统组成框图

与通用计算机系统相比，嵌入式系统的特点有：

（1）面向特定应用：嵌入式系统中的 CPU 针对特定应用环境设计，所有系统任务都集成在同一颗芯片内，系统运行效率高，可靠性好。

（2）生命周期长：嵌入式系统的硬件和软件具有高度可定制性的特点，升级换代也是和具体产品同步进行的。因此，嵌入式系统产品一旦进入市场，它的生命周期几乎与产品的生命周期一样长。

（3）二次开发难度高：在设计完成以后，用户如果需要修改其中的程序功能，必须借助于一套专门的开发工具和环境。

（4）实时性要求高：为了提高执行速度和系统可靠性，嵌入式系统中的软件一般都固化在存储器芯片或单片机中。由于嵌入式系统的运算速度和存储容量的限制，大部分嵌入式系统必须保持较高的升级。

3.3.2 芯片软件关键技术

根据应用复杂程度，嵌入式应用可分为两种：①简易应用：功能需求相对简单，无需操作系统支持，如智能电表；②复杂应用：功能需求相对复杂，需文件系统、多网络通信、复杂人机交互界面设计，需嵌入式操作系统协助完成软件开发，如用电信息采集系统中集中器。

根据应用程序的复杂度，嵌入式系统的层次结构可以选择是否使用操作系统。依据系统所提供的程序界面来编写应用程序，通过操作系统管理和控制内存、多任务、周边资源等，可大大减少应用程序员的负担。

芯片软件是基于硬件电路设计的，而硬件电路设计和软件设计均可裁剪。芯片软件系统通常包括四个层面：硬件驱动层、操作系统层、中间层和应用程序层。

（1）硬件驱动层。驱动程序层连接底层的硬件和上层的操作系统的 API 函数。硬件更改后，只需提供给操作系统的相应的驱动程序即可，这样就不会影响到 API 函数和用户的应用程序。

（2）操作系统层。嵌入式操作系统也可以称作应用在嵌入式系统中的操作系统，其主要特点是可固化存储、可配置、可剪裁；独立的板级支持包，可修改；不同的 CPU 有不同的版本；用于开发需要有集成的交叉开发工具。

（3）中间层。中间件位于操作系统和应用软件之间，向应用程序提供统一的接口，便于用户开发应用程序，以及应用程序跨平台移植等。

（4）应用程序层。嵌入式应用程序运行在操作系统上，系统的功能总是通过应用程序表现出来。一个嵌入式系统可简单到没有支撑软件、没有操作系统，但不能没有应用软件，否则它就不能成为一个系统。

对于简易应用芯片软件，一般无操作系统，但至少包括硬件驱动层和应用程序层。驱动程序层连接底层的硬件和上层应用的 API 函数。硬件改变后，只需要提供给应用层相应的驱动程序就可以，这样就不会影响到 API 函数和用户的应用程序。

芯片软件与软硬件资源关系紧密并与具体应用需求相结合，所以芯片软件相关的关键技术除软硬件本身关键技术如主控芯片操作软件、数字电路控制软件、传感器采集软件等技术外，更关注于应用需求的软件处理技术。此外无论应用的复杂度如何、芯片软件内是否应用操作系统，均需要相关的关键技术来保证软件的再用性、可靠性、实时性等，即通过各种处理机制和算法来真实反映现实应用的技术，均是芯片软件的关键技术。

（1）再用性技术。再用性技术包括可移植性、通用性技术等，其中软件可移植性是保证在产品应用需求发生变化时，需要将芯片软件移植到不同的硬件平台，但并不需要花费过多的工作量即可实现既定的功能应用。模块化的软件设计技术实现不同硬件平台和软件平台的跨平台应用，无需更改软件模块本身，通过接口参数的传递实现软件模块的功能，是芯片软件再用性技术的体现。

（2）可靠性技术。可靠性技术包括各类算法的实现、冗余数据备份等，如为保证电能计量参数和数据的有效性，利用三备份数据冗余校验技术实现数据备份；为保证谐波分析仪表的计算的高精度，通过快速傅里叶算法实现真有效值的计算。为提高点阵红外图像的分辨率，采用双线性、多项式差值等算法实现图像加强，从而可靠地保证系统真实反映实际应用。

（3）实时性技术。嵌入式软件对时间的要求较高，分为硬实时和软实时两种类型。软实时在限定的时间内完成某项任务，通过任务调度、定时判断等方式实现软件对外设资源的控制、采集，如仪表按键的周期性采集；硬实时通过严格的响应时间，通过中断或精准定时的方式响应、控制外设动作，如电力“遥控”、“遥信”指令的响应，更适合硬实时性技术。

3.3.3 在电力系统中的应用特点

随着嵌入式技术发展，主控制器的处理速度更高、存储空间更大、硬件接口更丰富，通信能力和人机交互能力也大幅度提高。对原来只能由计算机才能完成的复杂算法和通信功能，嵌入式系统已完全可以处理。电力系统是一个复杂的非线性、高安全、物联网系统，不同的应用场所需求各异。基于嵌入式系统特有的优点，其在电力系统中多用于底层来实现数据采集、监视控制与仪表计量等功能，而上层应用由于对数据处理与存储能力、人机交互、网络通信等方面要求甚高，一般通过局域网的形式实现。电力系统对嵌入式系统的要求体现在如下几点：

（1）实时性强。以电力系统的稳定监测与控制为例，电网对嵌入式系统运行的实时性要求很高。嵌入式系统亚秒级的控制延迟就会对电网造成严重的经济损失和安全问题。这里的实时性不仅指向获得数据的实时性，而且还包括数据处理、算法的设计、分析、决策的实时性。

（2）可靠性高。电力行业的特殊重要性要求电网运行具有高可靠性，这就要求嵌入式系统要具备较强的抗干扰性能力，例如高压、强电磁场。对应的设计技术有看门狗、自我诊断、容错设计和数据保护校验等。

（3）可扩展性强。电力系统嵌入式产品一般涵盖的功能复杂，这就要求在设计时期要考虑软硬件功能的扩展性。大多数嵌入式系统的开发语言都采用 C/C ++（也包括少量的汇编语言），采用模块化设计利于功能配置和增强可测试性，并且利于维护。当某一模块故障时，只需要更换单一模块，当需要增 / 减某项功能时，也只需要增 / 减相应的模块即可。

（4）通信能力强。电力系统地理上的分散性决定了其设备应用的分散性，因此,电网区域之间的通信与联络（横向）以及电力系统各级调度之间的协调（纵向）都要求设备间的通信能力要强。

（5）交互能力更强。由于电网的应用软件较多，智能电网的互动化要求电力设备需具备丰富的人机交互功能，如用电信息查询、政策信息咨询、可视化控制、历史数据分析趋势可视化等。

3.4 主控芯片在智能电网中的典型应用

智能电网正在不断发展，变得越来越高效，为了实现电力技术流、信息流的感知，可通过采集、计算、逻辑判断、控制、通信、综合运用数学算法和控制理论实现智能电网的智能性。主控芯片恰好是实现上述功能的最小单元，可实现逻辑监测和控制电力分配。以主控芯片为核心的综合解决方案,是智能电表、配电终端、保护和自动化装置等设备设计方案的最佳选择。通过以主控芯片为核心的软硬件平台的集成、逻辑分析计算、通信，实现高可靠、高安全和实时控制的智能电网设备装置。

3.4.1 主控芯片在智能电表中的应用

3.4.1.1 应用概述

随着智能电网、高级测量体系（AMI）和自动抄表系统（AMR）的建设及相关技术的推进,智能电能表本身也在技术改革、市场应用等方面快速突破和发展,跟上电力领域实时高效、稳定可靠、移动互联的智能化潮流。智能电能表作为电网建设的终端设备，至 2017 年年底累计安装量接近 7 亿只。除了具备传统电能表的计量功能外,智能电能表还具有双向多种费率计量功能、用户端控制功能、数据通信功能、防窃电功能等智能化的功能，代表着未来节能型智能电网最终用户智能化终端的发展方向。

智能电能表在国际上主要是以国际电工标准 IEC、美国标准 ANSI、IR46 国际建议等电能表标准体系发展。我国的电能计量标准体系是参考IEC标准建立的，国标 GB/T 17215 系列标准就是根据 IEC 62051~IEC 62059 相关标准等同转化而来，其要求及试验方法与 IEC 标准保持一致。国家电网公司智能电能表系列企业标准也是在 IEC 系列标准基础之上，结合我国电能表的使用特点和多年运行经验总结而成，与 IEC 标准设置相比，企业标准体系更为严格、更加具体，包括型式、技术、功能、安全四类标准，分别从电能表规格、尺寸要求、技术指标、功能指标以及数据安全等方面规定了电能表的具体指标和检测方法，为规范我国电能表的生产、招标、安装、运行等各个环节提供具体指导依据。

智能电能表作为电力用户用电信息采集系统的末端关键终端，是满足营销计量、抄表、计费的关键技术支撑手段。智能电能表作为计量装置在线监测和实时采集用户负荷、电量、电压等重要信息，及时、完整、准确地为营销业务应用提供电力用户实时用电信息数据，为建立适应市场变化、快速反映客户需求的营销机制从客户用电信息的源头提供数据支持，为“分时电价、阶梯电价、全面预付费”的营销业务策略的实施提供了技术基础。

3.4.1.2 应用实现

智能电能表是智能电网在用户环节最直接、最重要的基础性电力设备，智能电能表的功能与使用技术直接关系到用户的用电质量和用电安全。智能电能表通过双向电能计量、数字通信等技术实现电网与用电用户的互动化。智能电能表是由主控芯片、测量单元、数据处理单元等组成，具有电能计量、信息存储及处理、实时监测、自动控制、信息交互等功能的计量设备。

作为智能电能表的核心器件，主控芯片实现外设资源智能化控制和采集模拟量的输入、输出，数字量的输入、输出，以及人机交互的管理和通信信息的传递。主控芯片在电能计量中的大规模应用，对电能表行业和智能电能表技术的发展起到了极大的推动作用，将有力地推动我国智能电网的建设与发展，提升我国电网技术的信息化、自动化、数字化水平。

智能电能表硬件功能主要包括 9 大模块：负责电能表的控制、计算、信息处理、信息交互的主控芯片模块；负责电压、电流检测和电能计量的计量模块；红外无线、RS-485 总线通信的通信模块；人机交互信息显示的液晶显示模块；大容量数据存储的存储模块；辅助远程控制，实现数据加密解密的安全模块；具有温度补偿功能的时钟模块；为各工作模块提供工作电源的电源模块；负责开关量检测、负荷开关控制、LED 及输出信号的 I/O 接口。智能电能表总体结构图如图 3–17 所示。

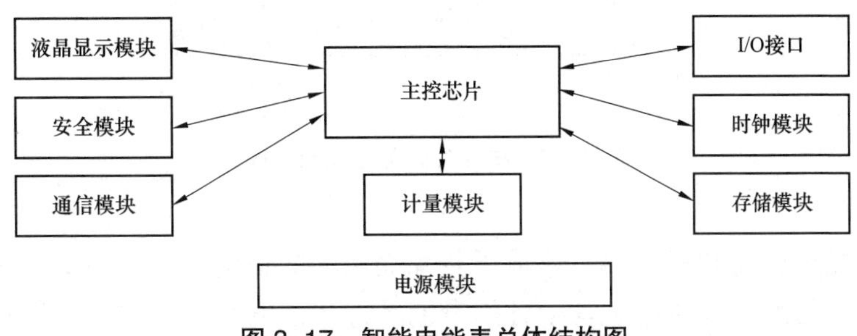

图 3–17　智能电能表总体结构图

1. 智能电能表的硬件设计

（1）主控芯片。主控芯片大多是拥有丰富的外设功能，具有集成高、可靠性强和开发便捷的工业级芯片。目前主流的电能表主控芯片的工作电压范围一般是 2.7~5.5V，工作温度范围为 –40~+85℃，主频一般在 8MHz 左右。芯片大多拥有 80KB 左右的可编程 FLASH，20KB 左右的 RAM，拥有大量的 USART、SPI、I2C、ISO7816、Timer、ADC、RTC、PWM、LCD 等外设。芯片对运行稳定性进行了专业的开发设计，包括复位机制、看门狗、抗静电、电压保护、数据完整性保护等一系列安全机制。主控芯片的这些设计，为智能电能表的丰富功能提供了硬件支撑，确保了智能电能表的长期稳定运行。

（2）计量模块。智能电能表的计量功能由专用的计量芯片进行管理。计量芯片通过内置的传感器，获取相关信息并进行处理。主控芯片负责对计量芯片进行配置，记录电能量，读取电压电流等瞬时值。

图 3–18 所示为电能表外部接线示意图，接线端子从左至右为 1、2、3、4，其中 1 为火线入，2 为火线出，3 为零线出，4 为零线入。1 和 2 之间接着锰铜电阻和继电器，继电器控制 1 和 2 之间的通断，通过流经锰铜片上的电流产生的电压降可以测量火线电流，零线上的电流通过电流互感器来测量。

计量模块部分总共分三路采样：两路电流（主回路电流和次回路电流）和一路电压。采样主回路电流通道的传感器为锰铜片，负责测量火线电流；次回路电流通道的传感器为电流互感器，负责测量零线电流；电压采样通过电阻分压直接接入计量芯片，负责测量零、火线之间的电压差。

（3）电源模块。电源电路采用常规的变压器降压供电。在变压器输入端，对输入的电网电源进行预处理，如过压保护，过流保护和滤波等。市电通过保

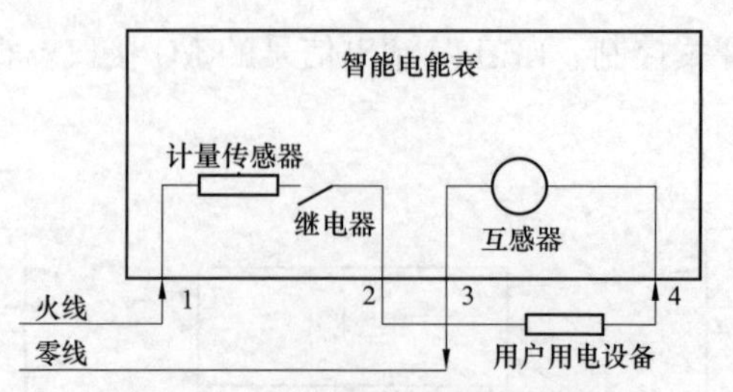

图 3–18　电能表外部接线示意图

护电路，经过整流和稳压后，形成了相互隔离的两路电源。一路给 485 通信模块供电，一路给系统供电。其中备用电池经过转换电路后，在市电失效时给系统供电。

电源模块示意图如图 3–19 所示，电源电路为整个系统供电，它从根本上决定了系统工作的稳定性和安全性，是系统 EMC 设计的重要部分。电源电路能滤除外部电网的干扰，同时还能防止内部干扰窜入电网。电源电路为通信板、主控板、继电器控制板和显示板提供稳定、充足的电源供应。当电网电压在一定范围内变化时，保证电能表整个内部电压的基本稳定。

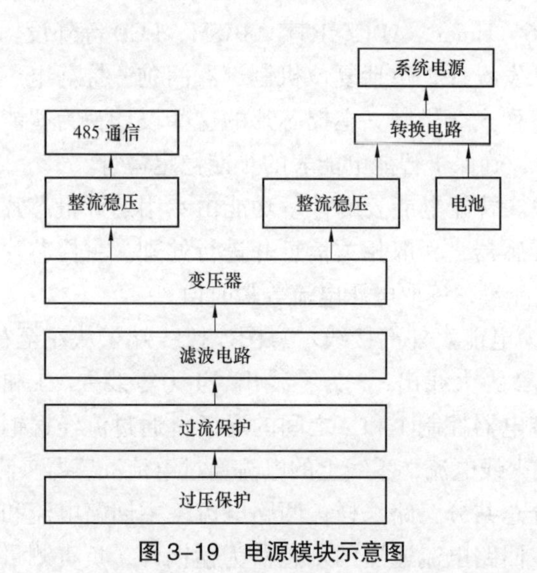

图 3–19　电源模块示意图

（4）I/O 接口。智能电能表拥有 20 多个开关信号和输出控制，对通信、负荷开关、按键、信号检测、信号输出等功能提供支撑。这就要求主控芯片拥有丰富的 I/O 资源，在管脚复用的情况下依然能够支持电表应用。

2. 智能电能表的软件设计

（1）软件的架构。智能电能表拥有 9 大功能模块、20 多个应用，软件功能十分复杂。电能表具有实时、抗干扰、全生命周期运行、异常自动恢复等特点，对软件的稳定性和可靠性要求较高。软件程序要运行、协调各个部分电路，有序地完成电能量计量、信息存储及处理、实时监测、自动控制、信息交互等功能，要求软件系统的结构设计高效、稳定，并有一定的容错机制。智能电能表软件系统结构流程图如图 3–20 所示。

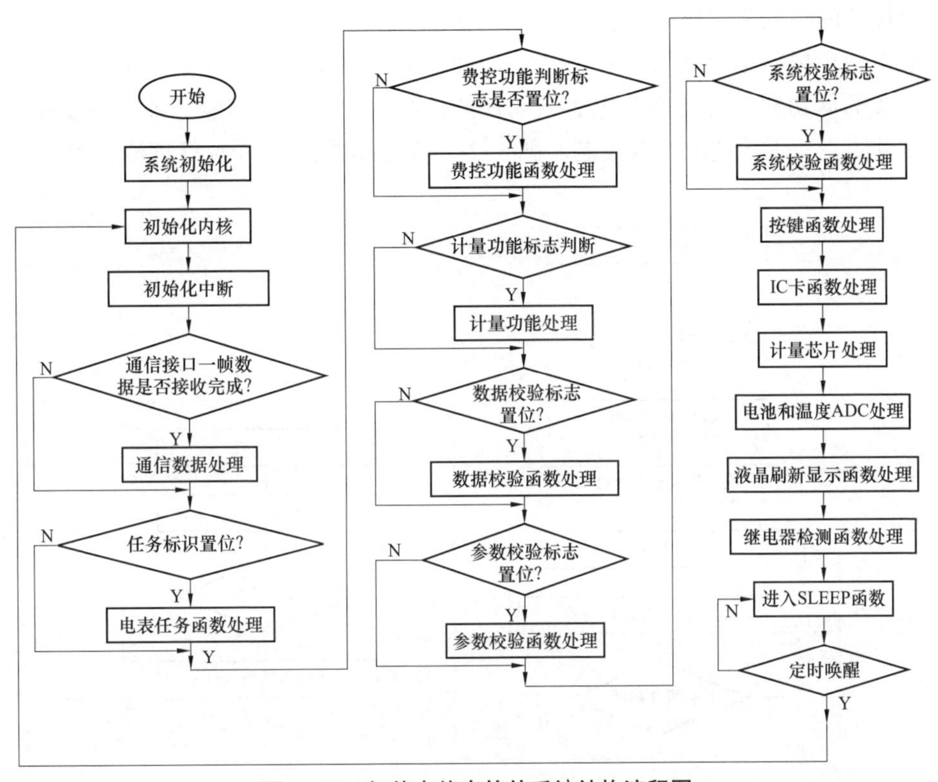

图 3–20　智能电能表软件系统结构流程图

（2）实时任务处理。出于成本考虑，目前主流的智能电能表方案均是采用主频为 4~8MHz 的主控芯片。在软件设计当中，如何实现各个功能任务的实时调配是重中之重。一般电能表采用分时任务调配，通过中断系统标记实时任务，然后通过分时策略对任务进行分时处理。如何处理各个任务的从属关系、如何分配各个任务的分时权重，是软件设计的重点：对于实时性要求较高、处理内容较少的任务，赋予最高的优先级，对任务实时处理；对于实时性要求较低、处理内容较多的任务，赋予较低的优先级，在空闲的情况下进行处理。在当前的电能表中，电能计量的优先级一定是最高的，通讯的优先级也较高，而一些数据的存储、卡片数据的处理、数据的加密等任务，需要处理的内容较多，优先级一般较低。

（3）软件低功耗设计。在没有外界供电的情况下，电能表是通过内部的电池来提供电源的。电能表从生产、运输到检测、配送并最终挂装，要经过几个月甚至一两年的时间，在此期间，电能表的显示、时钟、事件记录等功能都是需要保持的；挂装实施之后，如果遇到停电，电能表也要保持部分功能的运行。一般电池供电的情况下，主控芯片的功耗占系统整体功耗的一半以上，因此主控芯片的低功耗设计是整个电表低功耗的核心。主控芯片要能对各个外设独立控制开闭，实现功耗的有效控制。图 3-21 是智能电能表低功耗处理流程图。

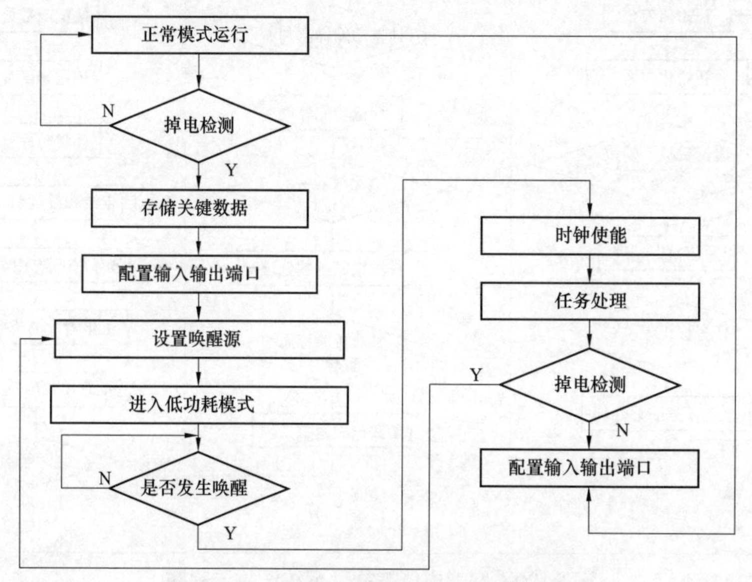

图 3-21　智能电能表低功耗处理流程图

（4）计量功能的调校。由于电能表是计量用具，对电能的计量精度有较高要求。由于元器件差异、焊接、装配等因素影响，每个电表在制作完成后，都需要对计量进行校准。电能表的计量校准是由主控芯片进行协调的。在调校环境下，检测设备检测电能表输出的电量数据，并与标准值进行对比，将差异通过通信接口传递给主控芯片。主控芯片接收到差异信息后，通过专用的公式计算出偏差的调校值，并通过 SPI 接口配置到计量芯片当中，实现计量功能的调校。

（5）时钟功能的调校。由于电能表工作环境恶劣，现场的通信设施建设又参差不齐，智能电能表对时钟精度的要求很高。目前通用的智能电能表要求时钟的误差不超过 1s/ 天。对于如此高的精度，任何晶体都是无法实现的。因此，在不同温度环境下对 RTC 进行调校是必需的。

3.4.2　主控芯片在集中器中的应用

3.4.2.1　应用概述

随着智能电网建设由前期的规划试点向全面建设阶段迈进，电网建设所涉及的发电、输电、变电、配电和用电等各个领域的技术和设备的市场需求将出现快速增长。实施用电信息采集、管理及控制系统建设，是智能电网建设的重要环节。而集中器作为电网建设的关键设备，不仅具有防窃、防破坏、用电安全等防护措施，还采用了安全模块确保系统内通信数据的安全。至 2017 年年底，集中器累计安装量已近 1700 万只。

集中器作为用电信息收集与分析设备，与智能电表配合使用，通过下行信道抄收并存储各个设备的电量数据，下发控制信息，通过上行信道与主站或手持设备进行数据交换，即在线路连接上，先把电表连接到集中器，再经过高速线路将集中器连接到主站，可减少通信线路，平滑各路电表终端的数据流，提高线路利用率。

3.4.2.2　应用实现

集中器是集抄系统中心管理设备，其主要功能包括数据采集、数据管理、控制、综合应用和运行维护管理等，通过硬件和软件两方面具体实现。

1. 硬件设计

集中器硬件设计架构如图 3–22 所示，包括电源电路、时钟电路、存储电路、以太网电路、看门狗电路、485 通信电路等。主控芯片是集中器的核心，数据的采集、处理与传送都是在主控芯片的控制下进行；实时时钟为集中器定时抄表提供时间标准；电源电路为集中器系统提供稳定电源；看门狗模块的设计保证系统的可靠运行，防止系统死机；数据存储器主要用于存储参数、变量等。上行通道即集中器与上位机之间的通信线路，如 TCP/IP；下行通道即集中器与智能表等终端的通信，如 RS–485。

2. 软件设计

集中器软件以嵌入式 Linux 系统为平台，软件平台架构图如图 3–23 所示。

软件主要包括底层软件和应用层软件。

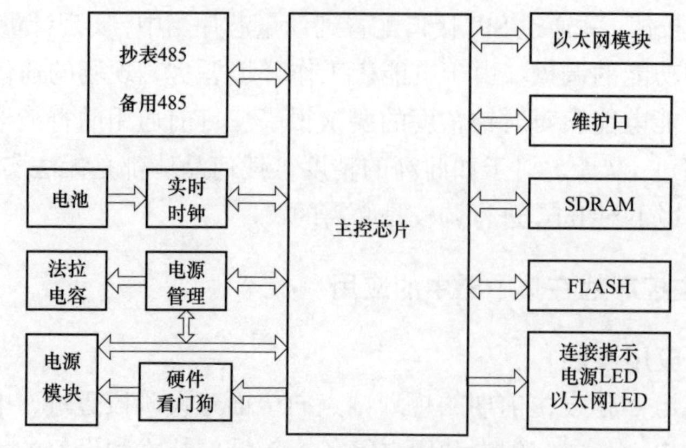

图 3-22　集中器硬件设计架构

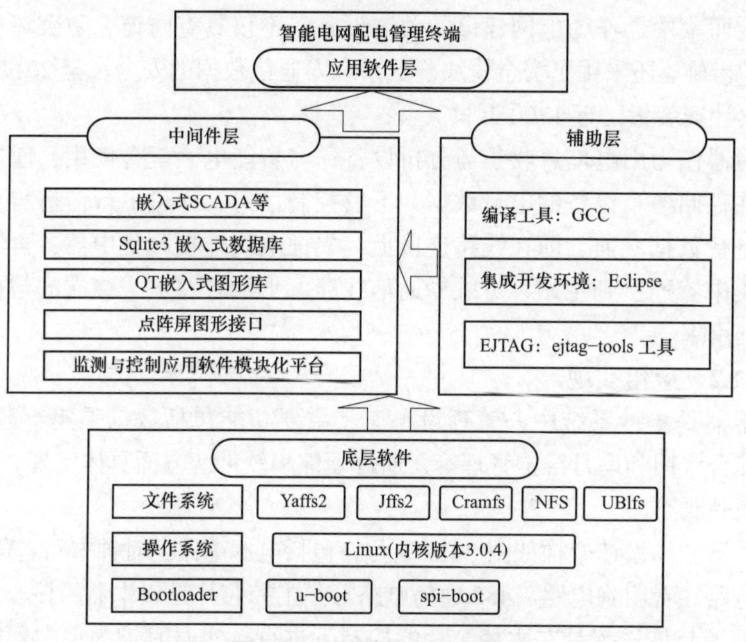

图 3-23　软件平台架构图

（1）底层软件。

1）Bootloader：用于引导程序执行、程序下载，也可以选择系统启动方式。

2）操作系统：Linux 系统内核可以实现系统资源的调配，管理驱动和程序的运行，通过对 Linux 内核剪裁使其满足集中器应用所需的各项驱动；对于 Linux 系统未带的驱动则需要编译时加入内核代码，使其成为内核的一部分，系统上电时完成各模块的驱动加载。

3）文件系统：文件管理系统为系统内存和存储空间建立文件管理机制，为文件的建立、复制、调用提供最底层的管理机制。

（2）应用层软件。

1）QT 嵌入式图形库：为系统提供图形界面，调用图形库可以十分方便地为应用软件设计图形界面和各种控件。

2）数据库：用于进行数据管理，保存调取大量的用电信息数据。

3）嵌入式数据采集与监视控制系统（SCADA）：将各个功能模块以组态的软件的模式进行数据采集和控制，以实现集中器数据采集和数据传输的功能。

通过嵌入式 Linux 系统，集中器提高了多任务执行能力，需要增加新功能时，仅需要更新应用层软件即可实现升级，降低了系统维护成本。

用电信息采集系统是实现营销管理信息化、自动化、现代化的必要条件，实现电力营销和需求侧的现代化管理，电网公司可以及时准确、完整地掌握电力用户用电信息的情况。用电信息采集系统的建设是现阶段电网系统发展的必要阶段，符合电网技术的发展方向，符合经济发展的需求，符合电网公司发展方式转变的需求，是营销计量、抄表、收费标准化建设的重要基础。它可以实现“全覆盖”、“全采集”、“全预付费”的终极目标，结束过去人工抄表的电费收取模式，为用电信息采集 2.0 奠定了坚实的基础，未来的市场空间巨大。

作为用电信息采集系统的关键设备，集中器的重要作用显而易见。而作为集中器的核心器件，主控芯片在电能计量中的大规模应用，将有力地推动我国智能电网的建设与发展，提升我国电网技术的信息化、自动化、现代化水平。

3.4.3 主控芯片在故障指示器中的应用

3.4.3.1 应用概述

配网是城市和农村供电的载体，配网的稳定性和安全性直接关系到各个公司和千家万户的供电安全，具有重要的经济价值和社会意义。在早期电网建设时，更加重视的环节是发电和输电，配电和用电环节往往被轻视。近些年国家为配网投入了大量资金进行城网和农网改造，改造了大量线路、开关和变压器等，从硬件方面对配网进行了升级，以提升配网的自动化水平。

由于配电线路传输距离远、线路分支多、运行情况复杂，环境和气候条件比较恶劣，外力破坏、设备故障和雷电等自然灾害常常会导致线路出现短路和接地故障，发生故障时故障区段（位置）难以确定，给检修工作带来不小的困难，尤其是偏远地区，查找起来更是费时费力。

故障指示器作为安装在架空线、电缆上的装置，在线路发生故障时，第一时间检测到故障信息，通过就地和远传两种方式，可迅速确定故障区段，大幅减少故障查找时间，尽快排出故障，恢复正常供电，在提高供电可靠性的同时，减少了人工成本。随着配电网建设计划的明确，故障指示器的市场前景更加值得期待。

3.4.3.2　应用实现

1. 硬件设计

故障指示器件主要由电源模块、主控芯片、采样模块、存储单元、无线通信单元、故障处理单元、调试接口等组成，具有数据采集、短路接地故障判断功能。故障指示器总体结构图如图 3–24 所示。

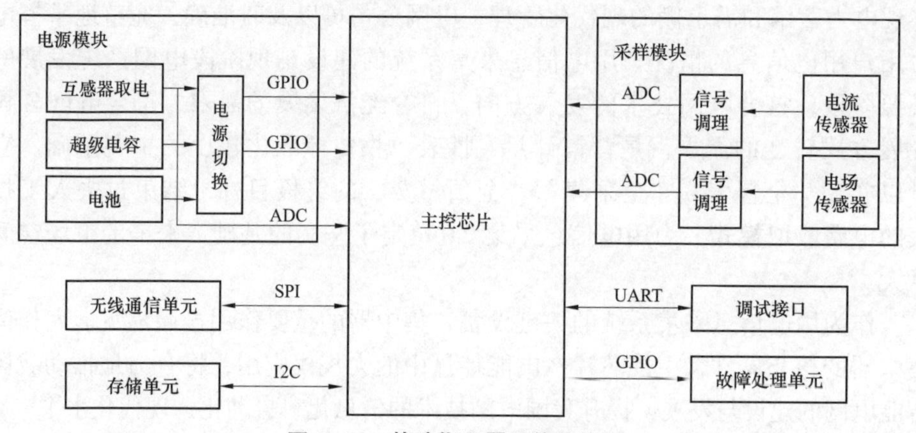

图 3–24　故障指示器总体结构图

2. 软件设计

采集单元软件主要包括数据采样、短路故障判定、接地故障判定、无线通信机制等主要功能。

（1）数据采样：定时器定时启动 DMA 模块，DMA 轮流启动 ADC 模块来采集电流、相电场。定时器根据每个周期的采样点数设置参数。

（2）短路故障判定：将采集到的电流、电场数据经 MCU 计算处理，得出有效值，然后根据判据判断是否产生故障或疑似故障。短路故障判据图如图 3–25 所示。

（3）接地故障判定：当线路发生接地故障时，故障指示器检测到线路的负荷电流或相电场发生突变，则启动故障录波，将三相录波数据合成为零序电流

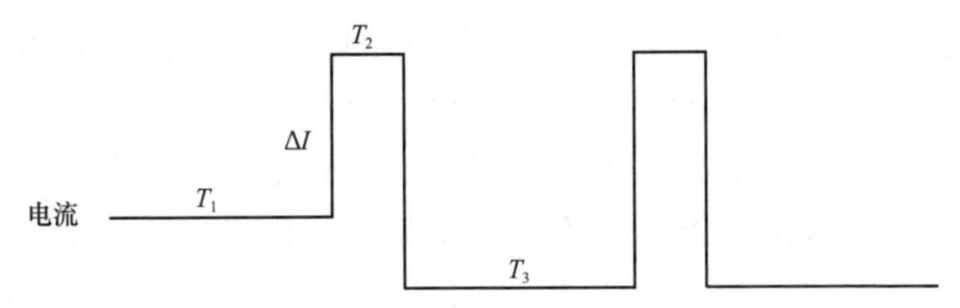

图 3–25　短路故障判据图

ΔI—电流突变量，默认 150A，可配置；T_1—运行时间，默认 1s，可配置；
T_2—故障持续时间，20~100ms；T_3—断流时间，即重合闸时间

并远传上报至后台主站，后台主站根据零序电流以及相电场的变化情况，综合判定故障区段。接地故障录波触发图如 3–26 所示。

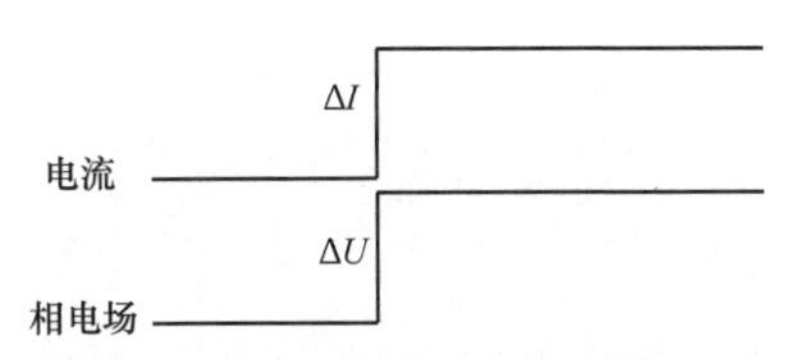

图 3–26　接地故障录波触发图

ΔI—电流突变量，可配置，±10%；ΔU—相电场图变量，可配置，±10%

（4）无线通信机制：由于标准对故障指示器的功耗有严格的要求，因此，需要设计好无线的通信机制。负荷电流较小，且线路没有故障发生时，此时不需要发送数据，则采用低功耗通信模式，通过定时唤醒在“接收 – 休眠 – 接收”状态下循环，接收时功耗达到 10mA，休眠时功耗 5μA，此模式下通信模块平均功耗可以降低到 10μA 左右。当故障指示器需要发送数据时，发送端持续发送唤醒帧，得到接收端接收状态的确认后，开始发送 / 接收数据，完成数据的交互，发送接收 / 数据时最大功耗达到 20mA，故障指示器发送数据的间隔一般为 15min，持续时间约为 100~200ms，该模式下，无线通信模块总体平均功耗不超过 15μA。基于休眠唤醒机制的无线通信机制如图 3–27 所示。

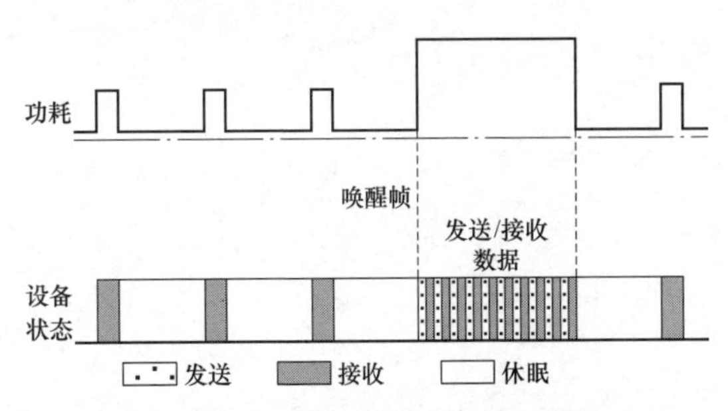

图 3–27　基于休眠唤醒机制的无线通信机制

故障指示器定位系统可以及时定位配电线路故障区段，大大缩短了故障区段查找时间，为快速排除故障、恢复正常供电提供了有力保障。MCU 芯片在故障指示器的应用，重点解决了接地故障判定准确率低和设备功耗大两大难题。在保证时钟同步精度的前提下，采用“零序电流合成法”接地故障判定算法，准确率可以提高到 90% 以上；当线路负荷低于 5A 时，装置自动进入极低功耗的休眠模式，若此时线路发生故障，可以通过硬件触发唤醒，不影响故障判定准确率。

第4章 通信芯片技术及应用

4.1 通信芯片概述

通信技术是实现智能电网信息化、数字化、自动化和互动化的基础。通信技术涉及通信网络、设备与芯片等多个层次，其中通信芯片是构成网络与设备的核心，通常需要实现信号处理和协议处理两部分的功能，前者一般需要专用硬件电路支持，后者一般以软件实现为主。

信号处理包括射频信号处理与基带信号处理。射频信号处理应用于无线通信中，无线通信是利用电磁波信号在自由空间中传播来进行信息交换，需要通过专门的射频芯片或电路来实现特定的射频信号处理，其处理过程主要包括射频收发、频率合成和功率放大等。射频收发可以时分复用双工（TDD），也可以频分复用双工（FDD）。射频信号频率通常为几百兆赫兹或上吉赫兹，而基带信号为零频（中频信号通常也只有几十兆赫兹），需通过频率合成来实现射频信号与基带信号之间上、下变频的功能。无线信号在空中传输时会存在路径损失，同时无线信道中存在随机的背景噪声和干扰，在发送时须对信号进行放大，达到一定的功率，接收方才能从噪声中检测出有效信号。有线通信通常利用金属导线、光纤等有形介质传送信息，在收发前也需要对信号进行耦合与放大，在光通信中还需进行光信号与电信号之间的转换。

基带信号处理通常包括两部分：模拟前端和数字基带。模拟前端主要包括ADC与DAC等，用来实现数字信号与模拟信号之间的转换以及与射频电路之间的连接。数字基带分收发两个链路，在常见的正交频分复用多载波OFDM系统中，每个链路通常都包含时域处理、频域处理和比特级处理。时域处理通常包括数字增益调整、加窗与脉冲成形、采样频偏纠正、采样率转换、帧同步及符号定时等。频域处理包括星座映射与解映射快速傅里叶反变换（IFFT）处理、信道估计与均衡等。比特级处理包括CRC、扰码、信道交织与编解码等。信道编码常见的有卷积编码（Viterbi 译码）、reed-solomon 编码、Turbo 卷积码、低密度校验码 LDPC、重复编码等。数字基带通常还需进行信道质量的测量，如信噪比（SNR）、接收信号强度（RSSI）等的测量，然后上报给上层编码调制、路由器选择等的依据。

协议处理（常称为协议栈）位于基带物理层之上，通常包括数据链路层、网络层等。数据链路层是对物理层传输原始比特流的功能的加强，将物理层提供的可能出错的物理连接改造成为逻辑上无差错的数据链路，使之对网络层表现为一无差错的线路。数据链路层主要的作用是成帧及媒体访问控制。成帧时会进行 CRC 生成，以便接收时进行校验来判断帧是否出错，此外为了防止窃取和篡改，通常在成帧还会进行加密及完整性校验。媒体访问控制主要定义信道的访问机制，是时分的还是频分的，是竞争的还是非竞争的，以及竞争信道时如何避免冲突、出现冲突了如何解决。网络层主要完成组网、网络维护、路由管理及应用层报文的汇聚和分发。协议栈通常采用软件来实现，但涉及加解密、完整性生成与校验等比较耗时的计算，可采用硬件加速器的方式，减轻对处理器处理能力的要求。

4.1.1 通信芯片架构

通信芯片需要实现射频信号（光或其他有线信号）、基带信号、协议栈与应用的处理，通常是一个较为复杂的 SoC 系统，其架构如图 4-1 所示，主要由介质处理器、基带处理器、应用处理器、电源管理单元、通信接口、时钟电路等组成。

其中，通信接口主要负责与外部数据通信，常用的有串口、SPI 接口、以太网、USB 接口、PCI-E 接口等。应用处理器主要是一个 CPU 内核，实现通信的

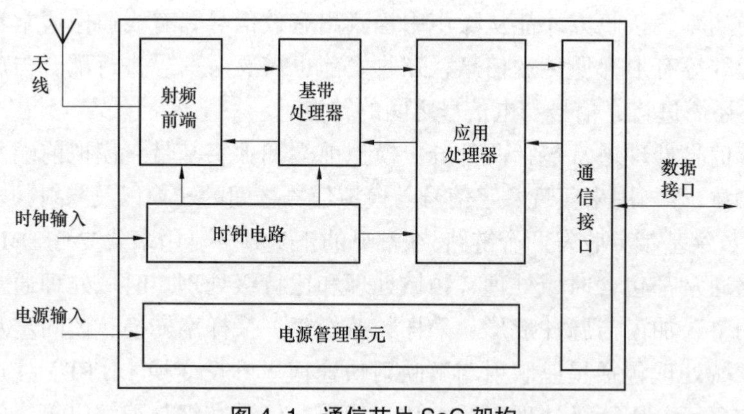

图 4-1 通信芯片 SoC 架构

应用层、网络层及 MAC 层的功能。基带处理器负责实现物理层协议，有两种实现方式：全电路方式和软件无线电方式。全电路方式实现效率高，在成本和功耗方面有较大的优势，但灵活性稍差，适用于协议较稳定、通信速率高的场景。软件无线电方式通常采用数字前端电路、DSP 和少量硬件加速器的方式来实现，具有较大灵活性，便于协议的升级与换代。介质处理器包括应用于无线通信的射频前端或有线通信的基带信号转换与放大电路。时钟电路根据输入参考时钟产生所需频率的射频信号、基带处理器和应用处理器所需时钟。电源管理单元包含提供射频、模拟、数字和接口电路所需的电源，并配合应用处理器实现芯片的低功耗。

4.1.2 通信芯片的分类与功能

电力系统中的通信分为本地通信和远程通信。常用的本地通信方式有：电力线载波、微功率无线（470M~510MHz）、RS-485 等。远程通信主要用于本地电力设备和主站之间的通信，主要方式有以太网、EPON、GPRS/CDMA/LTE 无线公网通信和 LTE 230 无线专网通信等。其中 RS-485 通信方式较为简单，通用芯片都支持此种方式。以太网通信技术很成熟，通常采用与现有计算网络中相同的以太网控制器。GPRS/CDMA/LTE 无线公网通信方式须借助电信网进行，通常采用市场成熟的无线公网通信芯片及通信模组。

光通信是当前宽带接入的主流方案，在电力主干网中使用较多，在电力用电领域，由于 EPON 技术的可靠性、抄表成功率等优势明显，未来也将成为重要的通信方式之一。但是目前电力系统 EPON 设备大都按照电信运营商的应用需求和应用环境设计，对于电网应用场景并未充分适应，在用电领域的应用主要表现在设备的功耗上。现有 EPON 系统 ONU 设备的功耗远大于传统集抄方案，绿色环保、节约能源的优点在 EPON 集抄方案中未能得到体现，因此有必要针对智能用电领域的 EPON 技术进行专门的设计，减少芯片与设备的功耗，进一步体现 EPON 集抄方案的优势。

230MHz 频段（223M~235MHz）是国家无线电管理委员会规定作为遥测、遥控和数据传输使用的频段，目前主要被能源、军队、水利、地矿等行业使用，其中有 40 个授权频点可用于智能电网中。LTE 230 电力无线专网通信系统充分利用 230MHz 低频段覆盖范围远及 4G TD-LTE 先进的技术优势，具有大容量、广覆盖、高效率、高安全、高可靠性等特点，在电力无线专网领域得到越来越多的应用。但由于 230MHz 频段频谱资源呈无规则、梳状、离散分布，单频点带宽仅为 25kHz，公网的 LTE 基带芯片无法直接应用到 LTE 230 专网中，须专门开发相应的芯片，采用载波聚合技术，将不连续的频点聚合起来统一分配给同一用户，达到宽带传输的效果，从而解决 230MHz 频段电力应用高速率数据传输面临的频带资源受限的问题。

用于用电信息采集的低压电力线载波通信（PLC）技术分窄带和宽带两种，窄带 PLC 存在通信速率低、稳定可靠性差等缺陷，无法满足智能电网用电环节信息双向交互业务的需求。用于用电信息采集的宽带 PLC 与用于宽带网络接入、室内数据网络的宽带 PLC 工作场景不同，同时由于国内外低压电力线信道存在明显差异，目前一般采用国内标准，强调覆盖范围、可靠性、成本和功耗，通信速率较 IEEE P1901 和 ITU-T G.hn 等国际宽带电力线标准来说要求不高，典型 10Mbps 物理层数据速率已能满足所用应用需要，因此相应的工作频段也可大幅降低。

470~510MHz 频段是国家无线电管理委员会释放给民用无线电计量免费使用的，此频段无线信号的频率较低，因此传输距离远、绕射能力强，在楼宇和室内遮蔽物较多的复杂环境中，也有较好的传输性能；同时相比于 2.4GHz 的工业、科学、医学（ISM）频段来说，此频段上工作的设备较少，相互干扰少，特别适用于集中抄表。为避免影响其他设备的正常工作，国家无线电管理委员会规定工作于 470~510MHz 频段的无线设备的发射功率应该限制在 50mW（17dBm）以下，在满足此规定的前提下，用电采集系统专门制订了 470M~510MHz 频段的微功率无线通信协议，内容包括调制方式、信道分配与访问、测试方法等，用于指导芯片的开发及互联互通测试。

4.2 通信芯片的关键技术与电路

4.2.1 通信芯片关键技术

1. 混合信号 SoC 架构设计

通信芯片是一种混合信号 SoC 芯片，包含模拟与数字电路，在无线通信中还包含射频电路。模拟与射频前端性能对通信芯片的接收灵敏度、发送误差向量幅度、带外杂散等方面都有直接的影响。在设计含有模拟与射频部分的 SoC 芯片时，其复杂度较普通的 SoC 芯片更为复杂，要防止片内的高速数字信号、时钟信号及接口信号的串扰对射频与模拟前端的性能产生较大的影响；同时电源和地的波动和串扰也会降低芯片的性能。故在芯片设计之初就必须慎重考虑片上各模块的工作频率，在系统设计上减少信号谐波的交调对芯片性能的影响。

在版图布局中也必须考虑各大信号间的串扰和大信号模块对芯片电源和地的污染。

2. 高性能数字接收机设计技术

通信信道中存在的背景噪声、窄带干扰与脉冲噪声，以及多径干扰和频率选择性衰落等都会造成信号失真。另外，无线与有线信号转换到基带信号也会引起误差，这使得通信芯片中的高性能数字接收机技术变得十分关键。接收机中须采用有效的同步算法方能从带有噪声的信号中检测到同步序列，准确地找到帧的起始位置,实现频率和时间同步。同时在解调时必须运用信道估计与均衡、差分解调等信号处理技术来抑制信号中的不良影响。另外，为了对抗信道中的突发随机干扰，通常需要采用分集合并、信道交织与编解码等技术来进行比特级数据的纠错。

3. 低功耗设计技术

电力应用中明确规定了通信模块的静态与动态功耗，故在芯片设计时需要考虑采用不同的低功耗技术来降低芯片的功耗。低功耗设计技术存在于芯片设计的各个阶段。在芯片结构设计中通过时钟分频，使不同的应用情况采用不同的时钟工作频率。在代码设计阶段，采用专门的代码方式，降低电路的翻转率。在逻辑综合阶段，通过工具插入门控时钟，降低时钟的使用频率。在版图设计阶段，考虑使开关频繁的路径最短化，以开关活动性来驱动布局布线；采用优化的时钟树生成算法，减少时钟歪斜、偏差和抖动的发生，达到降低功耗的目的。

除了上述关键技术之外，由于不同通信芯片的应用场景不同，其芯片架构、空口技术及其与之相对应的关键电路等方面都会有所差异。

4.2.2 光通信芯片关键电路

4.2.2.1 基于电信标准的多点控制协议电路

多点控制协议（MPCP）是 EPON MAC 控制子层的协议。MPCP 定义了光线路终端（OLT）和光网络单元（ONU）之间的控制机制，来协调数据的有效发送和接收。整个 MPCP 交互流程包括：自动发现、注册过程以及 RTT 测距。MPCP 协议处理过程包括两个部分：通用处理部分和特定帧处理部分。对于通用处理过程，是不关注帧的特定性的。在这期间所需要的操作包括：解析接收到的帧、判断该帧是否属于 MAC 控制帧还是其他类型的帧。通用处理部分包括逻辑单元控制解析器、控制复用器、多点传输控制器；与特定帧相关的处理部分包括发现注册处理、授权处理、报告处理以及流量控制。下面着重对通用处理部分进行介绍。

1. 控制解析器

控制解析器负责解析接收到的帧，将帧解析复用到相关的处理部分中。MPCP控制解析器状态机由等待接收状态、传输到MAC Client状态、解析操作码状态和解析时间标签状态四种状态组成。MPCP控制解析器状态机如图4-2所示。

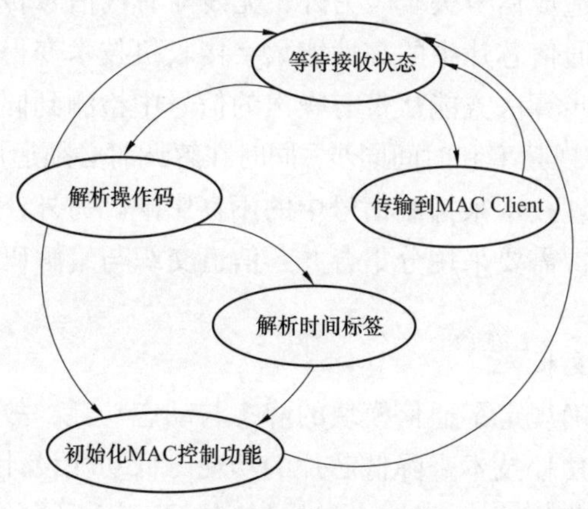

图4-2 MPCP控制解析器状态机

（1）等待接收状态。在完成了系统的初始化之后，控制解析器进入了等待接收数据帧的状态。在这种状态下直到接收到一个帧，通过判断该帧是否需要接收：如果需要接收，则检查接收到的帧是一个MAC控制帧，还是一个普通数据帧；如果是数据帧，则进入MAC Client状态，否则进入解析操作码状态。

（2）传输到MAC Client状态。在这种状态下，接收到的帧将被传输给上层实体，控制解析器将无条件返回等待接收新的帧。

（3）解析操作码状态。在该状态，表示当前接收到的是MAC控制帧，此时，解析器将判断该帧是哪个MAC控制帧，如果其中的操作码属于{02、03、04、05、06}任意一个，则进入解析时间标签状态；如果是01，则表示接收到PAUSE帧，进入PAUSE帧处理状态；其余情况将丢弃该帧。

（4）解析时间标签状态。在ONU侧，时钟标签被解析出后，通过与本地的MPCP时钟值进行比较；如果发现绝对值的差超过规定的常量，那么将报告给ONU上层软件，说明出现错误，否则调整本地时钟为接收到的时钟值。

2. ONU控制复用器

ONU控制复用用于保证数据传输在上一次授权所制订的传输窗口中进行，同时，需要对MAC Client产生的帧以及操作维护管理（OAM）帧和MPCP帧进行帧的优先级划分，从而串行发送所有的帧，如果这些帧是多点控制协议数据单元（MPCPDU），则需要为这些帧打上时间标签。ONU 控制复用器状态转移图如图 4-3 所示。

（1）初始化状态。在系统复位后，ONU 控制复用器进入初始化状态，然后直到出现一个可以传输的帧，即 Transmit Allowed 信号是否允许传输，当出现该允许信号后，控制复用器转入传输等待状态。

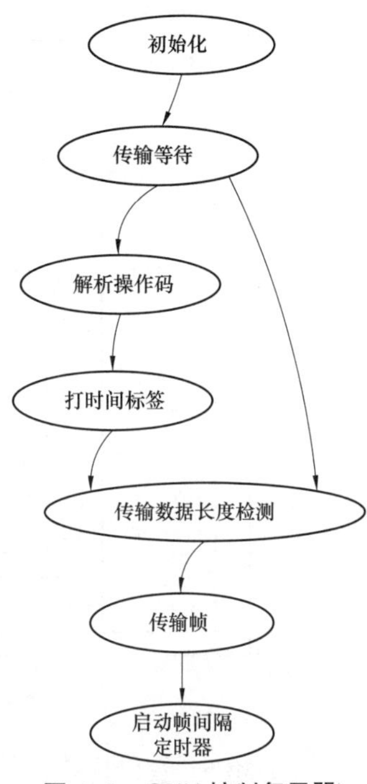

图 4-3　ONU 控制复用器状态转移图

（2）传输等待状态。在该状态下，利用 Select Frame 函数，在多个可以传输的帧中选择一个将要被发送的帧，这个函数可以由我们自己设定，一般选择 MPCP 帧优先级最高，OAM 帧次之，数据帧优先级最低。而对于 MPCP 帧，有可能存在多个可以发送的帧，因此，同时需要确认 MPCP 各个帧的优先级。一旦一个帧被选择进行传输，则根据上述的判断，如果是 MPCP 帧，需要进入解析操作码状态。

（3）解析操作码状态。在该状态，将解析 MAC 控制帧的操作码；如果是 MAC 控制帧，则进入打时间标签的状态。

（4）打时间标签。这个状态来自于 MAC 的 MPCP 控制帧，这个时候写入的时钟值应该是传输设定好的某个字节的时间，而不是当前的时钟值。

（5）传输数据长度检测状态。该状态主要用来检测当前剩余的时隙是否足够用来传输当前选定的帧。

3. 多点传输控制器

MPCP 协议由 MPCP 解析模块、MPCP 授权模块、MPCP 上报模块、MPCP 发现模块、MPCP 暂停模块、MPCP 上传模块以及 MPCP 本地时钟模块组成。MPCP 协议实现框图如图 4-4 所示。

（1）MPCP 解析模块：完成对接收到的 MPCP 帧的分类。

（2）MPCP 授权模块：处理接收到的 MPCP GATE 帧，主要完成对上行时隙的处理。

（3）MPCP 上报模块：向 OLT 报告 ONU 所需要的带宽，产生 REPORT 帧。

（4）MPCP 发现模块：完成 ONU 的注册过程，产生 REGISTER_REQ 帧以及 REGISTER_ACK 帧，并输出 ONU_REGISTERED 信号。

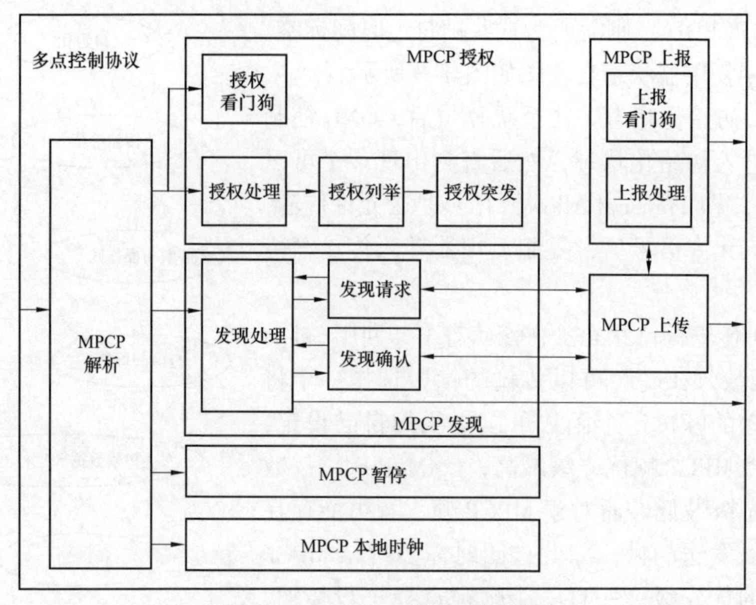

图 4-4　MPCP 协议实现框图

（5）MPCP 暂停模块：处理接收到的 PAUSE 帧，控制上行数据帧的发送。

（6）MPCP 上传模块：选择需要输出给上行复用模块用的 MPCP 帧。

（7）MPCP 本地时钟模块：负责更新本地时钟以及判断时钟漂移信号。

MPCP 协议还支持静默功能，ONU 需要支持 CTC 定义的“ONU 静默机制”，静默机制可以通过寄存器使能或者关闭。

4.2.2.2　基于 RS（255，239）编码的前向纠错电路

前向纠错（FEC）处于 EPON 中的物理编码子层（PCS），主要功能是纠正在传输中可能产生的错误，降低误比特率，通过 FEC 获得的增益可以被用于增加 OLT 和 ONU 之间的距离，还可以增加 EPON 的分路比，以及提高数字信道的可靠性。FEC 在 EPON 中所处层级关系如图 4-5 所示。

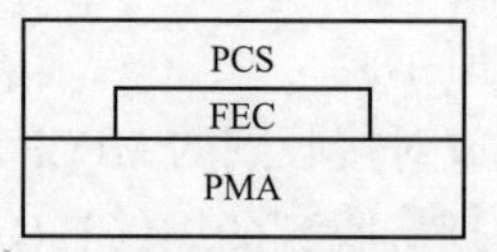

图 4-5　FEC 在 EPON 中所处层级关系

PCS—物理编码子层；FEC—前向纠错；PMA—物理媒质附加

FEC 模块分为上行 FEC 编码模块、下行 FEC 同步模块和下行 FEC 解码模块。FEC 模块内部结构关系如图 4-6 所示。

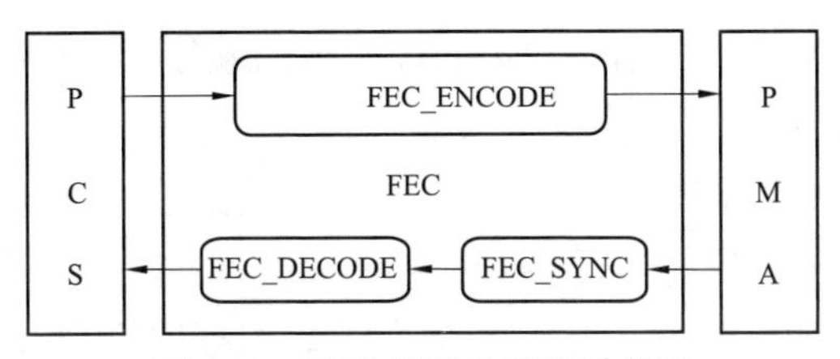

图 4-6　FEC 模块内部结构关系

PCS —物理编码子层；FEC —前向纠错；PMA —物理媒质附加；
FEC_ENCODE —前向纠错编码；FEC_DECODE —前向纠错解码；FEC_SYNC —前向纠错同步

FEC 上行编码模块的主要功能是对 PCS 层的发送模块输入的数据帧计算出奇偶校验位，每 239 个字节对应 16 个奇偶校验位，不满 239 个字节的也需要计算出 16 个校验位，添加到输入帧数据的末端，构成 FEC 帧结构。

FEC 下行同步模块是检测从物理媒质附加（PMA）传输过来逗号序列，如果连续检测到 5 个逗号序列，通知 PMA 一个同步状态标志，可以发送数据给 FEC 下行解码模块进行纠错，否则通知 PMA 一个失同步状态标志，继续检测逗号序列，当处于失同步状态时，FEC 同步模块是不会输出数据给 FEC 解码模块。

FEC 下行解码模块的主要功能是利用奇偶校验位中的 16 个字节数据，计算对应的 239 个帧数据是否在传输中发生错误，如果发生的错误少于 8 个（包含 8 个），那么就可以利用解码模块纠正这些错误，否则上报信息，表明不可纠错块，并且把此数据块不纠正，直接输出，解码完成后将输入帧转换成非 FEC 帧结构发送给 PCS 层的接收模块。

4.2.2.3　基于动态链表的 DDR2 数据缓存控制电路

在 EPON 系统上行方向为多点到点的传输，各个 ONU 采用时分多址（TDMA）的方式共享上行信道。每个 ONU 只有等到自己的发送时隙到来后才能发送数据，同时 ONU 还要能够处理流控机制，所以为了防止上行数据溢出，每个 ONU 都必须具有数据的缓冲区。

在 IEEE 802.1 协议中规定，数据帧可以被划分为 0 到 7 这 8 个优先级，其中 7 优先级为最高，0 为最低。ONU 上行将帧发送给 OLT 时，会根据当前的调度算法对帧进行一些调度。ONU 支持 SP，SP+WRR，WRR 三种调度方式：

（1）SP 调度，即绝对优先级调度。当工作在 SP 调度模式下时，ONU 上行发送帧时则严格按照优先级的高低进行发送帧。

（2）WRR 调度，即权重轮询调度。当工作在 WRR 调度模式下时，每个优先级会有一个对应的权重值。一个优先级的权重值占所有优先级权重值总和的比例，也就对应了在发送时该优先级占整个发送带宽的比例。

（3）SP+WRR 调度，即第 7 和第 6 优先级的帧按照 SP 调度，第 5 到 0 优先级的帧按照 WRR 调度。

由于存在优先级的调度关系，各优先级的数据必须分开单独管理，所以对数据的存储管理提出了较高的要求。

基于动态链表的管理方式是一种动态的数据存储管理方式，每个优先级的数据都没有固定的存储控制，能够充分的使用缓存空间。在缓存空间的管理上，首先设计一个最小单位 block，然后整个缓存空间就被划分成 N 个 block，缓存的读写都以 block 为单位。

在存储数据帧时，首先将数据帧划分成 M 个 block，然后判断缓存中的剩余空间是否够 M 个 block，若不够存放则丢弃该数据帧，若够存放则将数据帧写入缓存。在数据帧写入缓存的时候，记录每个 block 的位置，当读取时则根据 block 的位置依次读取。

4.2.2.4　基于三色令牌桶的流量限速电路

令牌桶是网络设备的内部存储池，而令牌则是以给定速率填充令牌桶的虚拟信息包。每个到达的令牌都会从数据队列领出相应的数据包进行发送，发送完数据后，令牌被删除。

国际互联网工程任务组（IETF）的请求评议（RFC）文件定义了单速率三色标记算法，评估依据以下 3 个参数：

（1）承诺访问速率（CIR），即向令牌桶中填充令牌的速率。

（2）承诺突发尺寸（CBS），即令牌桶容量，每次突发所允许的最大流量尺寸。

（3）超额突发尺寸（EBS），设置的突发尺寸必须大于最大报文长度。

在设计中使用 C 桶与 E 桶，T_c 表示 C 桶中的令牌数，T_e 表示 E 桶中令牌数，两桶的总容量分别为 CBS 和 EBS。初始状态时两桶是空的，即 T_c 和 T_e 初始值均为 0。令牌的产生速率是 CIR，初始时，先往 C 桶中添加令牌，等 C 桶满了，再往 E 桶中添加令牌，当两桶都被填满时，新产生的令牌将会被丢弃。在设计的时候，如果需要实现 1Gbit/s 的速率，则每纳秒需要能往令牌桶添加表示 1bit 的令牌，由于 ONU 的时钟速率为 125MHz，因此，每个时钟周期添加表示 8bit 的令牌，如果令牌桶中令牌使用字节作为基本单位进行计算，则每个时钟周期添加 1 个令牌能够实现 1Gbps 的速率。

在实现的时候，使用改进的“一次”添加法，即每 64K 个周期（在本模块中，由于速度为 31.25MHz，因此实际应该是 16K 个周期）添加一次令牌，每个优先级所添加令牌的数目为配置寄存器配置的数目（单位是字节）。C 桶令牌数表示当前可以发送的流量，而 E 桶则表示最大可以借贷的流量，即：

（1）当报文到来后，查看 C 桶中令牌数是否足够转发报文，如果可以，则转发该报文，同时 C 桶令牌减去报文所需要的令牌数。

（2）如果 C 桶中令牌数不够，则查看是否可以从 E 桶中借贷所需要的令牌，如果可以借贷得到令牌，则转发该报文，同时从 E 桶中减去相应的令牌数。

（3）如果无法从 E 桶借贷足够的令牌，则丢弃该报文。

令牌的添加可以看作与报文处理过程是并行的，即每 16K 个 cycle 添加一次令牌。C 桶与 E 桶中能够容纳的令牌数通过寄存器进行配置；C 桶与 E 桶添加令牌的速度相同。在添加令牌的时候，首先添加 C 桶，当 C 桶满了的时候，添加 E 桶，如果 E 桶也满了，则多于令牌丢弃。令牌桶算法状态图如图 4–7 所示。

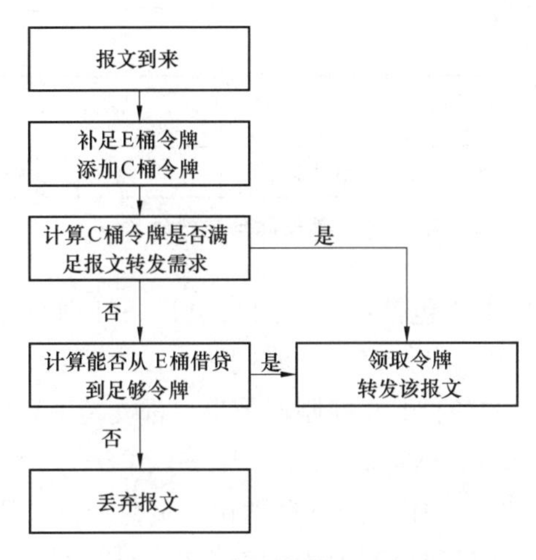

图 4–7　令牌桶算法状态图

4.2.3　LTE 230 通信芯片关键电路

LTE 230 通信芯片主要包括射频与基带两颗芯片。射频芯片内含 AD/DA 转换器，通过并行双向数字与基带芯片进行通信，射频芯片结构与公网 LTE 中的射频芯片结构相同，只是工作频段为 230MHz。基带芯片整体结构如图 4–8 所示，采用三级高级微控制器总线架构（AMBA），一级为 64 位的高带宽高级扩展接口（AXI）总线、二级为 32 位高性能 AHB 总线、三级为 32 位低速 APB 外设总线。

AXI 总线是一个矩阵式结构，采用全联通模式。AXI 总线上主要的模块有：DSP 核、系统 DMA、中频加速器、信道译码加速器、2 组嵌入式大容量存储器。

AHB 总线的设备主要包括：中断控制器、启动 ROM、Flash 控制器以及中频、信道译码加速器和 DMA 的寄存器配置接口。

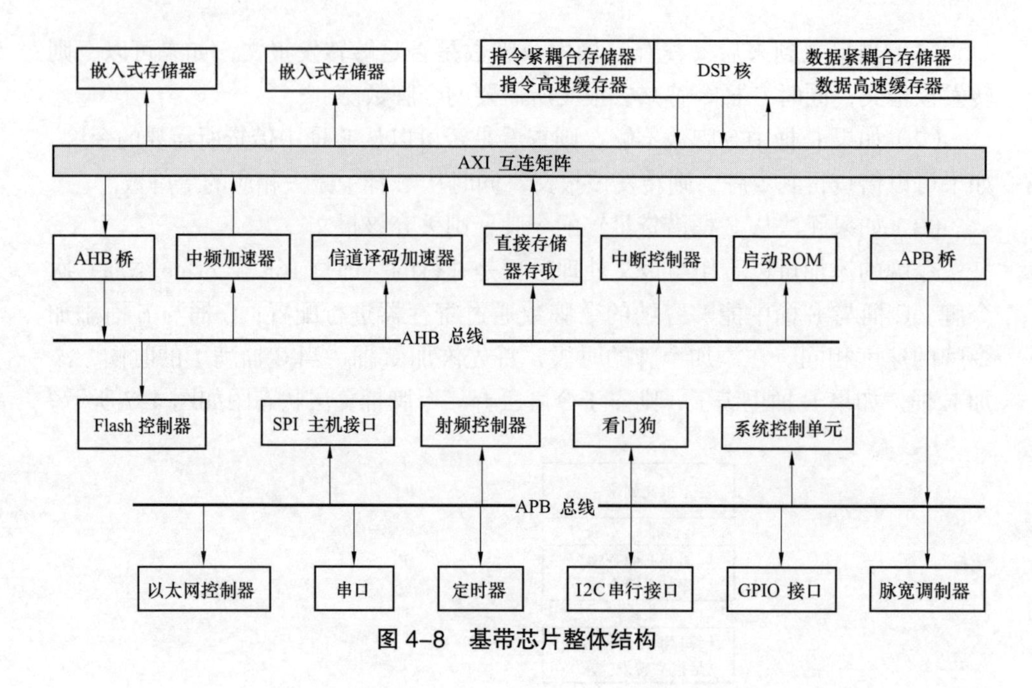

图 4–8　基带芯片整体结构

APB 总线上的设备主要包括：SPI 主机接口、SPI 射频控制器接口、以太网接口、定时器、串口、I2C 串行接口、看门狗、GPIO 接口、系统控制单元、脉宽调制器。APB 总线上的各种 SPI 控制器及串口都支持 DMA 模式。

4.2.3.1　DSP 核

LTE230 通信芯片主要应用于配电自动化、负荷控制、用电信息采集及重点区域的移动视频监控。前三种应用的通信速率较低，最后一种通信速率较高，相对应的终端产品分别为 LTE 通信模块（LCM）和用户终端设备（CPE）。LCM 终端强调的是低功耗、低成本、小体积，CPE 终端侧重的是高性能。实际应用中，90% 以上的终端数量是 LCM，故在芯片设计时，成本和功耗是一个重要的考虑因素。LTE 230 通信芯片采用单 DSP 方案，跟双核架构相比，可节省 CPU 核的许可费用并减少芯片的面积及功耗。在 CPE 终端实现时，可通过外接 MCU 的方式来实现。

考虑到 LTE 230 专网还处在不断完善和优化过程中，以及不同应用场景对带宽需求的差异，LTE 230 通信芯片采用软件无电线技术，除物理层时域处理部分是用中频电路来实现的，物理层频域处理与比特级处理、协议层的媒体访问控制与无线资源控制、中频电路的控制与调度、射频前端收发配置及芯片设备大量设置的管理都是用 DSP 软件来实现的，因此高性能的 DSP 处理器是芯片的核心。

芯片内嵌的高性能 DSP 采用了超长指令字和可变指令宽度的架构，结合单指令流多数据操作，在获得较高的代码密度的同时，可以取得很高的指令执行并行度，从而大大提高了运算性能。DSP 结构框图如图 4–9 所示，DSP 主要由程序控制单元、计算和比特操作单元、数据寻址和算术单元及存储子系统组成。

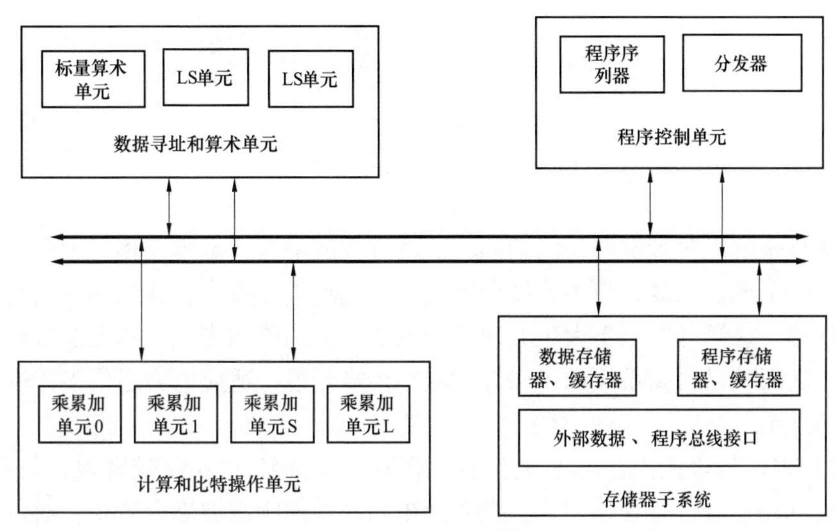

图 4–9　DSP 结构框图

DSP 采用哈佛结构内嵌程序与数据的紧耦合存储器（TCM）及高速缓存（cache），同时可通过两条 AXI 总线访问外部的存储空间。TCM 和 cache 和 DSP 核，访问延迟很小，在软件设计时可把对性能及延迟要求很高的代码和数据可以放在 TCM 中，性能相对要求低的放在二级存储器中，通过 cache 去平滑读写访问延迟，使系统整体性能达到最优。

DSP 核内嵌功耗管理模块，支持正常工作、动态省电、睡眠、待机等模式。通过软件指令和外部中断等手段，DSP 能根据应用场景需求在以上模式之间进行切换，达到动态地开、关 DSP 内部相关模块的时钟及电源，同时结合芯片中的各模块的时钟门控技术，从而能很好地控制芯片的功耗。

4.2.3.2　载波聚合中频电路

230 频段总带宽为 12MHz，划分为 480 个频点，每个频点为 25kHz，其中有 40 个频点可用于电力负荷监控系统，电力专用频谱分布图如图 4–10 所示，40 个频点分为 3 个簇，中间 10 个为单工频点，两边各有 15 对双工频点。230MHz 频段单频点带宽很窄、传输能力有限，为了进行高速率的数据传输，须聚合几

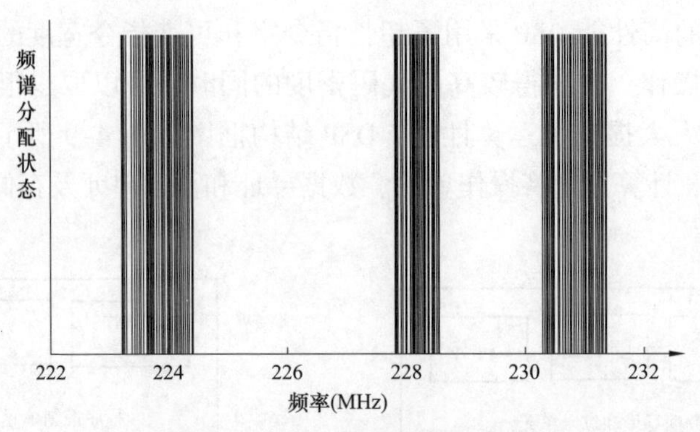

图 4-10　电力专用频谱分布图

十个频点来解决频带资源受限的问题。通过载波聚合技术可以将每个离散的信道看作一个成员载波，将不连续分配的成员载波进行聚合，并统一分配给一个用户使用。这样可以产生大于原来窄带系统几倍的传输带宽，达到宽带传输的效果，从而可以提高系统的可靠性，减小传输延迟，适应电力通信多样性业务传输的需要。

230MHz 频段频点虽然是离散的，但在一个连续 12MHz 带宽内，与 LTE-Advanced 相比总带宽要小很多，可采用单频段非连续载波聚合方式，通过一个射频单元，将 230MHz 频段 12MHz 带宽内信号作为一个整体搬到零频，经模数转换后，在数字域进行中频处理，将分散在 12MHz 带宽内独立的带宽为 25kHz 的高速中频信号搬移到零频，成为低速的基带信号，以便后续信号处理。

图 4-11 为数字中频系统总体结构图，数字中频收发系统主要由射频接口、数字上变频（DUC）、数字下变频（DDC）、中频 DMA 和控制及状态寄存器组成。射频芯片内嵌 AD/DA 转换器，工作在单端口 TDD 模式，可分时进行收发。射频芯片和射频接口之间采用基于 JESD 207 的 12bit 并行数字双沿接口，接收时由射频芯片产生 12.8MHz 主时钟（MCLK），发送时射频接口基于 MCLK 产生发送

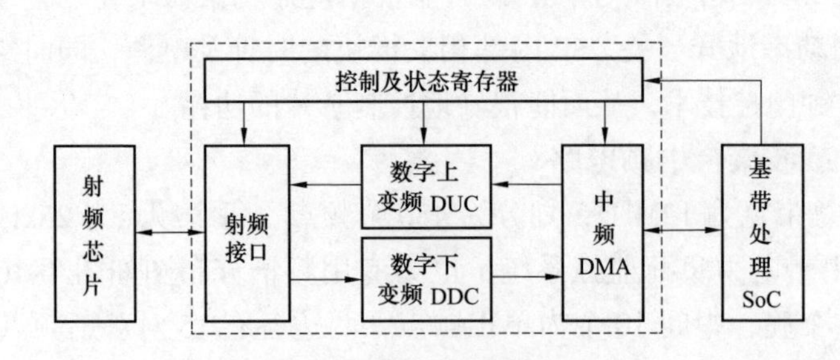

图 4-11　数字中频系统总体结构

所需的反馈时钟（FCLK）。射频接口的主要功能是产生收发控制信号，并进行射频芯片数字接口双沿数据和中频电路并行数据之间的相互转换，中频电路工作时钟和 MCLK 同源，但频率较高，射频接口还需进行这两个时钟域的处理。接收时中频链路负责把所需频点基带信号从中频信号中抽取出来经中频 DMA 送到系统存储器，并通过中断通知基带处理 SoC 中的 DSP 进行后续的离散傅里叶变换的快速算法（FFT）运算、解调、解码等处理。

中频数字下变频 DDC 采用两级数字混频、下采样、滤波结构，从射频接收到的数据中抽取出所需的每个频点数据。在上述过程中，须尽量保证带内信号的时频域特性不变并最大限度地抑制带外噪声。DDC 结构如图 4-12 所示。

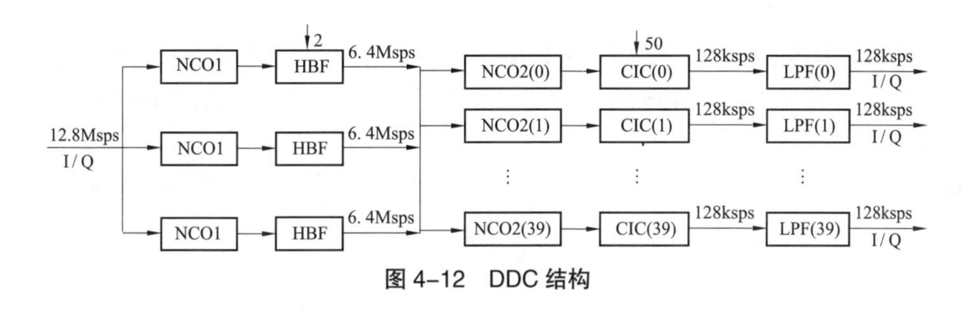

图 4-12 DDC 结构

针对 230MHz 频段电力 40 个授权频点分为 3 个簇的频谱分配情况，一级下变频采用 3 路独立的数控振荡器 NCO1 将每个簇作为一个整体搬移到零频。NCO1 后紧跟一个半带滤波器（HBF）进行 2 倍抽取（12.8Msps 到 6.4Msps）及高频分量的滤波。

二级下变频采用 40 路独立的数控振荡器 NCO2 将所需的频点信号从 3 个簇中搬移到零频，实现对所需频点信号的提取。NCO2 输出的频点数据通过级联积分梳状滤波器（CIC）进行 50 倍的抽取滤波（6.4Msps 到 128ksps）。CIC 后级联一个高阶低通滤波器（LPF）来实现对每个频点带外信号的抑制。为了实现 LTE 230 与传统 230MHz 频段数传电台的共存，根据数传电台规范要求，带外抑制须达 65dB，在实现时采用乘法器时分复用的 255 阶数字滤波器带外抑制好且电路面积小。

中频 DUC 和 DDC 是一个相反的过程，实现时采用相似的结构。中频收发不会同时进行，故中频电路可在自身收发时序控制下采用数据流驱动的时钟门控技术，动态地开关上下行数据链路的时钟，以达到减少功耗的目的。

4.2.3.3 Turbo Decoder 加速器

LTE 230 物理层不同类型的传输信道各自使用的编码方案和编码码率如

表 4-1 所示。其中上行共享信道及多频点下行共享信道（PDSCH）信道编码为 Turbo 码。

表 4-1　　不同传输信道的信道编码方案和码率

传输信道	编码方案	码率
UL-SCH	Turbo 码	1/3
DL-SCH	单频点为咬尾卷积码	1/3
	多频点为 Turbo 码	1/3
BCH	咬尾卷积码	1/3

Turbo 编码器采用并行级联卷积编码（PBCC），有两个 8 状态子编码器和一个 Turbo 码内交织器。Turbo 编码器的编码速率为 1/3，其编码器结构如图 4-13 所示。

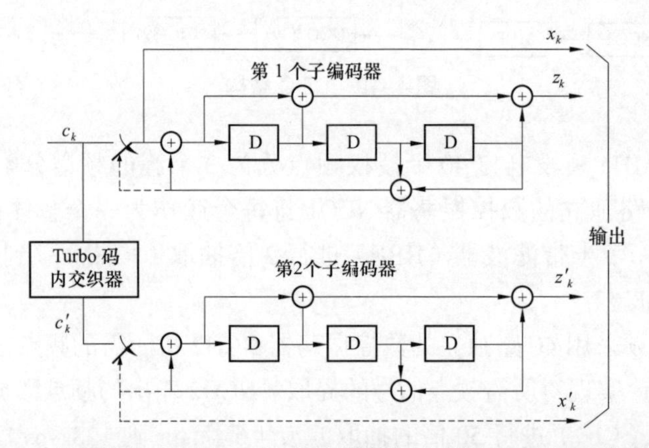

图 4-13　编码速率 1/3 的 Turbo 编码器结构（虚线部分仅用于栅格终止）

PBCC 中 8 状态子编码器的传输函数如式（4-1）所示：

$$G(D)=\left[1,\frac{g_1(D)}{g_0(D)}\right] \tag{4-1}$$

其中

$$g_0(D)=1+D_2+D_3$$

$$g_1(D)=1+D+D_3$$

子编码器移位寄存器的初始值为 0，编码器的输出如式（4-2）所示：

$$d_k^{(0)}=x_k,\ d_k^{(1)}=z_k,\ d_k^{(2)}=z'_k \tag{4-2}$$

式中　k=0，1，2，…，k–1。

如果被编码的码块为 0 号码块，且填充比特数大于 0，即 $F>0$，编码器的输入设置为，C_k=0，k=0，…，（F–1）并且设置 $d_k^{(0)}$ =〈NULL〉，k=0，…，（F–1）和 $d_k^{(1)}$ =〈NULL〉，k=0，…，（F–1）作为其输出。

输入 Turbo 编码器的比特表示为 c_1，c_2，c_3，…，c_{k-1}，两个子编码器的输出分别表示为 z_0，z_1，z_2，z_3，…，z_{k-1} 和 z'_0，z'_1，z'_2，z'_3，…，z'_{k-1}。Turbo 码内交织器的输出 c'_0，c'_1，…，c'_{k-1} 将作为第 2 个子编码器的输入。

栅格终止通过从所有信息比特编码之后的移位寄存器反馈中获取尾比特来完成，尾比特在信息比特编码之后添加。

前三个尾比特用于终止第 1 个子编码器，同时第 2 个子编码器被禁用。最后三个尾比特用于终止第 2 个子编码器，同时第 1 个子编码器被禁用。

栅格终止的传输比特为：

$$\begin{aligned}
&d_k^{(0)}=x_k,\ d_{k+1}^{(0)}=z_{k+1},\ d_{k+2}^{(0)}=x'_k,\ d_{k+3}=z'_{k+1}\\
&d_k^{(1)}=z_k,\ d_{k+1}^{(1)}=x_{k+2},\ d_{k+2}^{(1)}=z'_k,\ d_{k+3}^{(1)}=x'_{k+2}\\
&d_k^{(2)}=x_{k+1},\ d_{k+1}^{(2)}=z_{k+2},\ d_{k+2}^{(2)}=x'_{k+1},\ d_{k+3}^{(1)}=z'_{k+2}
\end{aligned}$$

输入 Turbo 码内交织器的比特表示为 c_1，c_2，c_3，…，c_{k-1}，其中 K 为输入比特的数目。Turbo 码内交织器的输出表示为 c'_0，c'_1，…，c'_{k-1}。输入和输出比特的关系如式（4–3）所示：

$$c'_i=c_{\pi(i)},\ i=0,\ 1,\ \cdots,\ (k-1) \tag{4-3}$$

其中，输出序号 i 和 $\prod$（i）的关系满足如下二次形式，即式（4–4）

$$\prod(i)=\left(f_1\cdot i+f_2\cdot i^2\right)\mathrm{mod}K \tag{4-4}$$

式中，参数 f_1 和 f_2 取决于块大小 K，其取值对应关系和 3GPP TS 36.212 中的 Turbo 码内部交织器参数表基本相同,唯一的差异是在 LTE 230 中传输块（TB）最大为 5056bit，而不是 LTE 中的 6144bit。

Turbo 编码器较简单，采用软件的方式实现。Turbo 译码运算量很大，由于 LTE 230 须支持 40 个频点，软译码的方式对 DSP MIPS 要求太高，故芯片中内置了硬件加速器 Turbo Decoder。Turbo Decoder 支持链表结构，可在一次配置后进行多个频点、多个码块的译码操作，其间无须 DSP 干预。Turbo Decoder 硬件加速器结构如图 4-14 所示。

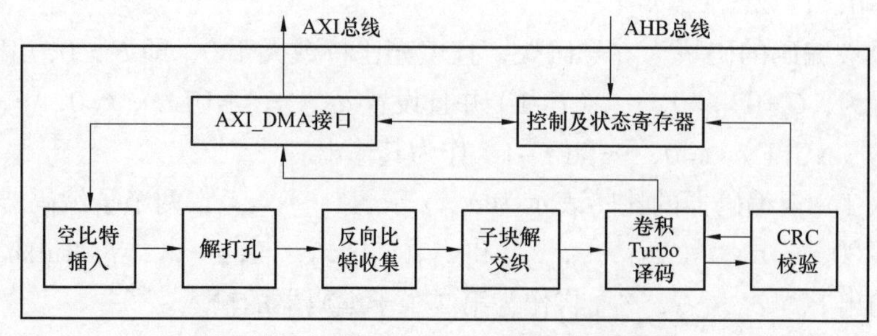

图 4-14　Turbo Decoder 硬件加速器结构

Turbo Decoder 还支持和速率匹配相关的空（NULL）比特插入、反向比特收集和子块解交织，以及 CRC 校验。LTE 230 总带宽仅 1MHz，速率相对 4G LTE 来说较低，译码器可采用低复杂度架构，内嵌 2 个并行处理核，面积、功耗都很小，但译码器支持动态地改变块长度及迭代次数，在保证性能无损失的前提下，支持优化的迭代停止模式，减少迭代次数，节省译码功耗。

4.2.4　电力线载波通信芯片关键电路

电力线载波通信芯片整体结构如图 4-15 所示，采用二级 AMBA 总线架构：一级为 32 位高性能 AHB 总线、二级为 32 位低速 APB 外设总线。

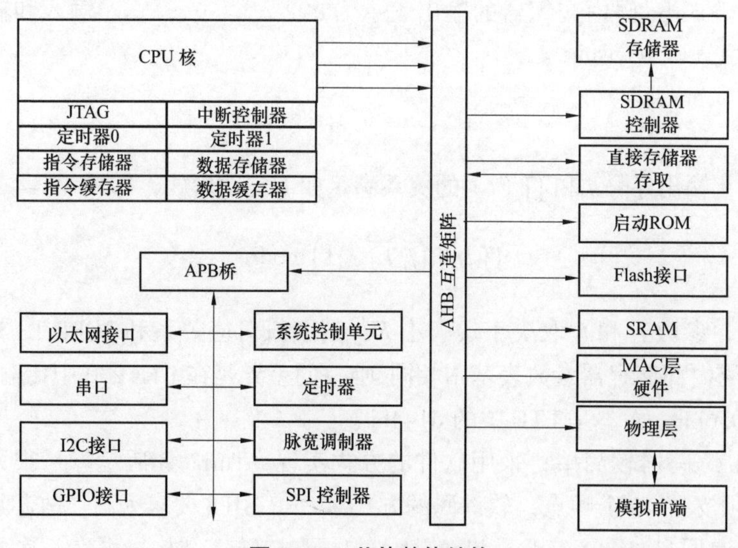

图 4-15　芯片整体结构

AHB 总线是一个矩阵式结构，主设备包括 CPU 核、系统直接存储器存取控制器、载波 MAC 硬件模块及物理层模块；从设备包括同步动态随机存储器（SDRAM）控制器及其配置接口、启动 ROM 与 Flash 控制器以及 APB 桥等。

APB 总线上的设备主要包括以太网接口、定时器、串口、I2C 接口、GPIO 接口、系统控制单元等。APB 总线上的 SPI 控制器及串口都支持 DMA 模式。

此外，芯片还集成了高性能、低功耗的模拟前端（AFE），AFE 主要包括 AD 转换器、DA 转换器、低通滤波器和可编程增益放大器。

4.2.4.1 中央处理器（CPU）

宽带载波通信网络层级图如图 4–16 所示，分为物理层、数据链路层以及应用层共 3 层，同时也可以可扩展与标准 TCP/IP 进行对接以实现标准 IP 网络通信。

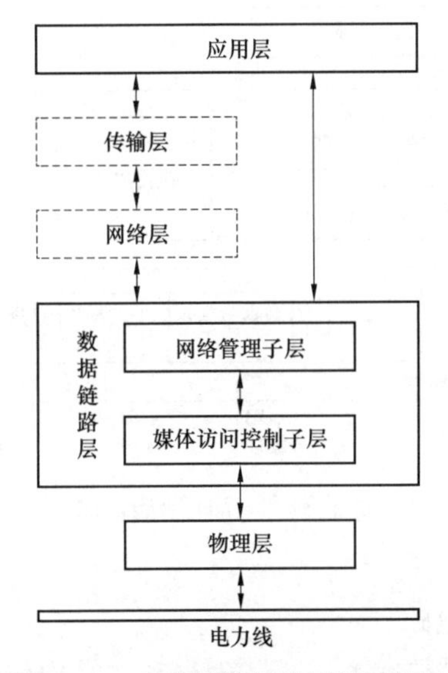

图 4–16 宽带载波通信网络层级图

各层的功能如下：

（1）应用层实现本地通信单元与通信单元之间业务数据交互。

（2）数据链路层网络管理子层主要实现宽带载波通信网络的组网、网络维护、路由管理及应用层报文的汇聚和分发。MAC 子层主要通过 CSMA/CA 和 TDMA 两种信道访问机制竞争物理信道，实现数据报文的可靠传输。

（3）物理层主要实现将 MAC 子层数据报文编码调制为宽带载波信号或接收电力线媒介的宽带载波信号解调为数据报文。

除物理层用电路实现外，其他两层基本上是用CPU软件的方式来实现，故CPU是电力线载波通信芯片的关键部分。CPU是一个面积较小、性能中等的32位处理器。因协议复杂、数据速率高，CPU的代码空间及数据空间较大，须采用SDRAM的存储方案，为提高效率，CPU须支持高速缓存，其结构框图如图4–17所示，CPU为哈佛结构，采用3级流水，内嵌中断控制器（优先级软件可配）；提供存储保护单元，可为16个存储区域定义读写权限；支持核内程序和数据紧耦合存储器和高速缓存，支持硬件乘除运算；CPU内部提供2个通用的32位定时器、1个64位的实时时钟RTC和1个看门狗定时器。CPU通常向外提供3条AHB主设备总线接口，用于访问指令、数据和外设，同时可选地提供AHB从设备总线接口，用于CPU核外设备访问CPU内部的紧耦合存储器。

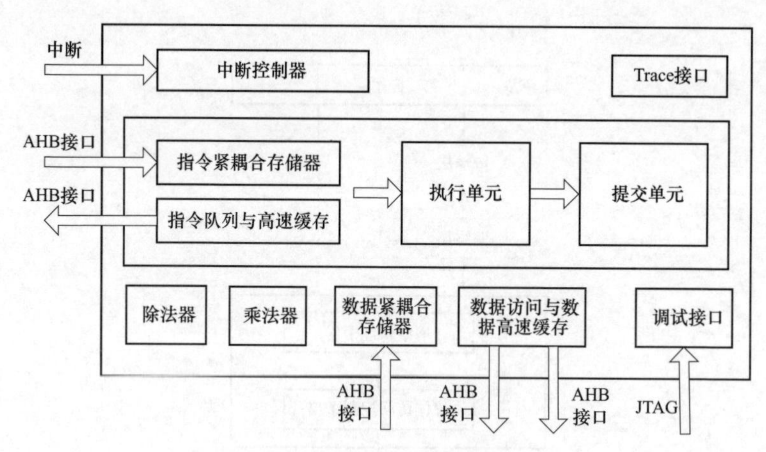

图4–17　CPU结构框图

4.2.4.2　数字基带电路

电力线通信采用基带传输方式，物理层整体结构如图4–18所示。物理层包括发送和接收两条通路，每条通路都由数字基带电路和模拟前端电路组成。

在发送端，物理层接收来自数据链路层的帧控制和载荷数据的输入。帧控制通过Turbo编码后，进行信道交织和分集拷贝；载荷数据经过加扰、Turbo编码以及信道交织和分集拷贝后，和帧控制数据一起进行星座点映射，映射后的数据经过IFFT处理后添加循环前缀形成OFDM符号，加入前导符号进行加窗处理后，形成物理层协议数据单元（PPDU）信号，送入模拟前端最终发送到电力线信道中。

在接收端，从模拟前端接收到数据协同采用自动增益控制（AGC）和时间

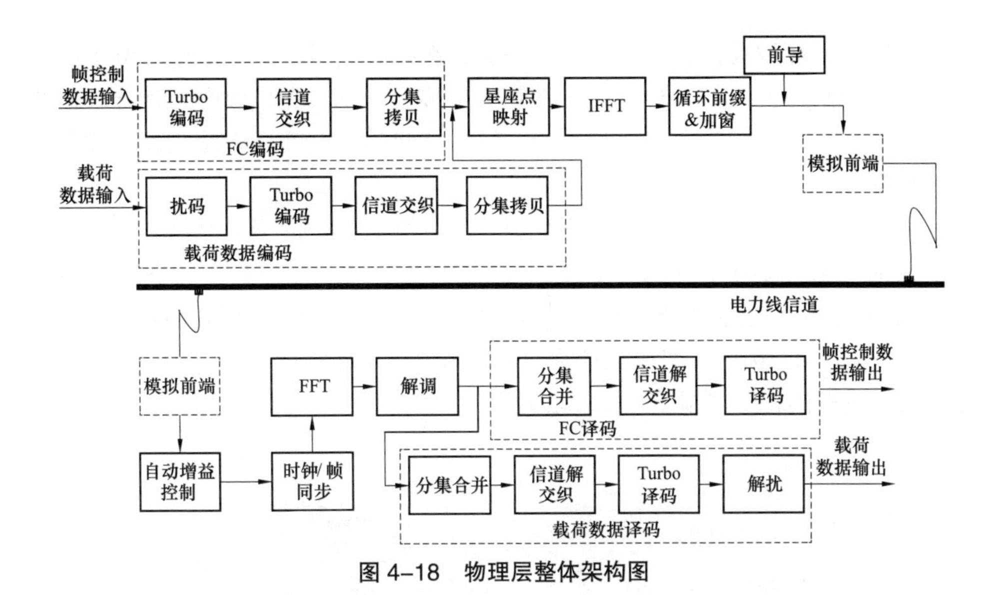

图 4-18　物理层整体架构图

同步分别对帧控制和载荷数据进行调整，并对帧控制和载荷数据进行 FFT 变换后，进入解调、译码模块，最终恢复出帧控制信息与载荷原始数据。

数字基带电路基本工作频段为 2~12MHz，向下可扩展至 500kHz，同时支持载波屏蔽方式。工作频段避开了有较大周期性噪声（与工频相关）和脉冲干扰的窄带载波工作的低频段；和 IEEE P1901 和 ITU-T G.hn 等宽带载波标准的 2~30MHz 相比，工作频段较低、带宽较窄，一方面可避开衰减较快的高频段，提高通信距离；另一方面可使采样率成倍降低，结合较低阶的调制技术，能大大降低对模拟前端及线路驱动器的性能要求，从而降低芯片的功耗和成本。

电力线信道存在着很大的脉冲噪声、窄带干扰、多径和频率选择性衰落，为此采用先进的信道编码技术和多载波 OFDM 调制技术。利用 Turbo 码强大的纠错能力及信道交织对误码数据的分散化，可以纠正大部分窄带与突发脉冲引起的错误。OFDM 调制技术把高速串行数据转化为低速并行数据，结合较长的保护间隔，可以有效解决多径时延引起的符号间干扰和频率选择性衰落。此外还采用了时频二维增强的分集拷贝技术，接收机可以就单个拷贝和多个拷贝合并分别进行译码与 CRC 校验，从而大大提高了系统抗窄带干扰和脉冲噪声的能力。

电力线通信通过分时收发来共享信道，且收发是突发性的，这一点特别有利于功耗控制。收发机工作状态主要有三种：发送、载波侦听和接收。发送是在信道空闲时由处理器主动发起的，发送时接收通路关闭，发送完成后发送通路也随之关闭。在不发送时，常处在载波侦听状态，此时接收机时域处理部分在工作状态，频域及比特级处理部分关闭，在接收信号强度（能量检测）高于阈值且侦听到载波（前导检测）后将转入到接收状态。在接收时，仅接收通路工作，接收完成后接收通路也将关闭，经过帧间间隔调整后将转入发送或载波侦听状态。

物理层收发链路都采用流水线结构，前一级输出推动下一级进行处理，故在实现时可采用数据流驱动的时钟门控技术，动态地开关收发数据链路的时钟来减少功耗。动态时钟门控模块结构如图 4-19 所示，动态时钟控制信号（dynamic_on_off）由前一级输入控制信号及本模块工作状态组合产生，为灵活起见，模块也提供软件控制（sw_on_off）方式。

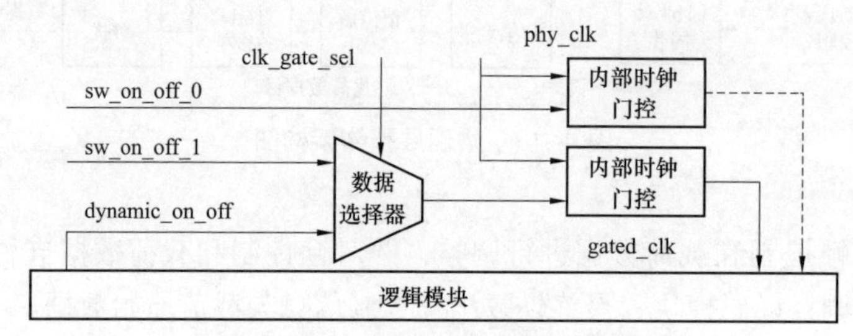

图 4-19　动态时钟门控模块结构

4.2.4.3　模拟前端电路

电力线载波通信芯片模拟前端部分包括接收通路、发送通路、锁相环，其框图如图 4-20 所示。其中接收通路包括可编程增益放大器（PGA）、低通滤波器、模拟数字转换器，发送通路包括数模转换器和线路驱动器（LD）。线路驱动器用于对发送的模拟信号进行放大。锁相环提供系统时钟以及模拟模块需要的时钟。

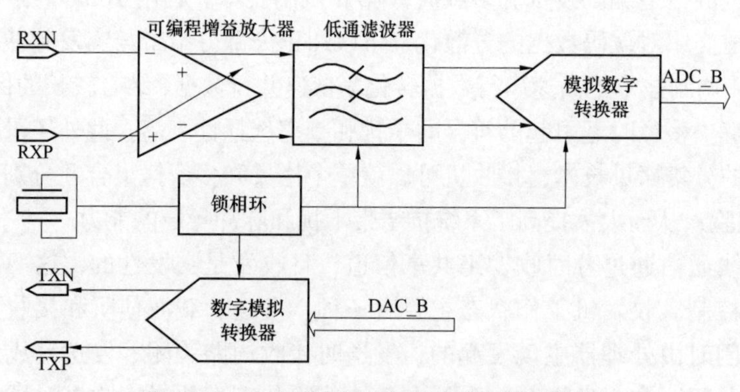

图 4-20　电力线载波通信芯片模拟前端框图

接收端输入信号带宽为500kHz~12MHz且动态范围大，低噪声PGA须具有大范围的可编程增益范围，接收端低通滤波器LPF带宽可配，ADC在工作频率范围内须具有优异的动态性能。发送端DAC的差分输出电流范围可调，DAC输出的模拟信号经过板级LineDriver放大送至电力线。DAC须具有优良的静态特性和动态特性，以满足系统设计带外杂散的抑制。

4.2.5 微功率无线通信芯片关键电路

4.2.5.1 应用处理器

应用处理器实现协议中应用层、网络层及部分MAC层功能，承载主体通常为微控制器（MCU）或专用SoC。MCU将CPU、RAM、ROM、定时数器和多种I/O接口集成在一片芯片上，形成芯片级的计算机，以不同的应用场合做不同组合控制。MCU按用途可分成通用型和专用型，前者将可开发的资源（ROM、RAM、I/O、EPROM）等全部提供给用户，后者的硬件及指令是按照某种特定用途而设计的。按基本操作处理的数据位数分类,MCU有8位、16位、32位等几种。8位、16位MCU主要用于一般的控制领域，一般不使用操作系统；32位MCU大部分用于网络操作、多媒体处理等复杂处理的场合，一般要使用嵌入式操作系统。MCU按其存储器类型可分为无片内ROM型和带片内ROM型两种。对于无片内ROM型的芯片，必须外接EPROM才能应用。带片内ROM型的芯片又分为片内EPROM型、MASK片内掩模ROM型、片内Flash型等类型，另外还有片内一次性可编程ROM（OTP）的芯片。MASK ROM的MCU价格便宜，但程序在出厂时已经固化，适合程序固定不变的应用场合；FLASH ROM的MCU程序可以反复擦写，灵活性很强，但价格较高，适合对价格不敏感的应用场合或做开发用途；OTP ROM的MCU价格介于前两者之间，同时又拥有一次性可编程能力，适合既要求一定灵活性，又要求低成本的应用场合，尤其是功能不断翻新、需要迅速量产的电子产品。由于MCU强调的是最大密集度与最小芯片面积，以有限的程序代码达成控制功能，因此当今MCU多半使用内建的MASK ROM、OTP ROM、EEPROM或Flash内存来储存韧体码，MCU内建Flash内存容量从低阶4~64kB到最高阶512kB~2MB不等。

应用正在向着集约化发展，这对MCU的处理速度、存储容量、接口兼容性、运行功耗都提出了越来越高的要求。目前主流的产品多基于ARM 32位Cortex内核，市场占比较高的内核包括ARM Cortex M0、ARM Cortex M4和8051。同时，为了满足不用应用场景下对功耗和处理速度的差异化需求，MCU多采用多种工作模式设定，通过选择性关断部分芯片面积，达到阶段性节能的目的。图4–21

所示为典型应用处理器实现框图。其中，CPU 内核采用 8051，集成了 Timer、模式控制模块、存储器模块和时钟控制模块。Timer 和模式控制模块是实现工作模式控制的主要载体。

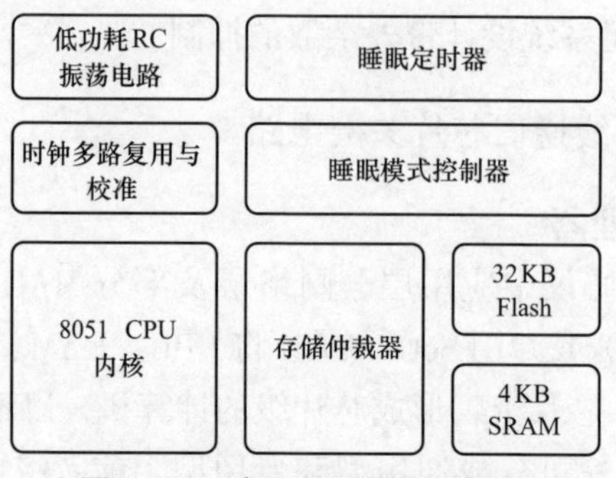

图 4–21　应用处理器实现框图

4.2.5.2　数字基带电路

基带处理器可实现对中频数字信号的处理。一般在通信协议中对应物理层和部分 MAC 层内容。基带处理电路也可分为接收和发射两个模块，接收支路主要完成 GFSK 信号的解调、白化译码以及协议要求的基带信号处理；发射支路包含按照协议对发送数据进行处理，白化编码和 GFSK 调制等功能。图 4–22 为单片射频通信芯片 SoC 基带电路图。

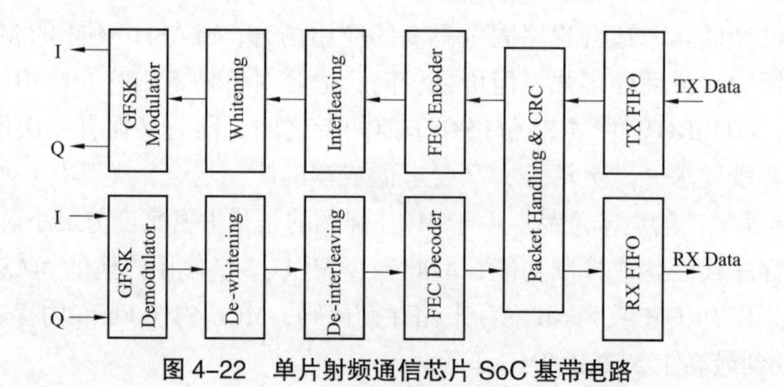

图 4–22　单片射频通信芯片 SoC 基带电路

微功率无线芯片工作的无线信道中存在多种噪声及突发干扰，接收到的无线信号同发送端的信号相比，存在较大的衰落、损伤与失真，同时微弱的无线信号在射频到基带的处理过程中也会来误差，因此在解调时必须运用频偏估计、信道均衡等信号处理技术来恢复出原始信号。目前，频偏估计算法有非数据辅助算法和数据辅助算法类。前者完全基于极大似然准则的频率估值算法，需要经过一系列的简化近似处理后才能得到频偏估算值，其计算复杂度通常比较大，实现成本较高，且一般为极大似然意义下的准最佳估计器。后者是对训练序列（training sequence）或前导符（preamble）进行相关运算，通常分为时域或频域两个方面。频域估计算法需将训练序列或前导符号做 FFT 运算后才能估算，与时域估计算法比较起来增加了 FFT 计算，但精确度却并不会有大的提升。由于微功率无线芯片对成本、电路面积十分敏感，频偏估计须采用一种适用于微功率无线通信系统的时域估计算法，同时均衡算法也是基带信号处理中计算较复杂的部分之一，须采用一种易于实现的均衡算法。

4.2.5.3 射频前端电路

射频前端电路（RFA）实现无线信号的发射和接收，其功能框图如图 4-23 所示。RFA 包含接收和发射两个通道。接收通道由低噪声放大器（LNA）、下混频器、基带滤波和放大电路及模数转换器构成。LNA 将天线上的微弱射频信号放大，由于该放大器在射频电路的最前端，其噪声会在后级被放大，故对该放大器的噪声系数(NF)要求较高。混频器将经过放大的信号和本地精准时钟混频，将调制在射频信号上的有用信号混频到较低频率。滤波器抑制有用信号带外的杂波。ADC 将有用信号量化成数字信号，供数字基带电路协议解析。发射通道由数模转换器、增益卡编程放大器、模拟基带滤波器、上混频器和功率放大器组成。发射通路对信号的增益和线性度要求较高，按照协议要求，PA 的输出功率应能达到 +17dBm（50mW）。

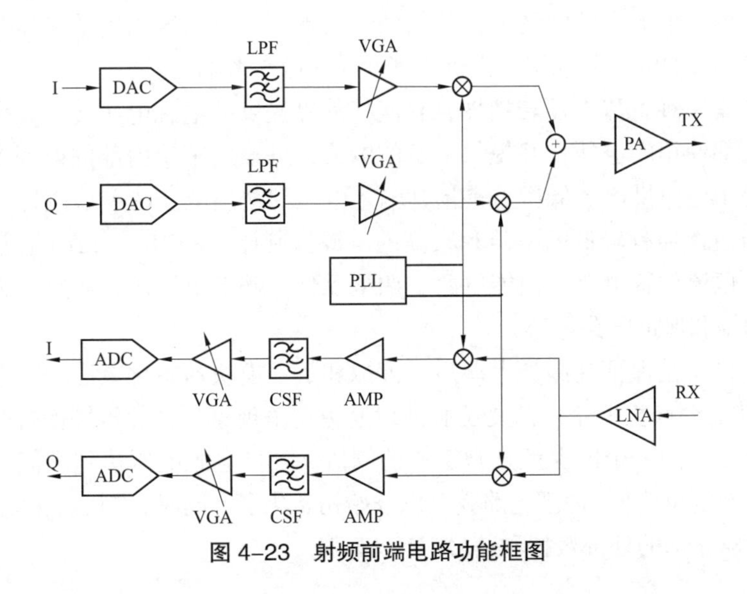

图 4-23　射频前端电路功能框图

在射频前端电路的接收机中，由于要接收的信号很微弱，如果放大器本身的噪声系数很大，噪声就会严重干扰对微弱信号的放大，因此希望减小这种噪声，提高输出的信噪比。LNA 作为射频信号传输链路的第一级，它的噪声系数决定了整个射频前端电路的噪声性能。所以 LNA 必须具有较高的线性度以抑制干扰和防止灵敏度的下降，足够高的增益以抑制后续级模块的噪声、输入输出阻抗的匹配，以及尽可能低的功耗。

混频器用来将天线上接收到的信号与本振产生的信号混频，通常由非线性元件和选频回路构成，是由多个频率信号进行混合调制，产生一个新频率的调制信号。从频谱观点看，混频电路是一种典型的频谱搬移电路。

滤波器是能滤除特定频率波形的器件，它在射频前端中用来将有用信号外的杂波滤除。

射频前端中的模拟信号不能直接被后面的数字基带电路处理，需要用 ADC 把模拟信号转换为数字信号来处理。DAC 用于将数字信号转换为模拟信号，转换后才能给后级的放大发射电路使用。

4.2.5.4 电源管理电路

电源管理单元为芯片的射频电路、时钟电路、模拟电路、数字电路、存储器、MCU 及接口电路供电，可实现电压转换和电源管理功能，还可配合应用处理器实现芯片的部分功耗的关闭。电源管理单元包括带隙基准电压电路（BG）、低压差线性稳压器（LDO）、上电复位模块（POR）等部分。

BG 通过利用电路中一个与温度成正比的电压和一个与温度成反比的电压相叠加，使得两个电压的温度系数相抵消，实现一个与温度无关的电压基准。这个与温度无关的电压基准用来提供给其他模块做参考电压。

LDO 是一种直流电压转换器，它能将外界提供的电源电压转换为另一个较低的供内部使用的电压，并提供一定的电流，可以用来给内部的射频电路、时钟电路等子电路供电。低压差是指其输入电压到输出电压的差值较低。LDO 输出的电压通常拥有较低的噪声和较高的电源抑制比（PSRR）。LDO 通常包括启动电路、恒流偏置电路、使能电路、调整元件、基准电压源、误差放大器、反馈电路网络和保护电路等部分。

POR 作用是保证在施加电源后，模拟和数字模块初始化至已知状态。基本的 POR 功能会产生一个内部复位脉冲以避免竞争现象，并使器件保持静态，直至电源电压达到一个能保证正常工作的阈值。一旦电源电压达到阈值，POR 就会释放内部复位信号，内部电路就可以开始初始化了。同时，在初始化完成之前，电路会忽略全部的外部数据和信号。

4.3 芯片软件系统

4.3.1 芯片软件系统概述

由于使用通信芯片的通信设备功能复杂、实时性要求较强，在通信芯片的软件系统中，嵌入式实时操作系统得到广泛的应用。嵌入式实时操作系统（uc COS、Vx Works、嵌入式 Liunx、pSos 等）的应用为通信芯片软件系统的开发带来了新思路和新需求。在屏蔽不同的芯片平台甚至不同操作系统的基础之上，中间件、虚拟机等概念的引入形成了符合通信芯片上应用软件系统不同需求的软件开发平台，为上层嵌入式应用软件的开发提供了统一的接口。面对通信设备开发过程中的新要求，比如更快的开发速度、更好的产品质量、更高的产品稳定性和代码可维护性，通信芯片软件系统正在朝着通用化、标准化、系列化、模块化、平台化的方向发展，为系统内外的互通、互联、互操作提供稳定可靠的保障。

一般来说，通信芯片软件系统的框架如图 4-24 所示。

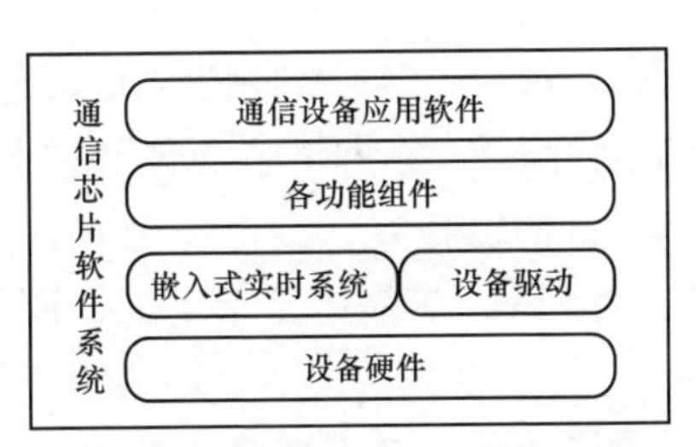

图 4-24　通信芯片软件系统框架图

其中，嵌入式实时系统和设备驱动为各个功能组件库提供操作系统和硬件平台的软件接口，功能组件库可以抽象和扩充操作系统的功能，方便应用设计，使应用软件的设计人员更加专注于具体业务的实现。

4.3.2 芯片软件关键技术

4.3.2.1 光通信芯片协议栈

EPON 系统的协议分层以及与 ISO/IEC OSI 参考模型之间的关系如图 4-25 所示。

（1）OAM 层。使用 OAM 协议数据单元，管理、测试和诊断已激活 OAM 功能的链路；定义了 EPON 各种告警事件和控制处理。

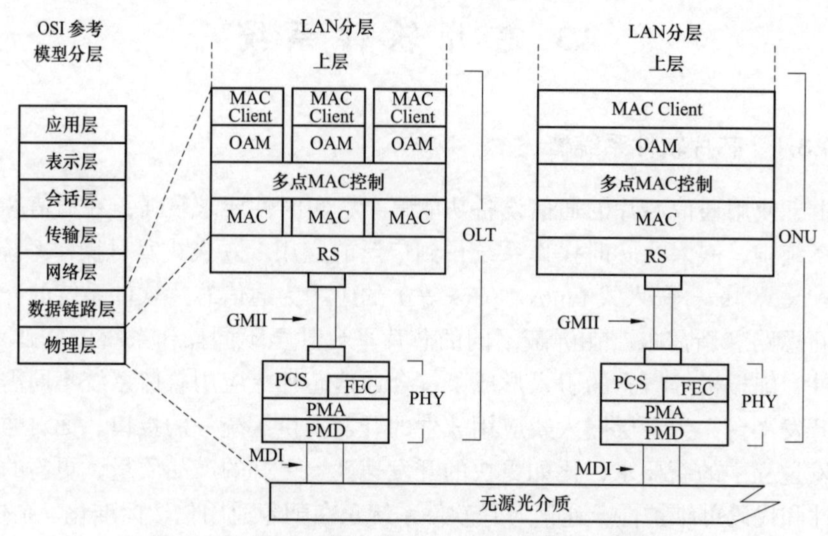

图 4-25　EPON 协议分层与 OSI 参考模型间的关系

FEC —前向纠错；GMII —千兆比媒质无关接口；MDI —媒质相关接口；OAM —运行、管理和维护；OLT —光线路终端；ONU —光网络单元；PCS —物理编码子层；PHY —物理层；PMA —物理媒质附加；PMD —物理媒质相关；RS —调和子层

（2）多点 MAC 控制。使用 MPCP（多点控制协议），实现点对多点的 MAC 控制；实现在不同的 ONU 中分配上行资源、在网络中发现和注册 ONU、允许 DBA 调度。

（3）MAC。实现对 Media 的控制。

（4）RS。调和子层，为 EPON 扩展了字节定义，调和多种数据链路层能够使用统一的物理层接口。

（5）PCS。物理编码子层，支持在点对多点物理介质中的突发模式，支持 FEC 算法。

（6）FEC。使用二进制运算（例如 Galois 算法），附加一定的纠错码用于在接收端进行数据校验和纠错。

（7）PMA。物理介质附加子层，支持 P2MP 功能，实现 PMD 的扩展。

（8）PMD。物理媒质相关子层（使用 1000BASE-PX 接口）PMD 子层定义了 EPON 兼容器件的指标，实现 PMD 服务接口和 MDI 接口之间的数据收发功能。

4.3.2.2　LTE230 通信芯片协议栈

LTE230 芯片主要应用于通信单元中，协议栈实现了通讯单元和基站之间的通信。

1. 协议结构

通信单元和基站之间的 Uu 接口包括物理层、数据链路层和 RRC 层。其中，数据链路层包括 MAC 层、无线链路控制层协议（RLC）层和分组数据汇聚协议（PDCP）层。Uu 接口的控制面协议栈和用户面协议栈分别如图 4–26 和图 4–27 所示。

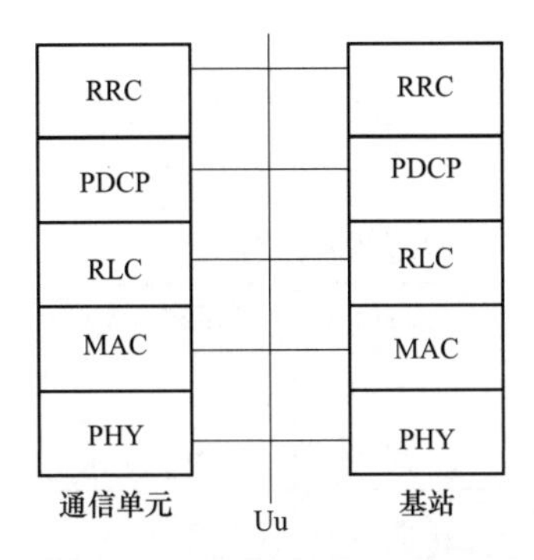

图 4–26　Uu 接口的控制面协议栈

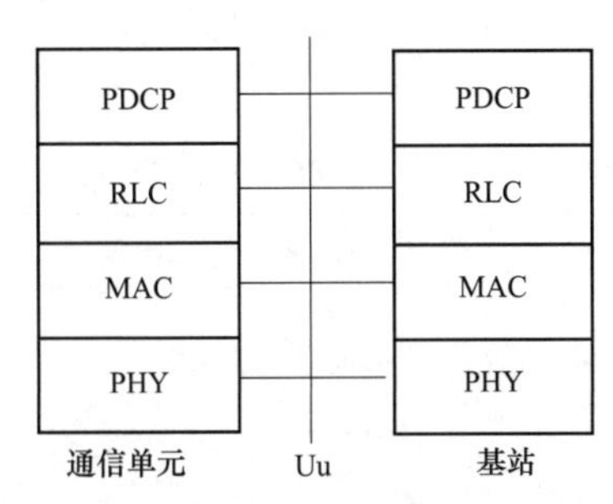

图 4–27　Uu 接口的用户面协议栈

2. 物理层

物理层应支持：

（1）多址：物理层下行链路采用基于 CP 的 OFDM，上行链路采用基于 CP 的单载波频分多址（SC–FDMA），一个无线帧包含 5 个时长为 5ms 的子帧。物理层一个 RB 在频域上为 10 个宽度为 2kHz 的子载波，在时域上持续时间为 1 个子帧。

（2）物理信道与调制。

（3）信道复用和信道编码。

（4）物理层过程。

（5）物理层测量。

3. 数据链路层

数据链路层负责无线链路的建立、维护、释放，以及链路间数据的可靠传输。数据链路层分为 MAC 层、RLC 层和 PDCP 层。

（1）MAC 层功能。MAC 层应支持：

1）逻辑信道与传输信道间的映射。

2）将来自一条或者不同逻辑信道的 MAC SDUs 复用到 TB 块，并通过传输信道发送至物理层。

3）将来自物理层的在传输信道承载的 TB 块解复用为一条或者不同逻辑信道上 MAC SD Us。

4）调度信息报告。

5）混合自动重传请求（HARQ）纠错。

6）划分逻辑信道优先级。

7）通过动态调度实现不同通信单元之间的优先级处理。

8）传输格式选择。

MAC 功能实现的位置以及该功能和上下行的对应关系如表 4–2 所示。

表 4–2　　MAC 功能实现的位置和上下行方向的对应关系

<table>
<tr><th>MAC功能</th><th>通信单元</th><th>基站</th><th>下行</th><th>上行</th></tr>
<tr><td rowspan="2">传输信道与逻辑信道之间的映射</td><td>√</td><td>×</td><td>√</td><td>√</td></tr>
<tr><td>×</td><td>√</td><td>√</td><td>√</td></tr>
<tr><td rowspan="2">复用</td><td>√</td><td>×</td><td>×</td><td>√</td></tr>
<tr><td>×</td><td>√</td><td>√</td><td>×</td></tr>
<tr><td rowspan="2">解复用</td><td>√</td><td>×</td><td>√</td><td>×</td></tr>
<tr><td>×</td><td>√</td><td>×</td><td>√</td></tr>
<tr><td rowspan="2">HARQ 纠错</td><td>√</td><td>×</td><td>√</td><td>√</td></tr>
<tr><td>×</td><td>√</td><td>√</td><td>√</td></tr>
<tr><td>传输格式选择</td><td>×</td><td>√</td><td>√</td><td>√</td></tr>
<tr><td>不同通信单元间优先级处理</td><td>×</td><td>√</td><td>√</td><td>√</td></tr>
<tr><td>逻辑信道优先级划分</td><td>√</td><td>×</td><td>×</td><td>√</td></tr>
<tr><td>调度信息上报</td><td>√</td><td>×</td><td>×</td><td>√</td></tr>
</table>

注　1. “√”表示必须具备的功能。

　　2. “×”表示不具备的功能。

（2）RLC 层功能。RLC 层功能，应符合 3GPP TS 36.322 v8.5.0—2009 4.4 的相关要求。

（3）PDCP 层功能。

1）使用 ROHC 协议头压缩和解压缩 IP 数据流。

2）用户面或控制面数据传输。

3）维护 PDCP SN 值。

4）下层重建时，按序传递上层 PDU。

5）加解密用户面数据和控制面数据。

6）控制面数据的完整性保护及完整性验证。

PDCP 使用 RLC 子层提供的服务，映射到 DCCH 及 DTCH 逻辑信道的 SRB 及 DRB。

4. RRC 层

RRC 层应支持：

（1）广播系统信息。

（2）RRC 连接控制。

（3）测量配置与报告。

（4）频谱感知。

（5）其他功能，包括专用 NAS 信息的传输、通信单元无线接入性能信息的传输。

（6）通用错误处理。

4.3.2.3 电力载波通信芯片协议栈

（1）PLC 通信协议。电力载波通信芯片协议栈的主要功能是实现集中器终端与电能表直接的数据交互，即通信功能。

PLC 通信协议采用三层协议模式：应用层、MAC 层 / 物理层。

物理层主要完成前导码装载、同步字装载与检测、字节编码解码等。

MAC 层主要完成洪泛帧接收、发送、帧校验、防冲突检测。

应用层主要完成重复判断，地址识别，台区识别，帧序号判别、转发、丢弃，数据区处理等帧处理过程。

（2）协议数据流。节点应用程序要发送一个应用数据包，应用层把应用数据包封装成应用层数据帧应用协议数据单元（APDU），提交给 MAC 层；MAC 层再把 APDU 加上长度与 CRC 检验封装成 MPDU，提交给物理层发送；物理层添加上前导、同步字发送到电力线上。

协议数据流图如图 4–28 所示，节点物理层从电力线上接收数据位，完成同步检测，数据解码，剥离出 MPDU 数据，提交给 MAC 层处理，MAC 层完成帧合法性校验，分离出 APDU 提交给应用层进行处理。

4.3.2.4 微功率通信芯片协议栈

微功率无线自组织网络协议栈结构由一组被称作层的模块组成。每一层为上面的层执行一组特定的服务：数据实体提供了数据传输服务，管理实体提供了所有其他的服务。每个服务实体通过一个服务接入点（SAP）为上层提供一个接口，每个 SAP 支持多种服务原语来实现要求的功能。

微功率无线自组织网络协议栈结构在图 4–29 中做了描述。协议栈结构基于标准的开放式系统互联（OSI）7 层模型，定义了应用层、网络层（NWK）、

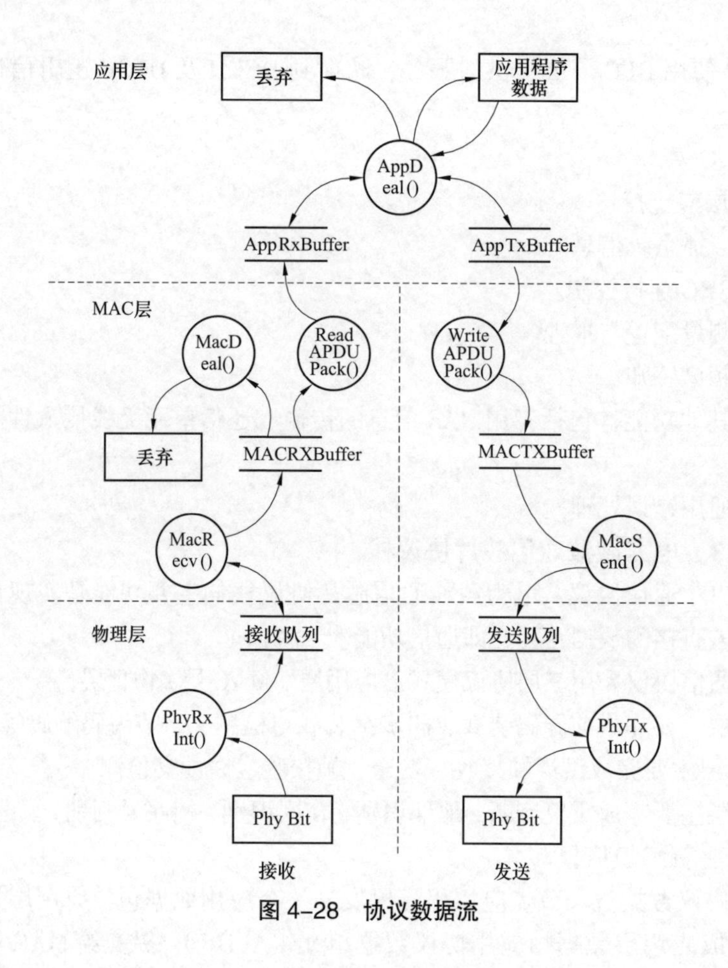

图 4-28　协议数据流

MAC 层和物理层（PHY）。应用层（APP）由应用支持子层（APS）和设备管理模块组成。

（1）应用层。应用层是微功率无线协议的最上层，它主要用于设备的管理维护及相关配置下发，其由 APS 和设备管理平台组成。应用支持子层功能的职责包括端到端的数据转发、确认、重传、维护、事件上报等。设备管理平台的职责包括管理设备的配置信息，定义网络中设备的角色和定义网络设备应用接口。

（2）网络层。网络层是微功率无线协议的核心部分，其主要功能是网络的组建和维护、路由建立、数据的接收和发送等。对于中心节点，它提供的功能是建立一个新网络、允许节点加入网络和维护网络中各节点列表及邻居场强信息列表。对于子节点，它提供的功能是加入一个网络。

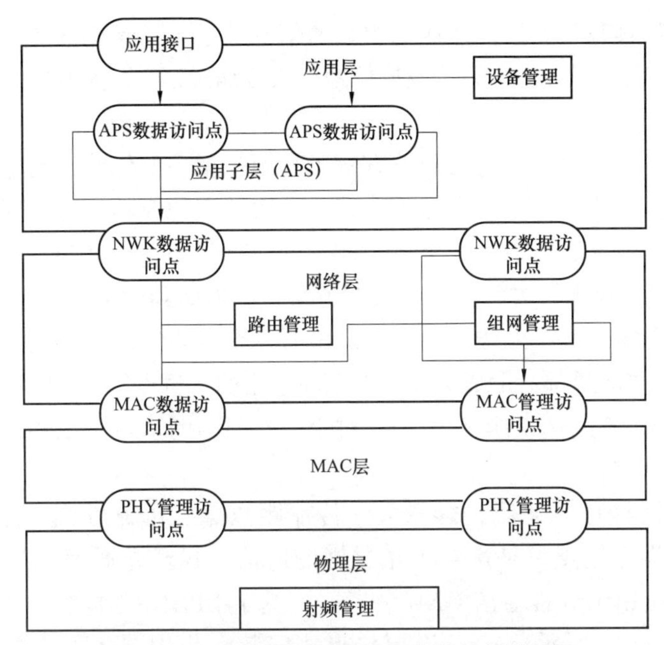

图 4-29　微功率无线自组织网络协议栈结构图

（3）MAC 层。MAC 层是微功率无线协议的中下层，处理所有物理层无线信道的接入，主要包括免冲突载波检测多址接入（CSMA-CA）机制、TDMA 机制，并在两个对等的 MAC 实体之间提供一个可靠的通信链路。

（4）物理层。物理层是微功率无线协议的最底层，它主要负责射频通信所需的调制编码、数据的收发等。物理层主要功能包括无线收发器控制、当前工作信道能量检测、适用于载波监听多路访问和冲突避让的空闲信道评估、信道频率选择、数据发送接收。

4.4　通信芯片在智能电网中的应用

4.4.1　光通信芯片在用配电系统中的应用

4.4.1.1　光通信芯片在用电系统中的应用

1. 应用概述

用电信息采集的通信技术主要有电力线载波、无线和光纤三种方式。

电力载波具有无需布线、成本低、安装方便、组网灵活、扩充容易等优点。然而，电力线本身并不是为通信设计，衰减大、干扰强、速率低、阻抗不匹配，并且这些参数具有时变性，造成电力线通信发展了十几年仍然是一种不可靠的通信技术。实际部署中，电力载波通信距离大幅缩短，可靠性不高，实时性不强，系统不稳定，不能跨台区抄表。

无线抄表方案保留了电力载波方案工程施工量小的优势，与电力载波方案相比，通信信道的稳定性有了显著改善，一次抄表的成功率也有大幅提高，但还没有从根本上解决电力抄表方案中碰到的所有问题，这其中“盲点”问题和通信网络“受制于人”尤为突出。无线方案也不能做到全覆盖，地下室、墙厚、金属多的应用场景对于无线传输会造成障碍，恶劣的气候状况也会影响到通信的稳定性，这些场景都会形成无线方案实际应用的“盲点”。对于无线公网网络，每年需要投入一笔不小的运营费用，对于运营商的网络过于依赖，无线网络的安全性较差。

光纤通信具有损耗低、容量大、传输距离远、可靠性高、维护成本低、抗干扰能力强等优点，是迄今为止最好的通信方式。光通信芯片在用电信息采集系统中应用于远程通信 ONU 装置中，基于 EPON 技术的用电信息采集应用场景如图 4-30 所示。ONU 以模块形式安装在集中器Ⅰ型 / 集中器Ⅱ型基表预留的槽位内，ONU 模块和集中器基表之间以插针形式连接。集中器基表负责电表数据的集抄和处理，EPON 系统只透传抄表数据，对业务不进行处理分析。

2. 应用实现

电力专用光通信芯片集成度非常高，芯片内置了 MPCP 逻辑、CPU、高速缓存、以太网 PHY、SERDES、RS-485 等模块，方案设计非常简单，不需要额外增加 CPU 或 SDRAM、通信接口等模块，集中器 ONU 光通信模块方案原理图如 4-31 所示。由于光通信芯片集成度高，PCB 可采用 2 层板设计，PCB 尺寸结构可满足国网集中器通信模块技术规范中的结构要求。在软件设计上，为了降低 ONU 光通信模块的功耗，MPCP 采用静默机制，当 ONU 与 OLT 没有数据传输时，减少 report 等 MPCP 交互进程，光通信模块的平均功耗低于 0.4W。

光通信芯片在应用于用电信息采集系统时，以 ONU 模块形式安装在集中器Ⅰ型 / 集中器Ⅱ型基表预留的槽位内。EPON 系统为点到多点的树形拓扑结构，OLT 位于局端，ONU 位于用户端，中间由光纤分光器和光纤构成物理基础设施。下行方向的报文以广播形式到达所有的 ONU，ONU 的 MPCP 只接收与自身逻辑链路 ID 相匹配的报文。上行方向的发送时机则由 MPCP 协议提前协商以时间片的形式来进行。光通信芯片的 MPCP 逻辑负责接入到 EPON 系统，并进行上下

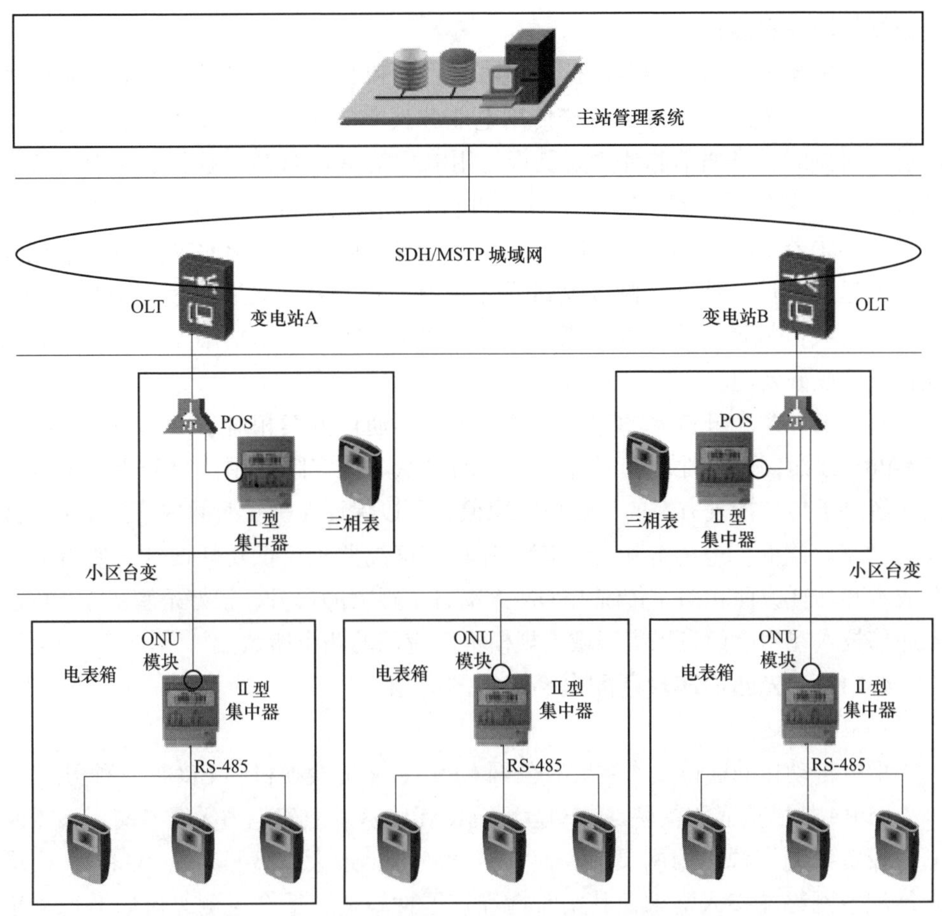

图 4–30　基于 EPON 技术的用电信息采集应用场景

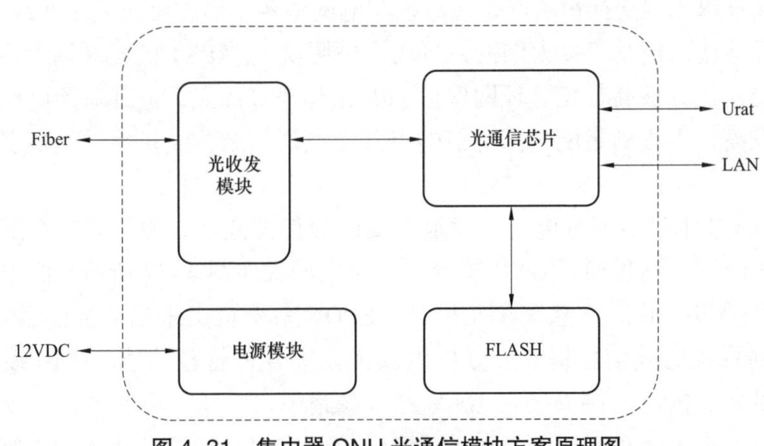

图 4–31　集中器 ONU 光通信模块方案原理图

行数据的转发和接收。

用户侧集成了与集中器进行对接的UART和FE接口。当使用FE与集中器进行对接时，光通信芯片起着透传用电业务报文的作用。当使用UART与集中器进行对接时，光通信芯片主要负责与用电主站建立TCP/IP连接、对上行数据进行TCP封装发送、对下行TCP数据进行解封装的作用。光通信芯片从UART接收到集中器上行的用电业务时，需要把这些数据装入TCP报文的负载区域并进行上送。相反，从光纤侧接收到下行的TCP报文时，光通信芯片需要从TCP报文的负载区域提取用电业务报文，并经由UART下送给集中器，由集中器完成相应的业务处理。

基于EPON光纤技术的用电信息采集远程通信方案相对于传统的电力载波和GPRS方案，可靠性、实时性有了质的飞跃。从实际使用情况分析，该方案彻底解决了传统抄表方案的“孤岛”现象，可以保证在极短时间内达到100%抄表成功率。同时，电力专用光通信芯片集成度高并采用低功耗设计，使得方案在成本和功耗方面相对于传统EPON方案有了很大的提升，很好地解决了EPON光通信技术在用电信息采集领域大规模推广应用的两个瓶颈。

4.4.1.2 光通信芯片在配电系统中的应用

1. 应用概述

配电自动化的通信技术主要有公网GPSR、工业交换机和EPON三种方式。

GPRS技术依靠租借驻地移动运营商的无线资源组建电力无线专网，不需要电力投资线缆资源，组网灵活。但它带宽较低，最大带宽只有114kbit/s，很难满足配电网终端接入需求，其实时性和扩展性较差，适合遥测、遥信上行采集信号传输，不满足主站下发遥控、遥调控制信号的可靠性传输要求。

工业级以太网交换机组网是通过在配电网中各个监测点布放工业级交换机，进行光纤连接组建基于以太网链路自动保护协议（EAPS）的光纤以太网。工业以太网交换机具备高带宽、环网保护、IP化趋势等优点，但其对配电网光纤走向要求较高，无法满足配电网通信的点到多点通信结构、扩容性、抗多点失效等要求。

EPON技术是目前配电自动化最主要的通信方式，光通信芯片在配电自动化系统中应用于远程通信ONU装置中，应用场景如图4-32所示。配电终端设备完成开关设备状态信息采集及控制，EPON系统负责采集信息的远程传输，主站控制系统完成信息提取、分析以及优化等各种管理功能。ONU设备一般和开关设备、配电终端安装在10kV配电线路中，工作环境恶劣，需要满足工业级环境要求。相对于用电信息采集光通信的应用，配电自动化对通信可靠性

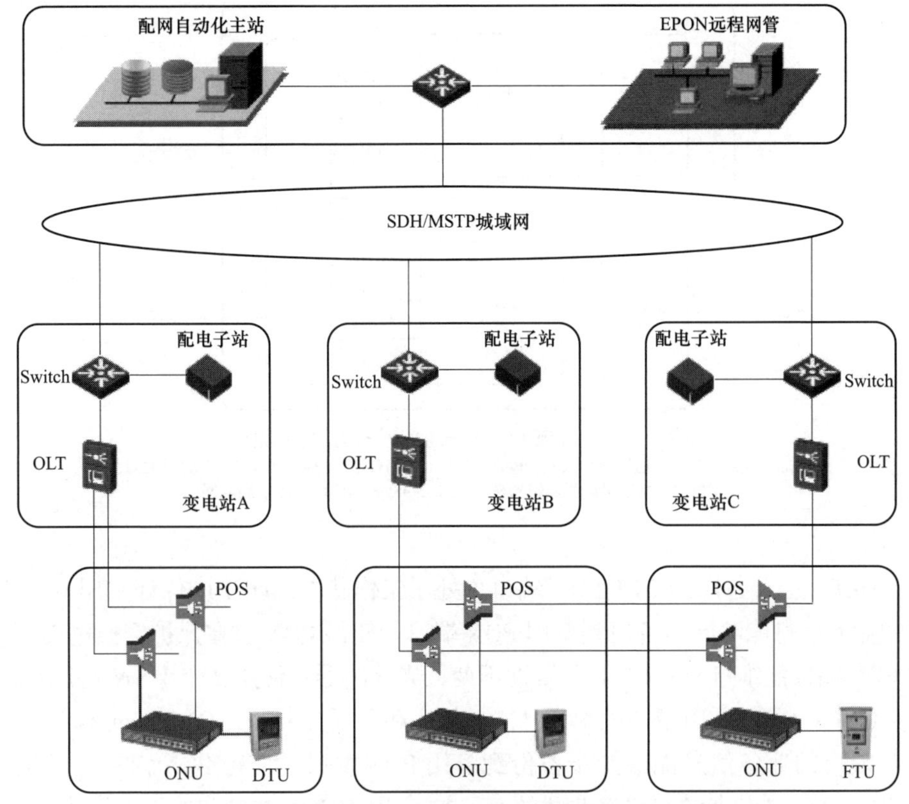

图 4–32　基于 EPON 技术的配网自动化应用场景

要求更高，光通信需要支持链路的冗余备份和故障自动切换功能。PON 系统中任何一个 ONU、分光器或任何分支光缆出现故障时，均可确保整个 PON 系统的正常运行。

2. 应用实现

配电自动化 EPON 系统的核心技术是双链路冗余保护和故障切换机制，ONU 光通信设备采用双 PON 双 MAC “手拉手” 切换保护设计，故障切换时间小于 50ms。原理图如 4–33 所示。

（1）双 PON 双 MAC 保护原理。通过把两个双 PON MAC 芯片连接到两个光模块，实现从 ONU PON MAC 到 OLT 之间的链路冗余备份，确保当 ONU 的 MAC 芯片出现问题，或者 ONU 和 OLT 之间的光纤出现问题时，可以实时切换到备份链路，从而实现了安全机制更高的冗余设计，可进行无阻断、高可靠的数据传输。

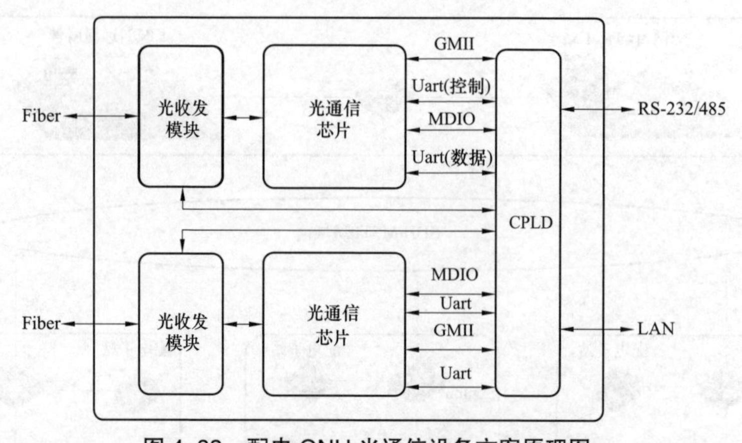

图 4-33　配电 ONU 光通信设备方案原理图

Fiber—光纤；Uart—通用异步收发传输器；MDIO—串行通信总线；GMII—千兆以太网；
CPLD—复杂可编程逻辑器件；RS-232/485—串口；LAN—局域网

OLT：主、备用的 OLT PON 端口均处于工作状态。OLT 应保证主用 PON 端口的业务信息能够同步备份到备用 PON 端口，使得 PON 口在保护倒换过程中备用 PON 端口能维持 ONU 的业务属性不变；光分路器：使用 2 个 1∶N 光分路器。

ONU：ONU 采用不同的 PON MAC 芯片和不同光模块。ONU 应能保证主用 PON 端口的业务信息能够同步备份到备用 PON 端口，使得 PON 口在保护倒换过程中,ONU 能维持本地业务属性不变。主、备用的 PON 端口均处于工作状态（即 ONU 同时在两个 PON 口上完成 MPCP 注册、标准和扩展的 OAM 发现），PON 口保护倒换过程中备用 PON 口不用进行 ONU 的初始化配置和业务属性配置。

ONU 和 OLT 均检测链路状态，并根据链路状态决定是否倒换。如果 OLT 检测到主用 PON 口的上行链路故障后，OLT 自动切换到备用的光链路，并采用备用的光链路通过扩展的 OAM 消息配置 ONU 主用的 PON 端口。如果 ONU 检测到主用 PON 口的下行链路故障后，ONU 自动切换到备用光链路，并采用备用的光链路进行扩展的 OAM 事件通告，告知 ONU 的 PON 端口已经进行了切换以及切换的原因。

（2）双 PON 双 MAC 保护实现。ONU 设备上电初始化：ONU 设备上电后，整个系统会执行一次整体复位。复位后，2 个 PON MAC 芯片根据 CPLD 送过来的 PON_IF_ID 信号来决定 PON_IF_ID。如果 PON_IF_ID=0，则此 PON 口默认为主用 PON 口。

ONU 设备注册与发现：MPCP 注册与发现遵循 IEEE 802.3ah 协议；OAM 发现过程遵循 IEEE 802.3ah 协议和 CTC3.0 企业标准。

ONU 设备主备用 PON 口的查询与设置：在 OAM 扩展发现完成后，OLT 可以通过 OAM 帧来查询获取 ONU 的 PON 口信息和主用 PON IF 信息。如果需要改变 ONU 的主用 PON IF 信息，OLT 可以通过 OAM 设置的方式去改变 ONU 的 PON 口主备用设置，此时采用的传输通道是备用通道。查询和配置 ONU 主用 PON 口过程如图 4-34 所示。

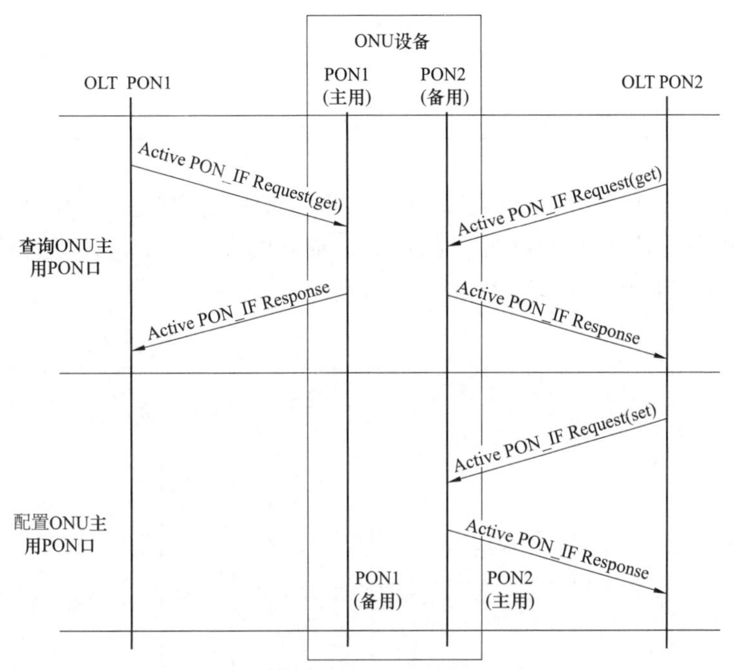

图 4-34 查询、配置 ONU 主用 PON 口

此过程完成后，双 PON 双 MAC 拓扑信息如图 4-35 所示。

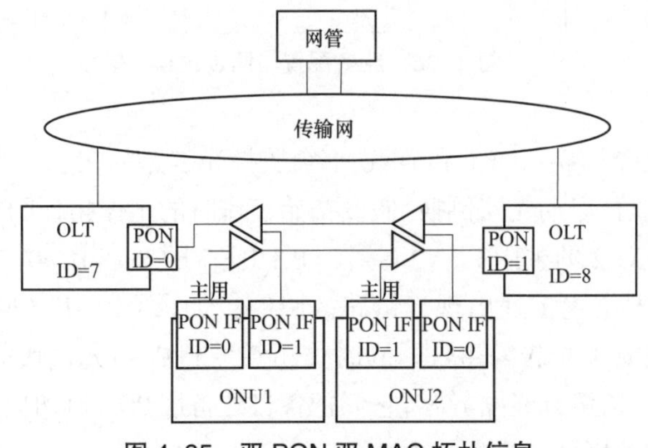

图 4-35 双 PON 双 MAC 拓扑信息

网管处可以形成如表 4–3 所示的业务保护链路信息：

表 4–3　　业务保护链路信息

ONU-ID	光传输通道	OLT-ID	PON Card-ID	ONU-PON-IF
ONU1	主用通道	7	0	1
	备用通道	8	1	0
ONU2	主用通道	7	0	0
	备用通道	8	1	1

在完成主备用 PON 口设置后，所有的业务属性配置都通过主用 PON 口完成，由 ONU 设备完成主备用 PON 口的业务一致性同步。同步过程通过控制 UART 进行，其业务配置与同步过程如图 4–36 所示。

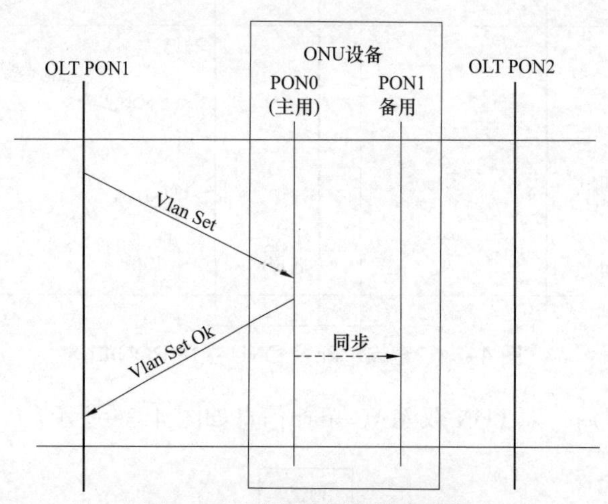

图 4–36　业务配置与同步过程

光纤链路故障切换：OLT 和 ONU 都会监控光链路的状态。当发现光信号丢失或者信号劣化时，启动光路倒换。假设初始工作时的工作拓扑图如图 4–37 所示，图中 ONU1 和 ONU2 的主用 PON 口接在 OLT ID=7 的 PON ID=0 口上。

当图 4–37 中位置 1 处出现光链路故障时：如果 OLT-ID7 监测到主干光路异常，从而给网管上报告警事件，同时关闭 0 号 PON 口光模块的发送功能；如果 ONU1 和 ONU2 监测到光路异常，它们把各自的备用 PON 口切换为主用 PON 口，并上报光链路切换事件。

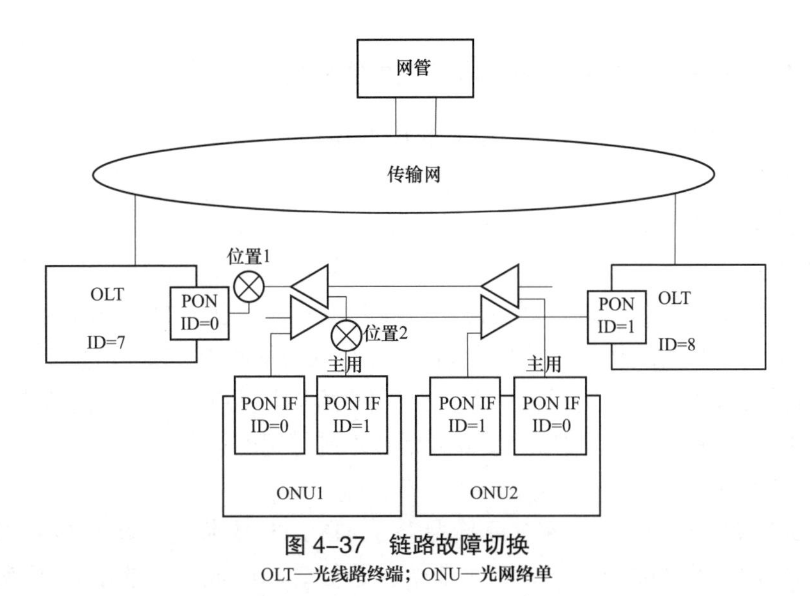

图 4-37　链路故障切换

OLT—光线路终端；ONU—光网络单

当图 4-37 位置 2 处出现光链路故障时，如果 OLT-ID7 会监测到 ONU1 的光路异常，从而给网管上报告警事件，网管通过 OLT-ID8 的 1 号 PON 口向 ONU1 下发切换指令；如果 ONU1 监测到光路异常，它会把自己的备用 PON 口切换为主用 PON 口，并上报光链路切换事件。

在配电自动化领域，EPON 技术与 10kV 配电线路的网络拓扑吻合度极高，支持树型、星型各种拓扑结构；EPON 技术的稳定性和实时性远远高于无线和中压载波通信方式，同时也避免了工业以太网多点故障问题，节约了主干线路的光纤资源。双 PON 双 MAC 光链路切换保护方案，与配电线路“手拉手”供电保护方案也是高度地一致，保障了通信链路的可靠性和链路故障的无缝切换。

电力专用光通信芯片在配电自动化应用意义：

（1）本提案通过使用自研低功耗 ONU 芯片，具有设备功耗低的优点。

（2）现有技术无法满足电力系统精确时钟同步。本方案使用带有硬件 TOD 的 ONU 芯片以及 CPLD，可以实现单光纤链路故障引起的时钟抖动精确度问题。

（3）现有技术使用 2 个单独的 ONU 设备进行手拉手链路保护，单光纤出现故障时切换时间长，容易丢帧。本提案实现了单 PCB 上的双 ONU 设备，同时共用网络数据缓存，切换时间快，不丢帧，而且只使用 1 个交换机接口，系统成本低。

（4）现有方案需要网管，OLT 同时配置 2 个 ONU 设备，本方案只需要配置主 ONU 设备，主 ONU 设备会将配置信息同步到从 ONU 设备，降低了网管和 OLT 管理的复杂度。

4.4.2　LTE230 芯片在用配电系统中的应用

4.4.2.1　LTE230 芯片在用电系统中的应用

1. 应用概述

在用电领域，多地电力公司租赁 GPRS、CDMA 等公网信道，开展基于公网的用配电远程信息采集业务。但近期基于公网的信息采集业务发展速度在逐步放缓，原因是基于公网进行规模应用时暴露出一些问题：如传输时延大、数据丢失现象较为严重；电力数据承载在同一张公众通信网内，存在信息安全隐患；长期租赁的费用也是一笔很大的开支。国网逐步认识到租赁公网信道难以适应智能电网的发展需要，采用 LTE230 通信技术进行用电信息采集具有经济性。

2. 应用实现

TD-LTE 230 用电信息采集系统是基于 TD-LTE 技术（见图 4-38），由 EPC 核心网、演进型 NodeB（eNodeB）基站、通信终端组成。系统结合频谱感知、载波聚合、干扰解调、软件无线电等先进技术，使用电力行业在 230MHz 频段离散频谱资源，创新研发、深度定制的无线通信系统。针对电力业务通信需求深度定制，对公网 TD-LTE 技术体制、通信协议和组网结构进行优化，提高终端容量和业务的实时性。系统主要工作频段为 223M~235MHz，40 个频点 1MHz 工

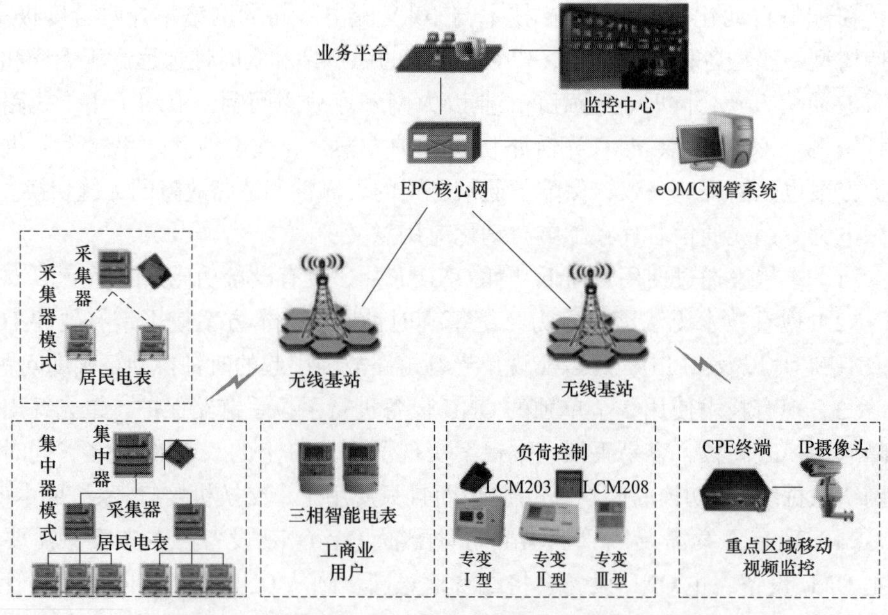

图 4-38　基于 LTE 230 技术的用电信息采集应用场景

作带宽时，单小区上行峰值吞吐量达 1.76Mbps，340 个频点 8.5MHz 带宽时，单小区上行峰值吞吐量 14.96Mbps。

随着电力企业提高自身经营效益要求的不断深化，以及电力客户对电力企业服务水平要求的不断提升，加强用电信息的采集与应用、搭建电网企业与电力客户之间快速有效沟通的桥梁，日益成为公司提升优质服务水平的一项重要工作。因此提升用电信息采集系统通信信道的可靠性和安全性，成为用电信息采集系统建设中必不可少的一个环节。

TD_LTE 230MHz 充分利用无线通信新技术，发挥无线通信系统部署便捷、施工周期短、成本低、可扩展性强、安全性好等优势，建设一套可靠性高、安全性好、技术先进、经济性优的无线通信信道，形成有线与无线互为补充的用电信息采集通信信道解决方案，更好地支撑用电信息采集等业务的发展，是智能电网发展的客观需求。

4.4.2.2　LTE230 芯片在配电系统中的应用

1. 应用概述

配电领域，通信网光纤通信方式传输容量大、安全、稳定可靠，但光缆架设投资大，施工周期长；由于配电网情况复杂，光缆架设存在诸多局限性，加之当前城市正处于基础建设大发展时期，特别是由于城建改造，经常出现光缆被挖断的情况，导致大量 ONU 失联，造成终端设备采集信息中断，这些不利因素给光纤配电通信网络建设带来了很多困难。采用 LTE230 通信技术能够完成配网自动化，解决上述存在的问题，快速高效地布网。

2. 应用实现

LTE 230 的配网自动化应用场景如图 4–39 所示，FTU、DTU 模块完成开关设备状态信息采集及控制，LTE 230 负责采集信息的远程传输，主站控制系统完成信息提取、分析以及优化等各种管理功能。在重点区域可以利用 LTE 230 技术实现视频监控，适用于配网的现场作业场景。

配电自动化系统建成后，公司相关部门将对配电终端的上线率进行考核，而终端上线率与通信网络的安全稳定运行密切相关，如何建立安全稳定高效的配电通信网络成为解决上述困难的重大研究课题。如何将光纤有线通信和无线通信技术取长补短、相互融合，互为备份，可以大大增强系统的可靠性，为未来建设智能电网打好通信基础。提高配电自动化通信的水平，提供通信网络的健壮性，提升整个地区的上线率，同时有利于系统的维护，有利于营配一体化的系统建设。通信信道不仅可以提升配网自动化的通信保障水平，同时可以用来完成用电信息采集，节约智能电网的建网成本。

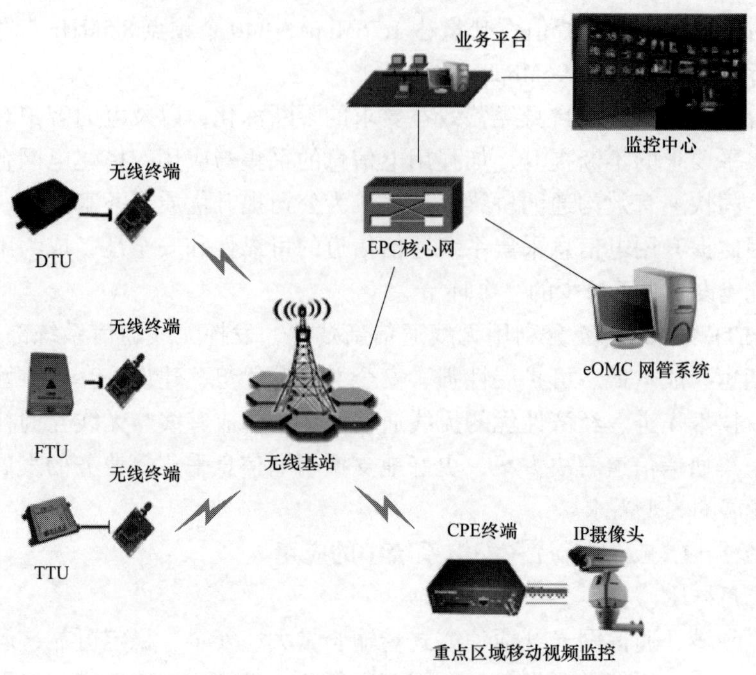

图 4-39　基于 LTE 230 技术的配网自动化应用场景

4.4.3　电力线载波通信芯片在用配电系统中的应用

1. 应用概述

在用配电系统中，低压电力线载波远程抄表集电能表数据采集、载波传输、数据存储、数据通信、数据处理及断电控制等功能于一体。基于电力线载波的用电信息采集系统一般使用专门的载波通讯芯片，对电表数据进行调制后再通过低压配电线路（220V/380V）进行信号传输来实现集中抄表。这种抄表方式安装简单、不需要另外布线、对台区内用户的分布没有过多的限制，尤其是通信线路不易损坏且无需维护是这种抄表方式的最大优势。电力线载波（PLC）是电力系统特有的、基本的通讯方式，电力线载波通讯是指利用现有的电力线，通过载波方式将模拟或数字信号进行高速传输的技术。由于使用坚固可靠的电力线作为载波信号的传输媒介，因此具有信息传输稳定可靠、路由合理、可同时复用远动信号等特点，是唯一不需要线路投资的有线通信方式。

2. 应用实现

PLC 在用电信息采集系统中的应用场景如图 4–40 所示，其中采集器负责通过 RS–485 总线采集 RS–485 电能表数据，再将采集到的数据经过 PLC 传输给集

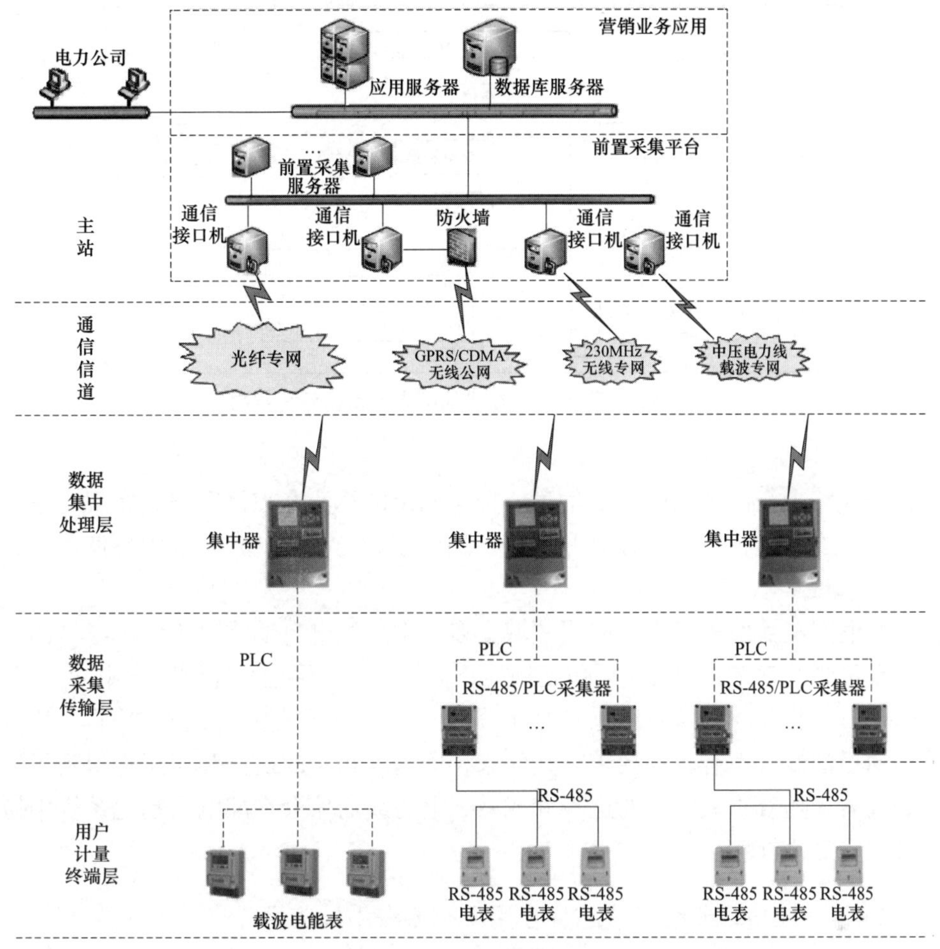

图 4-40　基于 PLC 技术的用电信息采集应用场景

中器；集中器可通过 PLC 直接与载波电能表进行通讯，获取电能表数据；集中器将采集到的电能数据通过光纤专网、无线公网等多种信道传输给主站。

基于电力线载波通信技术的用电信息采集系统由于可以节约大量的成本，越来越受到电力行业的关注，投入这一领域的研究越来越多，技术也越来越成熟。利用电力线进行用电信息采集，既可不必占用原本紧张的无线信道资源，也不必建设专用通信网络，节省了大量的人力、物力，有着广阔的发展前景。

基于 PLC 通信芯片的配网自动化通信系统以配电线为传输媒质，网络拓扑以“总线 + 树”为主。基于 PLC 技术的配电自动化系统架构如图 4-41 所示，系统由通信子站系统和主站系统两部分组成。主站系统设置于 110kV 变电站，收

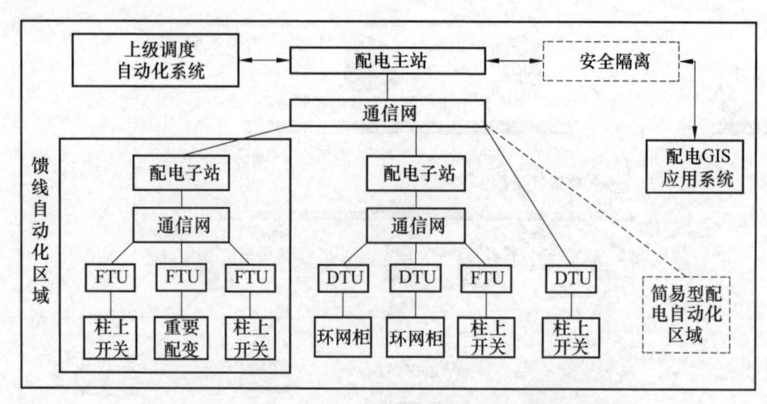

图 4-41　基于 PLC 技术的配电自动化系统架构

集各条线路上全部子站的遥测信息，根据确定的算法和控制策略，实现对整个配电网的安全监视、自动控制和保护。通信子站与 FTU，TTU 等配套使用，分布于配电网各处。

配电网覆盖面积广大，应用领域繁多，中压配电自动化对于国民经济的发展具有重要的意义，相关应用包括用电负荷控制、电网运行监测、集中抄表等。配电网自动化往往有数量巨大且分布分散的节点需进行控制和数据采集，故对数据通道的经济性有较高要求。近年来，国内外相关的研究和应用都得到了迅速的发展，随着相关技术的进步和成熟，电力线通信会在配电自动化系统中扮演日益重要的角色。

4.4.4　微功率无线通信芯片在用配电系统中的应用

1. 应用概述

在用电领域，通过采集器对用户电能表数据进行采集，然后通过微功率无线信道将数据传给集中器，集中器再把数据上传给主站用来进行电费统计、电能管理等。微功率无线数据传输是近年来发展起来的技术。基于微功率无线技术的用电信息采集应用场景如图 4-42 所示，它施工方便维护简单，无需另外铺设电缆；能够克服低压电网中的杂波干扰，既不受电网阻抗剧烈变化的影响，也不受电网结构变化的影响。

在配电领域，配电变压器是将电压直接分配给低压用户的电力设备，其运行数是整个配电网基础数据的重要组成部分。实时地监测配电变压器运行中的各种参数，及时地发现配电变压器运行中出现的异常情况并加以控制或解决，可以实现电网的稳定优化运行。配变测量终端量大、点多且分散，特别适合微

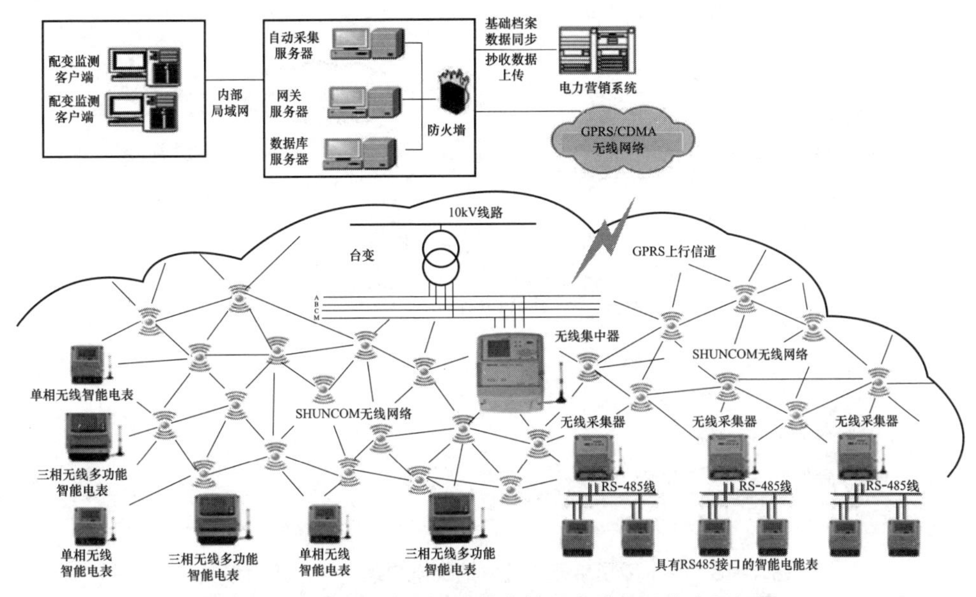

图 4-42　基于微功率无线技术的用电信息采集应用场景

功率无线通信方式灵活组网，实现信息实时传输。

2. 应用实现

目前供电企业采用的用电信息采集系统主要由系统主站、通信通道、采集终端及相关监控设备等单元组成，如图 4-42 所示。这里我们对该系统的物理架构进行具体分析：第一层为主站层，主要负责用电信息采集系统的运行管理，是整个系统的核心部分；第二层为数据采集层，负责信息采集系统各采集终端的监控和信息收集，数据传输方式有远程通信通道和本地通信通道两种；第三层为信息采集层，主要是系统各采集终端的监控设备，承担着用户用电信息的收集和监控职能。

微功率无线抄表规避了电力线干扰所带来的不稳定因素，抄表成功率有效提升；同时在安装维护方面，不需要重新铺设通讯线，维护方便；支持自组网，能够自动优化无线网络路由，使网络处于最佳通信状态；网络组网不受台区限制，不受用电负荷、线路质量影响，自动组网可规避地形和建筑物等的影响；具备自动中继功能，保证复杂环境下信息传输的稳定。

基于微功率无线技术的配电自动化系统应用场景如图 4-43 所示，微功率无线在短距离数据传输方面具备通信速率快、实时性高等特点，通过利用微功率无线本地数据传输技术和 GPRS 远端通信技术相互结合，使得短距离无线数据

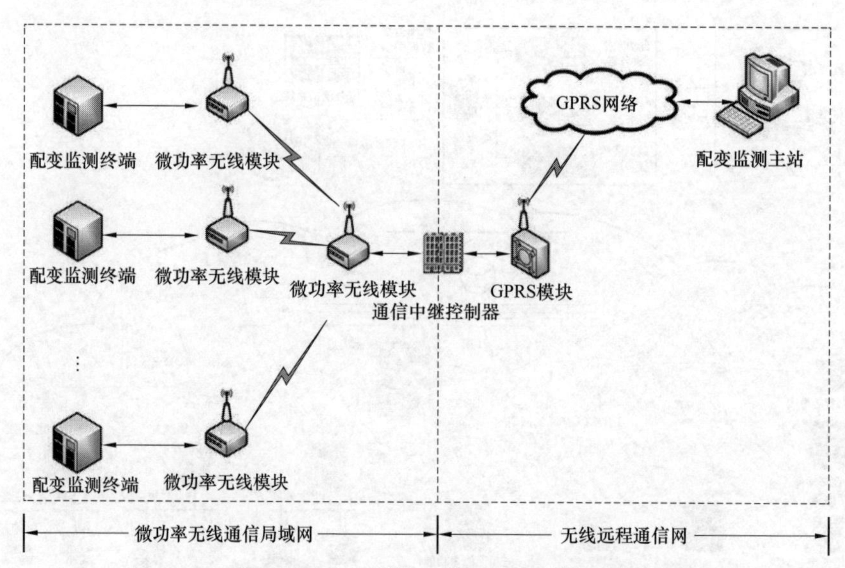

图 4-43　基于微功率无线技术的配电自动化系统应用场景

采集和长距离无线数据通信有机地结合在一起，实现一种高性价比的无线远程通信方式。

近年来，短距离无线通信技术日益成熟，将这些技术应用于配电网智能监控系统，可以克服变电站由于设备分散和不便于重新敷设通信线等因素引起的困难，为配电网智能监控系统的延伸应用创造了条件。

第5章 安全芯片技术及应用

5.1 安全芯片概述

安全芯片是具备密码运算能力、提供多种信息安全服务的芯片，且自身具备多项安全防护机制，具有确保其物理不可篡改的特性。安全芯片是智能电网芯片中安全性最高的一类，是智能电网安全防护体系中最关键的、应用最广泛的基础组件之一，是保障智能电网安全性的重要因素。

安全芯片的发展经历了从早期的逻辑加密芯片到具备片上操作系统的现代安全芯片的过程，其智能化程度和安全防护能力逐渐增强。早期的逻辑加密芯片由包含密码算法的硬件电路构成，不具备通用处理器，只能实现特定的密码运算功能。相对的，现代安全芯片不仅具备密码运算能力，而且具备通用处理器、存储单元和片上操作系统，能够支持丰富的业务功能。此外，现代安全芯片中越来越多地融入了各类安全防护手段，提高安全芯片自身的物理防篡改能力，以满足应用系统的各类安全需求。

5.1.1 安全芯片的架构

从逻辑上看，安全芯片的架构可以分为硬件架构和软件架构两方面，其系统架构如图5-1所示。

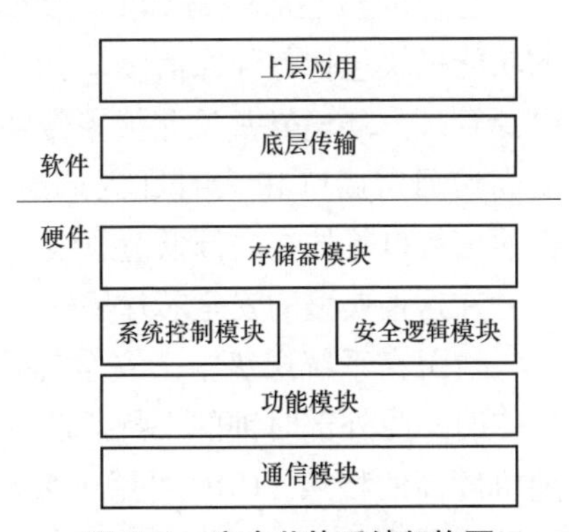

图5-1 安全芯片系统架构图

安全芯片的硬件架构包括：

（1）存储器模块：芯片的存储资源，包括RAM、ROM、EEPROM和Flash等，根据芯片应用进行选择。

（2）系统控制模块：中央处理器（CPU）。

（3）安全逻辑模块：由环境检测模块、

存储器管理模块、复位电源管理模块及硬件攻击响应模块组成。

（4）功能模块：包括各种密码算法协处理器模块，如对称密码算法、非对称密码算法、摘要算法和随机数发生器等。

（5）通信模块：芯片与外部的通信接口。

安全芯片的软件架构包括：

（1）底层传输：负责安全芯片与外界进行通信及数据传输。

（2）上层应用：根据接收的命令，进行正确的执行或错误的返回，从而使命令流程进行正常的操作，满足用户的应用需求。

5.1.1.1　安全芯片硬件结构

安全芯片中的硬件是基石，具体的硬件结构由应用决定。图 5–2 所示为一个典型的安全芯片硬件架构。

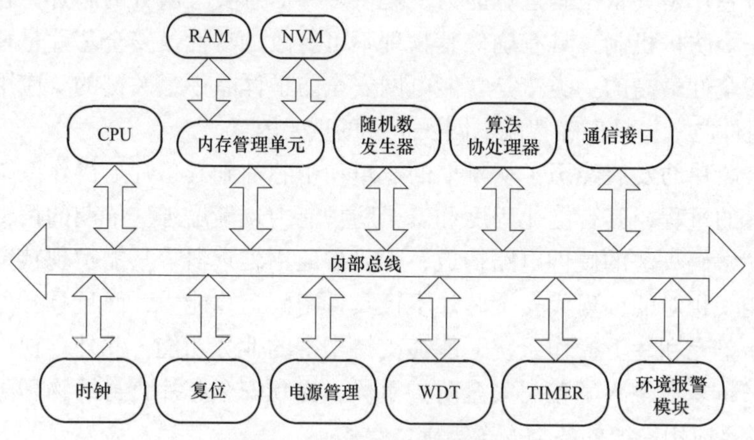

图 5–2　安全芯片硬件架构

芯片的核心部件是 CPU，CPU 通过内部总线与外围的功能模块相连。外围的功能模块包括各种通信接口、存储器以及加密模块等，同时还包括时钟、复位、电源管理、环境异常检测报警传感器等模块。其中安全算法类 IP、存储类 IP 以及高速通信接口 IP 等挂在内部高速总线上，系统控制模块、通用 I/O 接口及低速通信接口等挂在内部低速总线上。

在这种典型的安全芯片硬件架构中，安全防护能力在各个层级均有体现：

（1）在系统层级上。安全芯片采用高精度内部时钟振荡器 OSC，保证芯片工作时不受外部时钟的干扰。芯片内部集成了真随机数发生器，具有性能良好、随机度高的特点。CRC 可用于数据的完整性校验，而看门狗计数器（WDT）也可防止程序跑飞，保证芯片运行的安全。芯片加入了监测电路，集成了高低电压检测报警、高低频率检测报警、温度检测报警、光检测报警等功能，当外界环境异常时，可发出警告信号，使芯片对自身数据进行防护，同时引入了冗余校验电路，对加密算法多次运算结果对比，错误则不输出，保证了运算的绝对安全。

（2）在模块层级上。安全芯片的加解密模块采用硬件电路实现全部或部分关键的密码运算。这部分实现密码运算功能的硬件电路被称为硬件协处理器。与软件实现方式相比，硬件协处理器具有加密速度快、加密安全性能高等优点，使得芯片能满足安全认证要求。同时，加密算法引入了随机噪声、随机掩码和随机等待三者相结合的防侧信道攻击防护技术，保证芯片在加密运算时的安全性。

（3）在电路结构上。为了进一步对存储的数据进行加密，安全芯片采用了地址、数据扰动技术，其基本原理是通过一个线性的逻辑映射把 CPU 要访问的存储器地址变换成不连续及混乱的地址，这样就可以使攻击者不能分辨和分析程序是在顺序执行或跳转，也不能根据地址来猜测数据类型。而 CPU 在读取这些数据的时候，通过一个线性的逆变换就可以得到真正的数据。这种变换和逆变换是由硬件电路完成的，因此对 CPU 是透明的，所以对软件的开发没有影响。同理，写入或读出存储器的数据也是经过变换加密的。

5.1.1.2　安全芯片软件架构

从软件架构角度看，安全芯片是将一张具有操作系统的裸片封装在模块中的安全存取单元，将其嵌入安全设备中，完成数据的加密解密、双向身份认证、访问权限控制、通信线路保护、临时密钥导出、数据文件存储、密钥对生成、公钥加密验签、私钥解密签名等多种功能。

安全芯片软件包括输入输出接口、文件系统管理、内部安全策略安全体系及应用指令集。安全芯片软件结构如图 5-3 所示。

安全芯片软件系统分为底层系统和应用层系统。底层系统包括传输管理模块、文件管理模块、安全管理模块、掉电保护管理模块和卡片生命周期管理模块；应用层系统包括应用指令集管理功能和应用生命周期管理功能。

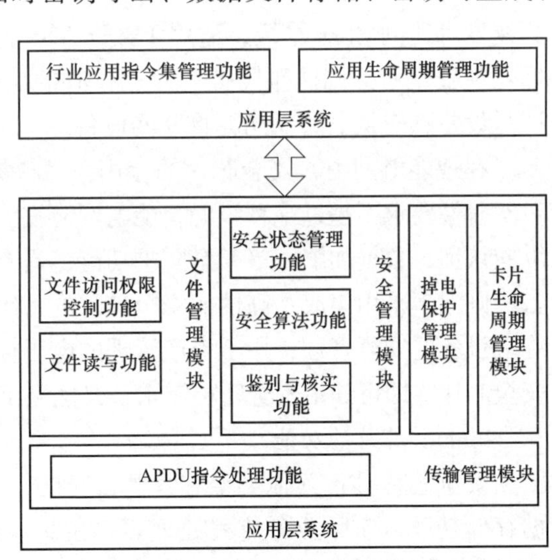

图 5-3　安全芯片软件结构图

（1）传输管理模块：该模块实现了对 APDU 命令的解析、检查判断和分发。

（2）文件管理模块：从功能上划分为文件访问权限控制功能、文件读写功能。

（3）安全管理模块：实现对 COS 安全访问权限的控制，可以对访问权限进行不同等级的划分，对不同文件可以定义不同的安全属性，丰富了文件的安全访问方式。

（4）掉电保护模块：该系统提供原子写保护机制，在操作过程中发生瞬间掉电的情况下，保证了文件内容不丢失。

（5）卡片生命周期管理模块：对卡片的生命周期进行划分和管理。

（6）应用层系统：位于系统结构图中的最上层，与行业应用联系最紧密、最具有行业特点，根据不同应用领域的需求采取不同的实现方式。

5.1.2 安全芯片的分类和功能

1. 安全芯片的分类

安全芯片的分类可以按照多种方式划分。按照芯片的电路结构不同，安全芯片可分为逻辑加密安全芯片和 CPU 型安全芯片；按照封装方式和接口设计，安全芯片可分为接触式安全芯片、非接触式安全芯片和双界面安全芯片。

芯片的性能和功耗是相互制约的。因此，根据芯片性能和功耗之间的平衡取舍，安全芯片还可划分为标准性能安全芯片、高性能安全芯片、低功耗安全芯片等类型。标准性能安全芯片的密码运算速度通常在 Mbps 量级，广泛应用于各类终端设备、移动设备、智能卡、USBKey 等领域；高性能安全芯片的密码运算速度可达到 Gbps 量级，适用于数据吞吐量大、并发连接数高的服务器设备；低功耗安全芯片则注重降低芯片运行时的功耗开销，适用于仅依靠电池或外部读写设备感应供电的低功耗物联网设备。

在智能电网中，安全芯片的应用大多根据性能和功耗需求进行选择。例如，对实时性要求不超过毫秒级的智能电网终端设备，可采用标准性能安全芯片实现纵向认证、数据加解密等安全防护功能；具有高并发、高速度处理需求的主站设备，则大多采用集成了高性能安全芯片的密码机或密码卡设备，支撑主站对大量终端设备的安全管理；用于资产管理的电子标签、电子铅封等则大多采用低功耗安全芯片，即可满足安全防护需求，又能满足这些应用场景下严苛的功耗要求。

2. 安全芯片的功能

安全芯片具备其他类型芯片中常见的一些通用功能，如通信功能、常规数据存储功能、实际业务流程处理等。在此基础上，安全芯片以安全、高效的方式提供各项密码服务，包括数据的加密 / 解密、生成 / 验证数字签名、计算消息验证码、安全存储、密钥生成、密钥分发、密钥销毁等。这些密码服务是构建应用系统信息安全防护措施所必需的基本要素。得益于自身的物理防篡改特性以及各项安全防护措施，安全芯片提供的密码服务与纯软件实现的密码服务相比具备更好的安全性。因此，作为构建系统安全防护体系的核心部件，安全芯片得到了越来越广泛的应用。

密码算法是实现各项密码服务的核心要素。根据应用需要，安全芯片可提供对称密码算法、非对称密码算法和密码杂凑函数等多种密码算法功能。智能电网中的安全芯片通常首选支持国密算法。除此之外，安全芯片也可支持国际通用算法。

图 5–4 展示了安全芯片支持的密码算法、提供的密码服务以及应用系统信息安全防护措施这些概念之间的层次关系，并列举了每种概念在实际应用中的典型实例和常见的实现方式。

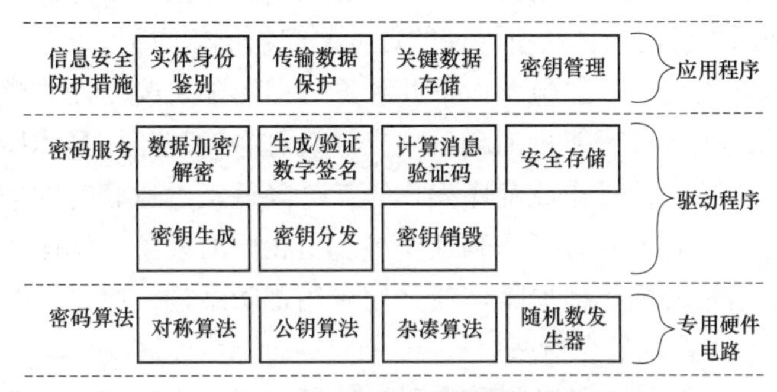

图 5–4　安全芯片功能的层次结构示意图

具体到智能电网，图 5–4 所示的各项信息安全防护措施均有广泛应用。其中，实体身份鉴别功能可用于实现终端设备、主站、操作人员的身份认证；传输数据保护功能和关键数据存储功能可分别用于保护关键数据（如遥控指令、配置信息等）在传输路径上和存储环境中的安全性；密钥管理功能则可用于实现密钥的安全生成、传输、存储和销毁，保障其他一切信息安全防护机制的正常运行。

5.2　安全芯片的关键技术和电路

5.2.1　安全芯片关键技术

安全芯片面临的信息安全风险主要来自两个方面：一种是客观存在的、非人为的对信息安全的威胁，主要表现为对信息载体的干扰、破坏等，如强磁场对存于磁性介质上的数据的威胁，这种破坏通常不会造成太大的损失；另一种是人为的威胁，具有主动性及蓄意性，是对信息安全的主要威胁，关系到信息的机密性、完整性、可获取性及真实性等。

因此，安全芯片的安全防护技术要从设计的源头出发，主要包括密码算法的安全实现技术、CPU 安全技术、数据存储安全技术、数据传输安全技术、环境监测技术、随机数发生器安全技术和其他安全技术等，对芯片进行全方位保护，使其受攻击的可能性减至最小。

5.2.1.1 密码算法的安全实现技术

由于安全芯片的密码算法在输入信息和密钥进行处理的过程会泄露一些信息，如功耗、时间、电磁辐射及差错信息等，攻击者利用这些信息与电路内数据之间的相关性，推断获取芯片内密码系统的密钥，从而对智能电网信息安全造成严重的威胁。针对上述攻击手段，一般采用隐藏技术和掩码技术来消除芯片泄露信息和所执行的操作及所处理的数据之间的依赖联系。

隐藏技术在实现中一般包含以下几种方式：①随机改变操作顺序或执行的时刻使密码算法执行过程能量消耗呈现出随机分布的现象，具体措施可在密码算法电路中插入随机伪操作或乱序操作等；②降低密码运算时的信噪比，使得执行过程能量消耗对于所有操作和数据呈现出相同的现象，具体措施可以通过并行执行多个不相关操作增加噪声或采用专用逻辑结构，使得各个元件能量消耗恒定降低执行操作的信息泄露。

掩码技术实现的核心是随机化密码算法所处理的中间值，一般在算法级实现，掩码可直接应用于明文或密钥，可有效使得密码运算执行过程的能量消耗、电磁辐射等侧信道信息与运算密钥相互独立，从而防止攻击者利用侧信道信息分析破解密钥。

除了上述针对侧信道攻击的隐藏技术和掩码技术之外，安全芯片密码算法模块中还常使用数据校验、关键操作多次运算比较等防护措施，防止攻击者干扰密码运算执行过程。

5.2.1.2 CPU 安全技术

CPU 是安全芯片的核心处理单元，当芯片上电后，CPU 从存储器中取值后执行，然后通过总线将指令传达给各个模块。一般 CPU 内部结构可分为控制单元、逻辑运算单元、存储单元三大部分。其中，控制单元完成数据处理整个过程中的调配工作，逻辑单元完成各个指令以得到程序最终想要的结果，存储单元负责存储原始数据以及运算结果。

CPU 控制整个程序的执行，其安全防护技术主要包括：

（1）能耗均衡技术：CPU 使用的所有机器指令具有基本相同的能量损耗。

（2）平顺跳转时序技术：通过插入伪操作的方式掩盖真实的跳转指令。

（3）乱序跳转插入技术：根据输入的随机数随机地执行指令序列。

（4）关键寄存器的校验保护技术：对关键寄存器的数据提供校验机制，使得攻击者篡改关键寄存器数据的行为能被及时发现并报警处理。

（5）内存和缓存访问权限管理技术：对内存和缓存区域的数据实施权限控制，并通过保护单元实现与外部数据交互安全，防止攻击者轻易获取内存和缓存数据明文。可将数据存储区域划分为三个：一为安全级别最高的区域，该区域只能写不能读，用以存储密码算法最关键的密钥和参数等敏感信息；二为授权可读区域，用以存放被密码算法解密出来的重要信息；三为可读可写的区域，该区域可以和芯片其他存储器或外设自由地交换一些非关键性数据。对于读写的不同权限，保护单元中设置了专门的权限仲裁器进行判决。

5.2.1.3 数据存储安全技术

安全芯片的存储器包括只读存储器、随机存取存储器、电可擦除只读存储器等多种存储单元以及存储区管理模块。其中，只读存储器用于存放应用程序；随机存取存储器用于存放运算过程中的中间数据；电可擦除只读存储器用于存放敏感信息及各级密钥。

安全芯片存储数据的安全保护一般通过对各存储器中的数据进行访问权限控制和加密来实现。

针对不同类型的存储器，由存储区管理模块根据安全需要对各分区进行读写保护，每个分区都设定各自的访问条件，只有在符合设定条件的情况下，才允许对相应的数据存储区域进行访问，以防止数据被不正当窃取。各个分区还可分别进行写入 / 擦除保护。此外，芯片的工作模式分为用户模式、特权模式、应用模式，在不同的工作模式下，即便是存储器的同一个存储区的访问权限也有不同的限定。通过存储区域的划分和工作模式的限定，安全芯片中的普通数据和重要数据被有效地分离，各自接受不同程序的条件保护，极大地提高了逻辑安全的强度。

为保证数据安全性，存储器的数据都以加密形式存放，且不同类型的各存储器所用加密密钥、加密算法各不相同。其中，随机存取存储器每次下电后数据全部消失，因此可以使用随机数作为其密钥算法的一个输入，用来保证每次上电后数据的加密密钥都完全不同。其他类型的存储器的数据会一直保存，即使芯片下电后数据也不会消失，因此必须使用固定的密钥保护存储数据的安全性。这些固定的密钥数据本身通常直接固化在安全芯片的版图中。另外，为了保证存储器在受到攻击后所存储的数据不会被错误使用，可采用校验算法验证存储器中数据的正确性，一旦发现错误，表明芯片可能已经受到了攻击，系统会自动将数据丢弃并同时给出报警信号。

5.2.1.4 数据传输安全技术

数据总线是安全芯片内部最重要的数据传输通路，承载着芯片内各部件之间的信息交换、共享和逻辑控制等功能。为了保障数据传输过程的安全性，安全芯片中的数据总线通常采取如下两种防护措施：

（1）总线极性反转技术：安全芯片中总线数据可根据预先设计的由随机数作为输入的控制模块输出，决定是否取反后再进行传输。

（2）总线数据加密技术：安全芯片中总线上传输的数据都是密文形式，仅在进入模块运算前进行解密。

此外，如果安全芯片中使用了DMA技术实现大量数据的高效传输，则应额外考虑DMA相关的安全防护技术。这是由于DMA控制器不仅传输普通的数据，而且可能传输安全级别很高的信息（密码算法的参数、密钥以及密码算法的运算结果），因此必须防止攻击者利用DMA数据传输过程窃取需要保密的关键信息。

DMA相关的安全防护技术的核心是设计多个相互隔离的DMA通道。DMA通道分为两种类型：安全通道和普通通道。

对于安全通道，其地址寄存器是不可写的，系统的保密信息只在特定的地址之间实现DMA传输，这样在系统的硬件结构上就限制了针对DMA传输的软件攻击。为了提高灵活性，在安全通道中可以设置多个固定的源地址和目的地址（这些地址都在系统安全机制的允许范围内），并通过一定的模式选择来切换这些地址的组合方式，这样就可以在安全通道中实现双向多路的安全DMA传输。

对于普通通道，它完全支持软件配置，可以实现系统中其他普通数据的DMA传输，但是其通道的源地址和目的地址不可以配置成系统安全区域的地址。通过设置不同安全级别的DMA通道，安全DMA控制器隔离了非法软件在DMA方式下对保密信息的访问和操作，同时保证其他普通信息通过DMA方式实现快速灵活的传输和共享。

5.2.1.5 环境检测技术

为了防止攻击者在某些异常条件下对芯片进行攻击，如，通过给正在工作的安全芯片注入电压毛刺、时钟毛刺、激光等改变芯片运行程序的流程，或者通过改变芯片环境温度、时钟频率使得芯片出现错误，从而窃取芯片密钥，存储器关键数据等重要信息，安全芯片上还应实现电源检测、毛刺检测、频率检测、温度检测、光检测等传感器电路，对芯片的工作电压、注入毛刺、时钟频率、外部温度和光照等环境变量进行实时监测；在芯片遭受解剖、某种物理攻击或者工作环境不够理想时，输出报警信息、清除敏感数据并预警复位芯片，从而有效防止故障注入攻击、侧信道攻击等攻击手段。

5.2.1.6 随机数发生器安全技术

随机数发生器负责产生安全芯片运算过程所需的随机数，主要应用于密钥产生与管理、众多密码学协议中特定变量的随机初始化、数字签名和身份认证等。安全芯片的安全特性由安全算法保障，而安全算法的可靠性则取决于其密钥来源。安全芯片所用的密钥一般通过随机数发生器产生，因此随机数发生器的安全性是衡量安全芯片安全与否的重要标尺之一。传统安全芯片采用伪随机序列和加密运算相结合的方式形成伪随机数，其随机性往往不能满足现代应用所需的安全性要求。

为解决这一问题，现代安全芯片内常配备真随机数发生器。真随机数发生器能够提供真正随机的、永不重复的随机数序列。其输出序列本质上是非确定性的、不可预测的，能够满足密钥生成、密码协议应用等密码学机制中对随机数的要求。

真随机数发生器的基本工作原理是：首先通过物理噪声源产生真随机信号，随后通过后处理电路对真随机信号执行数字采集、后处理运算、随机数检测等一系列操作，从而获得符合标准的随机数序列，最终传输至芯片各模块使用。

显然，上述真随机数发生器的原理中，后处理电路部分的处理过程是确定性的，只有物理噪声源部分才是产生随机性的根源。因此，物理噪声源的设计是真随机数发生器设计的核心，其特性直接决定了产生真随机数序列的随机性、速率、功耗等性能指标。

安全芯片中常用的物理噪声源主要包含如下三种：热噪声、振荡器相位抖动和混沌系统。

（1）热噪声。热噪声是电阻在通电后产生的电热噪声。热噪声具有随机分布特性，因此将热噪声随机产生的数据作为数据源，经过处理转换为数字序列，就可以形成随机度高、性能良好的真随机数。

（2）振荡器相位抖动。振荡器相位抖动是指 CMOS 振荡器中的时域抖动（振荡频率漂移），是由环形振荡器中的噪声引起的一种随机现象。利用一个 D 触发器来实现低频振荡器对高频振荡器的采样，如果采用的低频振荡器的频率在每个周期（抖动的）都是漂移的，那么输出位流将是随机的。随机程度依赖于振荡器的平均频率分离和可得到的频率漂移量。

（3）混沌系统。自从混沌理论深入到各个研究领域而成为一门新兴交叉学科以来，在利用混沌对随机数发生器的模型创新方面掀起了一股新的浪潮。混沌由于其对初值的敏感性及长期行为的不可预测性，满足了作为随机源的基本特性。

对于一个混沌系统，当李雅普诺夫指数大于零时，该系统处在不断失去信息的状态，而对初值的敏感性使得其行为长期不可预测，其周期点稠密的性质意味着它的周期为无穷大。基于这些特点，混沌方程 不断迭代产生的混沌序列，并通过门限判决法或其他方式进一步处理得到二进制序列即可作为物理噪声源。

无论采用哪种物理噪声源，为保证随机数发生器的安全性，安全芯片上还需对随机数发生器进行启动自检和运行状态检测，确保其工作在正常状态。

5.2.1.7　其他安全技术

除了前文所述的六大类技术之外，安全芯片中还存在许多其他安全技术，其防护涉及安全芯片的各个方面。受限于篇幅，本书仅选取几种较为典型的技术加以介绍。

（1）主动屏蔽层防护技术。针对安全芯片的攻击技术中，侵入式攻击主要利用化学溶剂、蚀刻与着色材料、显微镜、激光切割、亚微米探针台以及聚焦粒子束等手段直接侵入芯片内部，接触到芯片内部组件，直接获取芯片的电路结构、存储器内部信息；还可以通过切割芯片内部的金属互连线或重新连线，破坏芯片控制电路，屏蔽掉安全芯片的某些安全功能，对芯片安全造成了非常大的影响，严重威胁了集成电路的安全性和现代信息系统的可靠性。侵入式攻击首先需要去除芯片外层，暴露出硅片，借助高性能成像系统从顶部逐层识别出底层的信息，然后重构芯片的版图，必要时还要逐层去除金属。因此，为有效防止侵入式物理攻击，避免芯片数据被恶意修改和破坏，可以在芯片版图布线的顶层增加一层主动屏蔽层作为防护。

主动屏蔽层的基本原理是：在芯片电路顶层布一层遮盖底层电路的、连通的金属导线。金属导线连接成一个回路，通过检测回路的输出信号与注入回路的信号是否相同，来判断芯片有没有受到物理攻击。一旦攻击者打开芯片外壳或探入芯片内部电路，金属导线会被断开，导致金属回路输出信号与输入信号不一致，从而发出报警信号。

（2）测试模式的安全。安全芯片通常都会包含测试电路，用来对芯片制造的缺陷进行筛选，以便交给最终用户的芯片产品都能正确可靠地工作，因此测试电路是安全芯片必不可少的组成部分。为提高测试效率和减少测试电路的设计复杂度，测试电路往往不需要任何权限控制即可访问内部所有资源。因此，在安全芯片中完成测试后须将测试电路可靠地、不可逆地予以废止，防止非法用户通过重新进入测试模式来盗取用户的重要数据。

对于普通的芯片，废止芯片测试电路功能、防止重新进入测试模式的常用方法是将某个控制信号放置到划片槽，在芯片测试完成后通过划片方式将其划断。但是，随着侵入式攻击技术的迅速发展，这种划片方式的安全性遭到了质疑。攻击者能够通过聚焦电子束等手段重新恢复划片槽内已划断信号的连接，从而有可能恢复测试模式电路的功能，并以此非法获取用户重要数据。

为了抵御这种攻击，安全芯片可将测试电路部分的逻辑电路和部分控制信号均放置到划片槽内，增大利用聚焦电子束重新恢复测试电路的难度，使得芯片无法重回测试状态。此外，安全芯片的设计者还可以在芯片的存储空间中划出一个专用的空间来存储切换逻辑。该专用空间在测试前为一种特定的保密状态，在完成测试功能后将该空间的各存储单元置为低电平，只要攻击者无法恢复该存储空间的状态，就无法使芯片重新回到测试状态。

（3）硬件木马检测。所谓硬件木马是指在集成电路设计和制造过程中，对原始电路进行恶意修改，以达到在无条件或在特定的触发条件下实现改变系统功能、泄露机密情报或摧毁系统的目的。简单地说，硬件木马就是在原始电路中插入的微小的恶意电路。到目前为止，硬件木马检测尚没有形成成熟的行业检测技术，更多的研究还处于实验室阶段，但学术界已经提出了一些检测方法，主要有基于反向解剖、功能测试、专门性设计和旁路信号分析 4 类检测技术。

5.2.2 安全芯片关键电路

在前文介绍的各项安全防护技术中，许多技术的实现均需要专用的硬件电路支撑，从而确保安全防护技术的可靠性，或降低防护措施对安全芯片运行效率的影响。显然，这些专用硬件电路的设计和实现是影响安全芯片性能的关键因素。受限于篇幅，本书仅选取几种安全芯片中典型的专用硬件电路进行介绍。

5.2.2.1 密码算法协处理器

如前所述，智能电网中的安全芯片中大多集成了国密算法，有时还会集成国际标准算法，为各类电网应用提供密码运算服务，满足数字签名 / 验证、对称 / 非对称加解密、数据完整性校验、真随机数生成、密钥生成和管理等安全需求，保护敏感数据的机密性、真实性、完整性和抗抵赖性。

在安全芯片中，实现这些密码算法的专用硬件电路被称为密码算法协处理器。密码算法协处理器可以实现密码算法的全部运算步骤，也可以仅实现其中的某些关键步骤，由安全芯片的固件程序辅助完成其他步骤。这两种方式的取舍取决于安全芯片的尺寸限制、功耗限制、密码算法运算速度需求、密码算法实现安全技术方案等多种因素的综合考虑。

5.2.2.2　真随机数发生器

在安全芯片中，真随机数发生器通常由三部分电路组成：物理噪声源电路、输出序列后处理电路和随机数监测电路。其中，物理噪声源电路的设计是真随机数发生器的核心。其余两部分电路的设计技术已较为成熟，本书受限于篇幅不再赘述。

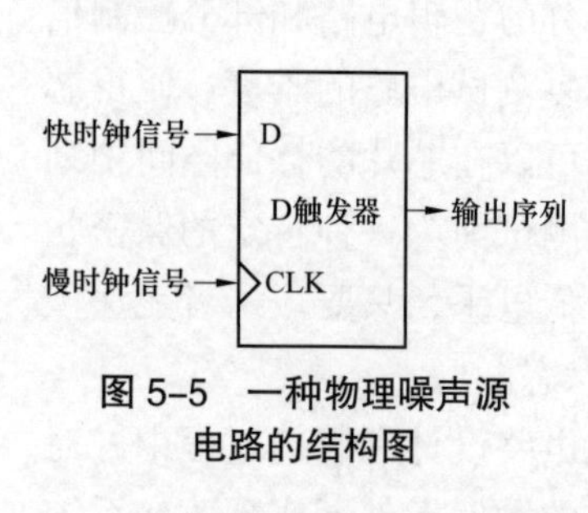

图 5–5　一种物理噪声源电路的结构图

图 5–5 所示为一种典型的物理噪声源电路的结构图，该结构实现了前文所述的电阻热噪声技术。其中，快时钟信号用于产生频率较高的时钟信号，作为 D 触发器的数据输入，其相位噪声较大，即各时钟周期之间存在较大的差异性；慢时钟信号用于产生频率较低的时钟信号，作为 D 触发器的触发时钟。这种结构能够对慢时钟信号中包含的电阻热噪声成分进行放大采样，因此其输出信号可作为物理噪声源输出的随机序列。

5.2.2.3　电压监测电路

为保证安全芯片的工作电压保持在一个合理可靠的范围，需要采用电压监测电路对工作电压进行监测，根据当前工作电压与阈值的比较来输出报警信号，反馈给安全芯片进行处理。电压监测电路的原理结构图如图 5–6 所示，整个电压监测电路由分压电阻串、滞回比较器以及一些逻辑电路组成。电路工作时，通过分压电阻串将输入电压分压转换成为方便比较器比较的输入电压，再与基准电压进行比较，比较结果通过逻辑转换后即为输出结果。

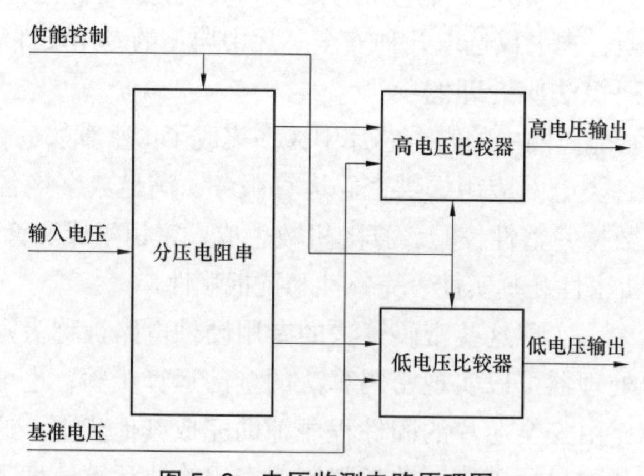

图 5–6　电压监测电路原理图

5.3 芯片软件系统

5.3.1 芯片软件系统概述

芯片软件系统，又称为芯片操作系统（COS），是一种应用于智能卡及安全芯片的嵌入式操作系统，具有系统内核小、专用性强、系统精简、高实时性等特点。

从功能上来讲，COS并不是一个完整意义的操作系统，有限的芯片硬件资源使得COS在通常情况下不会在后台运行多进程，很难支持并发任务，它更加类似于一个精简的监控系统。COS包括上电复位、硬件驱动、对外交互接口、内存空间维护、文件系统维护、系统运行安全控制、命令处理等部分。

5.3.2 芯片软件关键技术

芯片软件系统的整体设计以对数据的安全操作为中心，其侧重点如下：

（1）数据进行独立且安全的存储、修改等操作；

（2）鉴别传输数据的合法性；

（3）保护系统内使用的密钥、密码；

（4）做到阶段化管理芯片状态；

（5）做好软件系统内部防火墙；

（6）存储管理及掉电保护。

综合考虑上述侧重点，芯片软件系统的设计思想围绕以下几点关键技术。

5.3.2.1 文件访问控制技术

安全芯片内的数据根据不同的逻辑关系组织保存在一起，形成具有相同访问要求的数据集合，这些数据集合称为文件。

为了说明用户安全权限的状态变化，操作系统可以建立相应的安全状态模型来描述用户安全状态在不同指令执行后的变化情况。

安全策略是安全芯片应用时具体的安全控制方法，能够确保安全芯片的操作只有在当前安全状态符合安全要求的情况下才能进行，保证应用安全。安全策略主要从下列几个方面进行论述：文件的访问控制策略、应用的访问控制策略、数据信息流控制策略、密钥密码访问控制策略、阶段化的安全管理策略、防火墙访问控制策略和卡片数据保护控制策略。

1. 文件组成与分类

芯片操作系统的文件一般是由文件头和文件体组成，可分为两类：目录文件和基本文件。其中，目录文件包含根目录文件（MF）、环境目录文件（DDF）和应用目录文件（ADF）；基本文件可分为四类：透明文件、定长记录文件、变长记录文件和循环记录文件。

2. 文件结构类型

芯片文件系统的目录结构示意图如图 5–7 所示，其中用户文件及密钥文件根据不同用途可以定义为透明文件或记录文件。

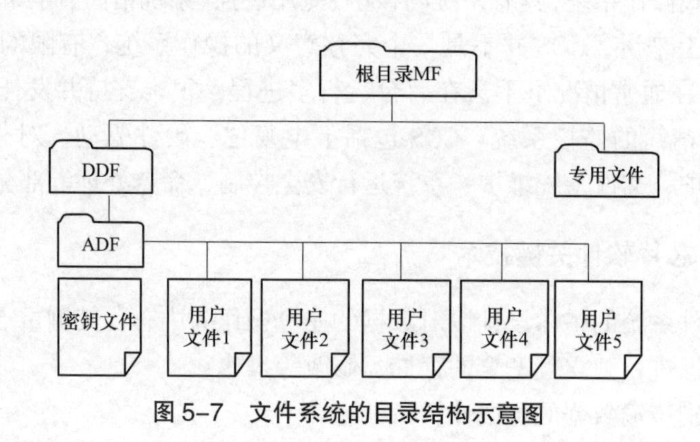

图 5–7　文件系统的目录结构示意图

3. 文件权限及其访问控制技术

每个文件对于每条命令都有特定的访问条件，最近选择的文件的相关访问条件应该在请求的动作开始之前得到。

每个文件：

（1）SELECT 命令的访问条件是无条件的；

（2）MF 和 DF 的访问条件没有规定。

芯片操作系统的文件访问权限通过对读控、写控鉴别密钥的校验进行控制。在芯片操作系统中定义了不同级别的密钥，分别用于指定文件的访问控制操作，即在对文件的读或写操作进行之前，首先需通过外部认证指令校验该文件读控或写控密钥，只有校验通过了才可以对该文件进行相应操作。

文件的不同操作权限在预个人化和个人化阶段最终确定，一旦确定就不可更改。芯片操作系统实现了以下文件访问控制策略：当有对文件的操作请求发生时，COS 首先检查当前是否有文件被选中，然后通过访问权限控制文件获取相应操作需要的权限，再对比用户是否已通过该级别的密码校验。若已通过，则该次操作被允许，否则访问被拒绝，并交由异常处理模块进行异常操作处理。

5.3.2.2 应用的访问控制技术

芯片操作系统可根据对应用的需求情况实现应用的锁定和解锁，其访问控制策略可通过特定的应用维护密钥对锁定和解锁指令进行 MAC 加密的方式成功实现锁定和解锁应用的处理，保证了应用的操作权限在授权主体的控制下。

5.3.2.3 数据信息流控制技术

在对安全芯片上的数据进行更新操作前，除需校验读写控制密钥外，还需针对更新操作的指令做数据完整性校验，使用芯片内部的传输密钥产生校验 MAC 码。这样，相当于对安全芯片数据操作提供机密性和正确性双重保护机制，保证安全芯片数据的安全无虞。

5.3.2.4 密钥、密码访问控制技术

芯片操作系统应具备密码访问控制功能，该功能根据《信息安全技术要求 安全芯片嵌入式软件安全技术要求（EAL4 增强级）》的要求，对密码进行控制访问。

密钥存储在用户数据区发行之后的生命周期阶段，对外不提供任何修改和访问途径。除卡片或应用锁定控制密钥作为过程密钥计算 MAC 外，其他密钥均作为针对芯片操作系统特定操作的鉴别认证密钥，在鉴别认证过程中会对鉴别失败进行次数限制，一旦达到失败上限会对安全芯片密钥进行锁定。

5.3.2.5 阶段化的安全管理

1. 生命周期字节的编码 / 存储

安全芯片生命周期阶段包括预个人化、个人化、卡的启用、卡的终止阶段，因此 COS 在 FLASH 中存储着一个卡生命周期的字节，该字节不能在上电复位时被清除，该字节标识卡处于预个人化、个人化、卡的启用、卡终止使用四个阶段。在预个人化阶段之后，文件创建命令失效，且 COS 将不能再次被下载。卡片启用后，除非被锁定或终止，否则将一直处于启用态。一旦卡终止使用，安全芯片嵌入式操作系统不再接受任何读卡设备送来的命令。

存储器中存放 COS 生命周期字节，除管理员外，任何人都不能读取和修改生命周期字节。

2. 生命周期字节改变

经过存储器检验的安全芯片，存储器被全部擦除，因此位于存储器空间的生命周期字节为初始值。在上电复位后，COS 如果检验到生命周期字节为非初始值，标志该芯片仅下载了 COS，没有进行预个人化等操作。

在预个人化结束后，将生命周期字节改写为 1，标志着文件系统已建立，普通数据已写入，但与芯片相关的关键数据及密钥还未写入，不是一张商用芯片；

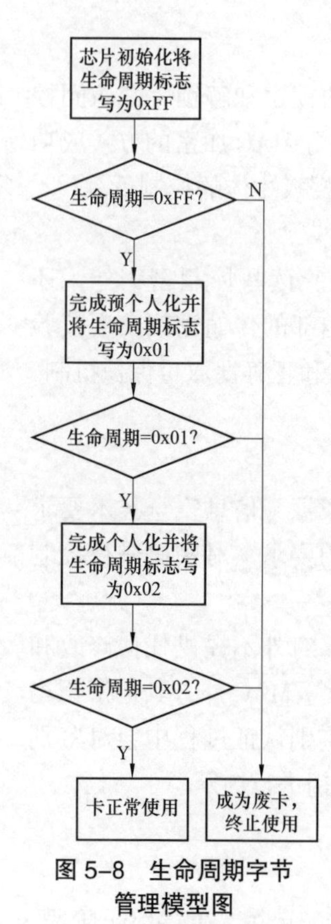

图 5-8　生命周期字节管理模型图

个人化中，将密钥等关键数据写入芯片中，成功后将生命周期字节改写为 2，芯片就正式成为商用芯片，市场上流通的应该是生命周期字节为 2 的芯片。如果生命周期字节为其他值则表示为非法芯片，芯片将被锁死。

生命周期字节管理模型图如图 5-8 所示。

5.3.2.6　防火墙访问控制技术

芯片操作系统上每一个应用均放在一个单独的 DF 中，即在应用之间设立一道防火墙以防止跨过应用进行非法访问。芯片操作系统实现了如下防火墙访问控制策略：防火墙将应用分成不同的保护对象区域，称为上下文，同一个应用下的文件共享相同的上下文，不同应用下的文件具有不同的上下文。防火墙是一个上下文与另一个上下文之间的界限，不同上下文之间的访问是被禁止的。

5.3.2.7　数据保护控制技术

安全芯片在复杂工况下运行，时刻面临振动、电流浪涌、电压失稳等突发状况。为了在意外掉电的情况下，保证数据写入正确，需要在数据写入过程中加入数据掉电保护机制。

具体步骤实现如下：

（1）在改写数据以前，将原来的数据复制到一个公共的存储器缓冲区，并置标志位；

（2）开始改写数据，在成功改写之后，清除公共缓冲区标志位。

若在清除公共缓冲区之前芯片掉电，在下一次芯片上电后，将芯片中公共缓冲区的内容恢复到原来的位置，之后清除公共缓冲区标志位。

5.4　安全芯片在智能电网中的典型应用

5.4.1　安全芯片在智能电表中的应用

5.4.1.1　应用概述

智能电表是智能电网的重要终端，通常安装于用户的电力线入口，实现安全保护、电量计费等功能。在智能电表大规模应用之前，电力收费往往需要人工抄数、汇总、核对等繁杂工作，同时用户拖欠电费现象严重。当安全芯片应用于电表后，用电计量扣费等工作完全通过芯片进行，极大地降低数据抄收的人力成本，同时欠费的情况大为减少。

用电信息采集系统是对电力用户的用电信息进行采集、处理和实时监控的系统，实现用电信息的自动采集、计量异常检测、电能质量监测、用电分析和管理、相关信息发布、分布式能源监控、智能用电设备的信息交互等功能。

用电信息采集系统的安全解决方案，是将安全芯片内置于电表、集中器、采集器等用电信息采集系统的终端设备中，实现终端与主站的身份认证、数据加解密等，保障终端设备数据存储、传输、交互的安全性。整个安全方案由具备安全芯片的终端设备、主站系统、密钥管理系统、密钥发行系统组成。

5.4.1.2 应用实现

智能电能表安全模块用于智能电能表与外部进行信息交换安全认证。通过固态介质或虚拟介质对智能电能表进行参数设置、预存电费、信息返写和下发远程控制命令操作时，需通过智能电能表安全模块行安全认证，数据加解密处理以确保数据传输的安全性和完整性。

智能电能表分为本地智能电表和远程智能电表。本地智能电表的费率、剩余金额、购电次数等关键数据应保存在智能电能表安全模块中，并以此作为计量计费依据。远程智能电表本地不计费，只需要保存控制命令的密钥，并通过智能电能表安全模块将密文解密为明文。

通过通信端口进行参数修改时，对于智能电能表安全模块中已经定义的、须写入智能电能表安全模块芯片的参数，参照《多功能电能表通信协议》（DL/T 645—2007）及备案文件定义的协议格式，先进行身份认证，认证通过后，以明文＋MAC 的方式进行数据的传输和修改；对于智能电能表安全模块中未定义的、写在嵌入式安全存取模块（ESAM）芯片智能电能表安全模块外部的参数，参照《多功能电能表通信协议》（DL/T 645—2007）及备案文件定义的协议格式，先进行身份认证，认证通过后，以密文＋MAC 的方式进行数据的传输和认证，认证通过后，再以明文的方式获取对应的参数，并进行参数设置与存储。

（1）本地智能电表实现方式。本地智能电表通过购电卡在用电信息采集系统中进行信息交换的过程如图 5-9 所示，最终的安全认证是通过本地智能电表与购电卡之间、购电卡与 IC 卡读卡器的销售点终端安全存取模块（PSAM）之间、IC 卡读卡器的 PSAM 与密码机之间的安全认证来确保信息交换的安全性。

本地智能电表的功能有：卡片操作时间限制、开户功能、电能表充值功能、密钥更新功能、参数修改与查询功能、事件记录功能、数据回抄功能、远程控

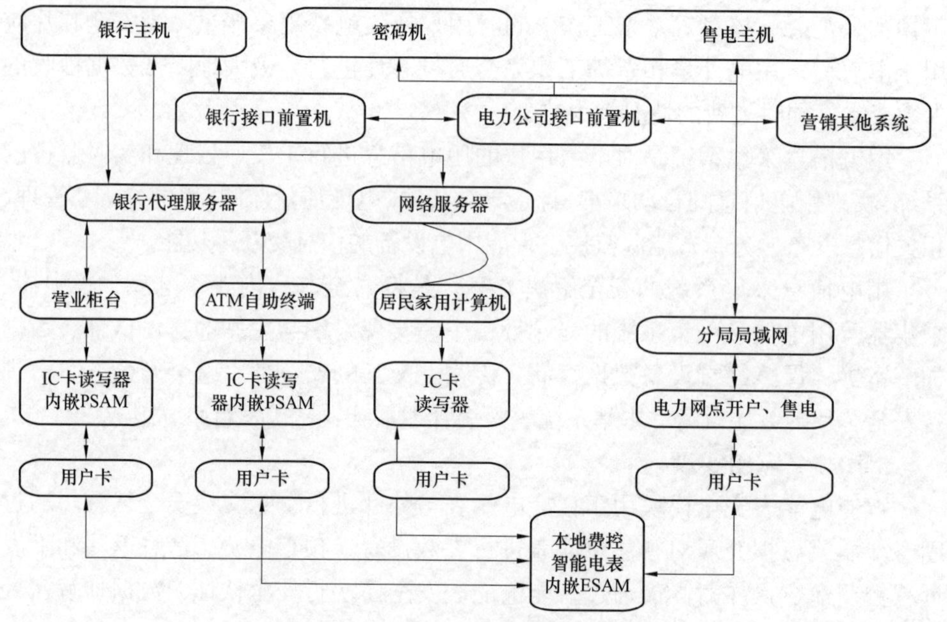

图 5-9　本地费控电能表信息交换示意图

制功能。

（2）远程智能电表实现方式。远程智能电表是通过网络等虚拟介质远程实现费控功能的电能表。对于远程智能电表，电费计算在售电系统中完成，表内不存储、显示与电费、电价相关信息。电能表接收远程售电系统下发的拉闸、允许合闸、数据回抄指令时，需通过严格的密码验证及安全认证。远程智能电表是通过内嵌的智能电能表安全模块与密码机之间的安全认证来确保其信息交换的安全性。远程费控电能表信息交换示意图如图 5-10 所示。

安全芯片在智能电表中的使用，既保证了系统的安全性由运行管理方控制，又不影响表厂继续发展和完善卡表的功能和性能，有效保障了用电信息的存储、传输、交互的安全性，提高了系统的整体安全性。

安全芯片数据传输支持 ISO/IEC 7816 接口和 SPI 接口，在封装上采用 DIP 8 或者 SOP 8 等形式。

5.4.2　安全芯片在配电终端中的应用

5.4.2.1　应用概述

配电系统是由多种配电设备和配电设施所组成的变换电压和直接向终端用户分配电能的一个电力网络系统。随着智能电网进入全面建设阶段，配电自动

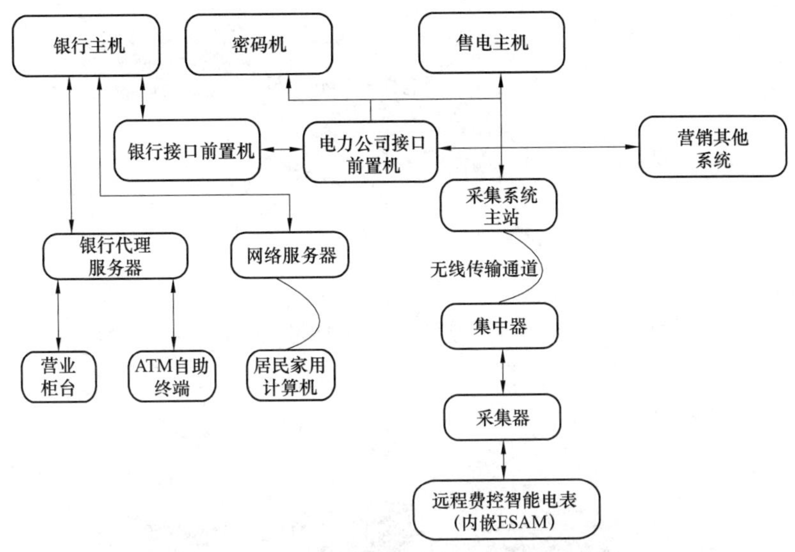

图 5–10　远程费控电能表信息交换示意图

化作为智能电网建设的重要内容，开始全面推进并部分实现实用化应用。在这个过程中，配电网自动化系统的信息安全性就愈发重要。

配电网络中的终端众多，在开发环境下如何鉴别这些设备的身份，避免伪设备获取电力运行数据是电网建设需要考虑的问题。

将安全芯片封装为 ESAM 的形态嵌入到配电终端中，或者在配电终端上外置终端安全模块的举措，为配网自动化信息传输安全体系提供了安全计算单元，是完成配电安全的重要环节。

5.4.2.2　应用实现

配电自动化系统主要由三部分组成，即主站系统、配电终端和通信信道。其功能主要对配电终端进行遥控、遥测、遥信，实现对配电网络的实时监控。

配电终端安全模块是将一个具有操作系统的安全芯片以不同的形式封装成一个安全存取单元，将其嵌入到配电终端中，完成数据的加密解密、身份认证、访问权限控制、通讯线路保护、数据文件存储、产生密钥对、公钥加密、私钥解密、公钥验签、私钥签名、会话密钥协商等多种与算法相关的功能。

配电终端安全模块的设计借鉴一些通用安全产品和卡片类安全认证体系的方法和经验，为保证配用电安全设备的数据安全，配电终端安全模块采用国家密码管理局审批的商用密码算法，并通过用电信息密钥管理系统保证密钥全生命周期的安全。

图 5–11 为配电终端安全模块在配电自动化系统的应用示意图。

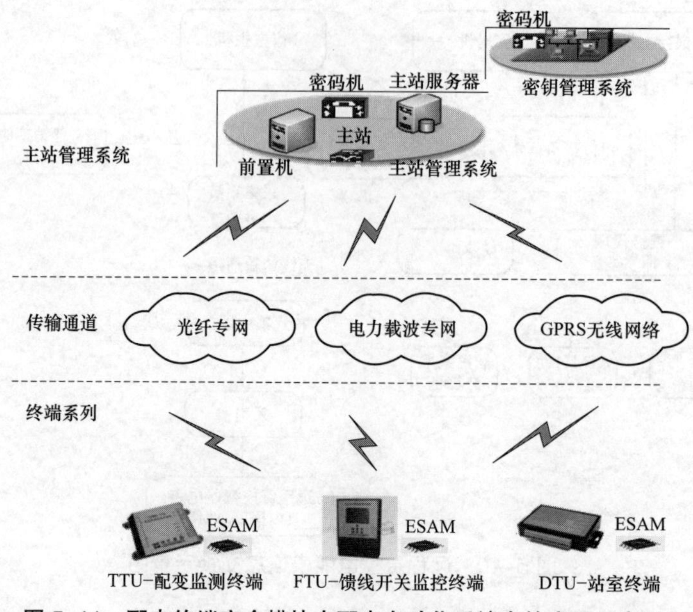

图 5-11　配电终端安全模块在配电自动化系统中的应用示意图

主站与配用电终端信息传输有两种方式，一是主站向配电终端下发信息，二是配用电终端向主站上传信息。主站向终端下发信息包含遥控、遥信、遥测命令，终端向主站发送运行数据及状态信息。为了保证终端与主站之间通信的安全，在新型终端中，可以嵌入配电终端安全模块增加防护功能；而作为已经上线的终端设备改造则存在一定障碍，可以借助外置线路保护模块（如配电加密盒）协助终端完成加解密及命令鉴别任务。

配电终端安全模块具有以下特点：

（1）采用国密算法。采用国密算法，安全性优于国际通行的DES及RSA算法，为应用系统提供了更好的安全基础。其中密钥存储是终端安全模块安全的关键因素，其有效性和安全性直接决定了整个系统的安全性，要确保密钥在各个环节（包括密钥产生、密钥传输、密钥保存等）都是安全的。

（2）认证过程以随机数为载体，认证码无法重复和跟踪。进行外部认证操作时，每次进行外部认证前，均需要从模块内获取随机数作为外部认证指令的输入数据的加密因子。这样，每次产生的随机数都不相同，虽然密钥可能没有变化，但外部认证的输入数据是每次都不一样的。

（3）建立更为安全的认证机制。配电终端安全模块的密码校验、密钥认证以及文件操作可以在线加密或加认证码，防止通过在线测试对相关数据进行分析、篡改和重放。终端安全模块支持非常灵活的密钥系统设计，可以根据需求设计多种逻辑组合的文件访问权限设计。其运行的参数将全部更安全地存储于模块中，同时，系统的所有应用流程的安全性都在模块的控制之下进行。

（4）会话建立引入安全证书机制。配电终端安全模块的应用流程引入证书机制，模块中存放了证书，受 PKI 管理体系管控。在会话建立时，配电终端安全模块会验证会话对方的证书的合法性及有效性，验证通过后，协商出会话密钥，会话密钥的产生有随机数参与，且其生命周期为一次会话，从应用流程上保证了其安全性。

配电终端安全模块的关键技术是解决国产算法 IP 核在智能终端类产品中的应用。实现了采用国产算法的安全模块在工业领域的规模应用，为今后更大规模使用国产算法安全芯片奠定了良好基础。

配电领域的安全芯片通常采用 SOP 8 封装，通过 SPI 通信接口与主控芯片进行通信。

5.4.3 安全芯片在电动汽车业务中的应用

5.4.3.1 应用概述

随着电动汽车的逐步普及，各种充电桩的建设需要变得越来越急迫。充电桩的设计、安装及管理办法正在逐步完善。如何实现安全的充电计费，是首当其冲需要解决的问题。

电动汽车业务中引入安全芯片，形成了电动汽车运营管理安全解决方案，即将电动汽车充电桩内置安全模块，支持标准国密算法，保障用户数据传输、交互的机密性和安全性。此安全解决方案由充电支付卡、电动汽车充电桩安全模块、读写模块、电动汽车应用系统组成。

5.4.3.2 应用实现

整个电动汽车运营管理安全解决方案的系统总体架构如图 5-12 所示。

电动汽车充电卡作为用户在电动汽车充换电网络中支付消费的载体，支付卡内保存用户身份信息、账户信息、钱包信息等重要数据，满足电动汽车跨区域交易运行。实际使用中，充电站 / 换电站环境复杂、多样、使用频率高，要求使用便捷、快速、安全。

电动汽车充电桩安全模块中保存有与支付卡对应的密钥，嵌入在支付系统的各应用终端中，是系统安全的重要组成部分。经过卡片发行系统发行后的 PSAM 在卡片管理系统注册后，安置于各消费终端。系统通过应用终端和支付卡之间的相互认证，获得支付卡的操作权限，实现支付卡脱机消费。

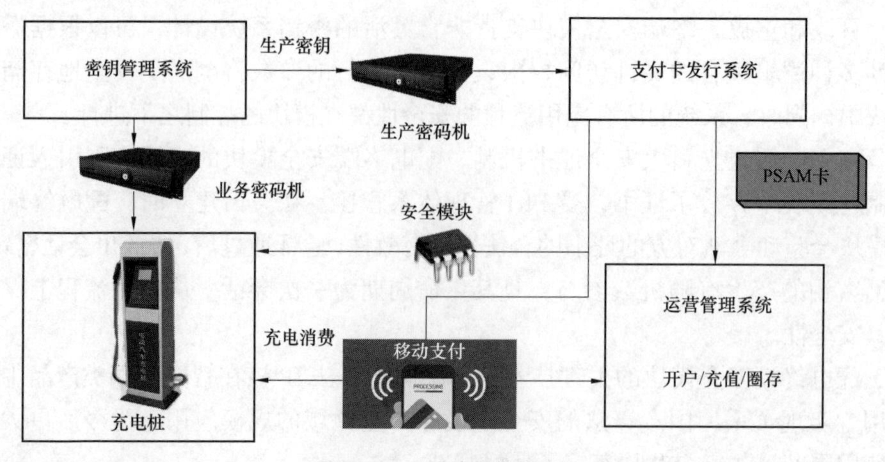

图 5-12　系统总体架构

电动汽车应用系统主要由密钥管理系统、卡片发行系统和运营管理系统组成。

支付系统的安全是建立在密钥和安全算法的基础上的，所以密钥的管理必须严格且安全。搭建安全完善的密钥系统是保障电动汽车充换电网络的重中之重，密钥管理系统完成支付卡密钥的产生、备份、衍生、传递、应用、删除与销毁的全生命周期管理，是国家电网公司基于主密钥体系的信息安全基础设施，而密钥是密钥管理系统保存在密码机内的一组值，密钥贯穿整个支付卡从发行、激活、开户、充值、消费、挂失和补卡的各个环节。

卡片发行系统的功能是完成支付系统中的 PSAM 的文件结构建立及应用密钥的装载。密钥管理系统生成并灌装生产密码机之后，卡片发行系统再将生产密码机中的密钥灌装到支付卡和 PSAM 中。

运营管理系统负责实现支付卡在应用环节的各个功能。密钥管理系统生成并灌装应用加密机后，安置于系统后台。运营管理系统通过与应用加密机相连实现与支付卡的身份和交易的认证，完成支付系统应用中的开户、激活、充值、消费、圈存等功能。

通过以上系统设计，实现了安全可靠的电动汽车充电计费，保障了用户权益不受侵犯。

5.4.4　安全芯片在银电联名卡中的应用

5.4.4.1　应用概述

银电联名卡应用方案是通过与银行合作，实现联名发卡，将金融应用和电力应用集成到一张卡中，实现持卡购电、电动汽车充换电缴费和身份识别、银行卡缴费、银行存取款等功能，并可扩展公交、燃气、水等应用，实现一卡多用。

5.4.4.2　应用实现

银电联名卡应用主要有以下三种方案：

1. 磁条卡与芯片卡方案

本方案是把磁条卡与芯片卡集成到一张卡基上，磁条卡完成银行卡功能，芯片卡完成购电卡功能，磁条芯片复合卡样卡如图 5–13 所示。本方案相当于银行与电力各自实现各自应用，仅仅是物理上的合并，各自功能互不相关，但根据人民银行相关规定，磁条卡于 2015 年后不再发行，因此该磁条卡 + 芯片卡方式，不具有可持续性。

图 5–13　磁条芯片复合卡样卡

2. 单芯片卡方案

在单芯片上，整合电力应用与金融应用，芯片资源共享。当进行电力应用时，可以理解该芯片卡为普通购电卡；当进行金融业务应用时，可以理解该芯片卡为普通银行卡。该方式可整合芯片硬件与片上软件资源，降低成本。通过定制并预留片上空间，可方便进行公交一卡通、燃气与水等的扩展应用。银电联名卡样卡如图 5–14 所示。

图 5–14　银电联名卡样卡

3. 双界面卡方案

双界面 CPU 卡是基于单芯片、集接触式与非接触式接口为一体的智能卡，双界面银电联名卡样卡如图 5–15 所示，包括一个带微处理器的 CPU 卡芯片和一个与微处理器相连的天线线圈，即同一芯片具备两种通信方式。

图 5–15　双界面银电联名卡样卡

双界面 CPU 卡主要应用在既需要通过快速无接触完成消费交易，又需要和接触式机具进行数据交换的领域。

银电联名卡作为实现电力和银行应用相关的身份验证和实现安全支付的模块，必须采取措施保证存储在卡中的用户数据、系统数据、系统参数、各种密钥和口令、安全算法等信息的完整性和机密性，防止未授权对象读取或修改与联名卡系统及应用有关的代码与数据。

为了达到以上的安全目的，在银电联名卡的芯片设计、应用开发、系统应用时实现了一系列安全策略，主要如下：

（1）银电联名卡中的安全芯片硬件内置真随机数发生器、具有内部时钟振荡器、具有电源高低压检测及时钟高低频检测机制，能抵抗探针探测、光学显微镜探测等物理攻击。

（2）银电联名卡中的安全芯片具有抵抗逻辑操纵或修改的结构和能力，以抵抗软件逻辑攻击。

（3）银电联名卡中的安全芯片，实现了国家密码局认可的国产SM1、RSA、3DES算法对数据进行加密，保证交易数据的完整性、私密性，防治数据被非法攻击和篡改。

（4）银电联名卡的不同的应用及其所使用的数据在逻辑上的进行了安全隔离。

（5）银电联名卡在硬件设计和软件开发上的实现的安全防护措施，使其所储存或运算的机密信息不会通过分析电流波形、频率、能量消耗、功率等表征变化而泄露。

（6）银电联名卡在开发、检测和应用三个过程中，有三套独立的密钥体系，确保了系统应用的安全。

在智能卡行业迅猛发展多年以后，各行各业都或多或少地应用智能卡来解决自己的安全风险，而用户的智能卡经常会用于数量众多的银行卡、会员卡、身份证、门禁卡等。一卡多用则将众多不同行业应用装载到同一张卡片，极大地简化了用户使用感受，提升了应用便利性，节约了社会成本，已成为智能卡行业新的发展趋势。

第6章

射频识别芯片技术及应用

6.1　射频识别芯片概述

射频识别（RFID）技术是一种非接触式自动识别技术，可以通过无线电讯号识别特定目标并读写相关数据，它能够实现快速的读写、非可视的识别、移动识别、多目标的识别、定位以及长期的跟踪管理。RFID 技术的识别工作不受恶劣环境的影响，而且读取速度快，读取信息安全可靠，因此有着广泛的应用前景，正在逐步被广泛应用于工业自动化、商业自动化、交通运输控制管理等众多的领域。

RFID 技术已经逐步发展成为独立跨学科的专业领域。RFID 技术将大量的来自完全不同的专业领域的技术综合起来。随着技术进步，基于 RFID 技术产品的种类将越来越丰富，应用也将越来越广泛，可预计在今后的几年中，RFID 技术将持续保持高速发展的势头。

6.1.1　射频识别芯片架构

RFID 系统的核心之一是电子标签，而芯片作为电子标签记录信息的载体无疑对电子标签的构成起着至关重要的作用。一个完整超高频无源 RFID 标签由天线和标签芯片两部分组成，射频识别芯片结构如图 6-1 所示。

标签芯片的基本结构一般都包含射频前端、模拟前端、数字基带和存储器单元等模块。射频前端模块包括调制电路、解调电路，主要用于对射频信号进行整流和反射调制；模拟前端模块包括整流电路、稳压电路、复位电路、时钟电路，主要用于产生芯片内所需的基准电源和系统时钟进行上电复位；数字控制单元主要用于对数字信号进行编码解码以及进行防碰撞协议的处理，存储器单元模块用于信息存储。

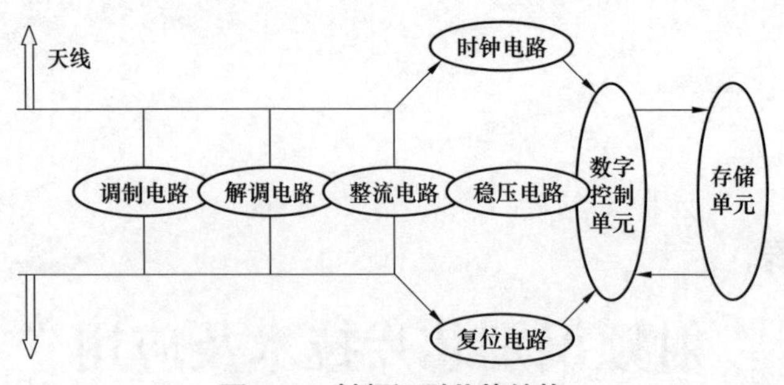

图 6-1　射频识别芯片结构

6.1.2　射频识别芯片分类和功能

射频识别芯片与电子标签关系密切，芯片的指标和分类都与标签的类型和功能密切相关。

按照读写功能的不同，电子标签可以分为只读和可读写方式，主要依据应用需求决定。

按照能量供给方式的不同，电子标签可以分为无源标签、半有源标签和有源标签。各种形式标签特点如下：①无源标签体积较小，使用年限长，感应的距离较短；②半有源标签感应的距离较远；③有源标签的使用周期有限，感应距离较长。

按照工作频率的不同，电子标签可以分为低频、高频、超高频和微波等不同频段。四种频段的对比如表 6-1 所示。

表 6-1　　各种射频识别技术比较

	低频	高频	超高频	微波
典型工作频率	125kHz	13.56MHz	860M~960MHz	2.4GHz、5.8GHz
读取速率	慢	中等	快	很快
潮湿环境	无影响	无影响	有影响	略有影响
方向性	无	无	有	无

RFID 电子标签的通信标准是标签芯片设计的核心依据，目前不同频段的 RFID 电子标签都有相关国际通信标准。不同的国家对于相同波段，使用的频率也不尽相同。低频标签穿透废金属物体力强，最适合用于含水成分较高的物体；高频标签属中短距识别，如应用在电子票证一卡通上；超高频作用范围广，传送数据速度快，适用于监测港口、仓储等物流领域的物品。

6.2 射频识别芯片的关键技术和电路

6.2.1 射频识别芯片关键技术

射频识别系统的主要工作原理是：阅读器通过耦合元件发送出一定频率的射频信号，当电子标签进入该区域时，通过耦合元件从中获得能量以驱动后级芯片与阅读器进行通信，阅读器读取电子标签的自身编码等信息并解码后进行数据交换、管理系统处理。而对于有源系统，电子标签进入阅读器工作区域后，由自身内嵌的电池为后级芯片供电以完成与阅读器间的相应通信过程。

射频识别系统是阅读器和射频识别芯片之间的识别，在耦合方式、通信流程、从射频标签到阅读器的数据传输方法、频率范围等方面，不同的非接触传输方法有根本的区别。但所有的阅读器在功能原理上以及由此决定的设计构造上都很相似，所有阅读器均可简化为射频接口和控制单元两个基本模块。

射频识别系统的核心技术是射频识别芯片，芯片含有数据存储单元，读写器可以远距离读取芯片存储的数据，无须在视线距离内操作扫描或进行物理接触，实现了无线通讯与物理世界的数据交换。

射频识别芯片的具体工作流程是：

（1）阅读器通过发射天线发送一定频率的射频信号，当射频标签进入发射天线工作区域时产生感应电流，射频标签获得能量被激活。

（2）射频标签将自身编码等信息通过内置天线发送出去。

（3）系统接收天线接收到从射频标签发送来的载波信号，经天线调节器传送到阅读器，阅读器对接收的信号进行解调和解码，然后送到后台主系统进行相关处理。

（4）主系统根据逻辑运算判断该标签的合法性，针对不同的设定做出相应的处理和控制，发出指令信号控制执行机构动作。

本节对射频识别芯片的主要关键技术进行介绍。

6.2.1.1 耦合方式

1. 电容耦合

阅读器与电子标签之间互相绝缘的耦合元件工作时构成一组平板电容。当电子标签进入时，标签的耦合平面同阅读器的耦合平面间相互平行，电容耦合示意图如图 6-2 所示。电容耦合只用于密耦合（工作距离小于 1cm）的 RFID 系统中。ISO10536 中规定了使用该耦合方法的密耦合 IC 卡的机械性能和电气性能。

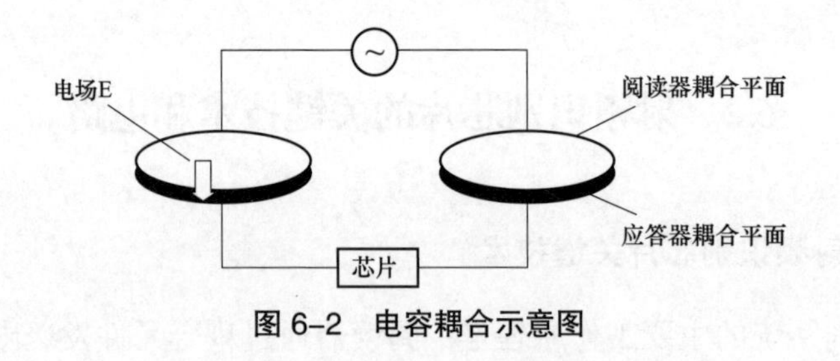

图 6-2 电容耦合示意图

2. 磁耦合

磁耦合是中、低频 RFID 系统中最为广泛的耦合方法，其中以 13.56MHz 无源系统最为典型。阅读器的线圈生成一个磁场，该磁场在标签的线圈内感应出电压从而为标签提供能量。磁耦合 RFID 系统的工作区域是阅读器传输天线的“近场区”。一般说来，在单天线 RFID 系统中，系统的操作距离近似为传输天线的直径。对于距离大于天线直径的点，其场强将以距离的 3 次方衰减，那就意味着如仍保持原有场强的话，发射功率就需以 6 次方的速率增加。因此，磁耦合主要用于密耦合或是遥耦合（操作距离小于 1m）的 RFID 系统中。

3. 电磁耦合

电磁耦合是作用距离在 1m 以上的远距离 RFID 系统的耦合方法。在电磁辐射场中，阅读器天线向空中发射电磁波，其电磁波以球面波的形式向外传播。置于工作区中的标签处于阅读器发射的电磁波磁场范围内并收集其中的部分能量。场中某点可获得能量的大小取决于该点与发射天线之间的距离，同时能量的大小与该距离的平方成反比。对于远距离系统而言，其工作频率主要在 UHF 频段甚至更高。阅读器与标签之间的耦合元件也就从较为庞大且复杂的金属平板或是线圈变成了一些简单形式的天线，如半波振子天线。这样一来，远距离 RFID 系统体积更小，结构更简单。

6.2.1.2 通信流程

在电子数据载体上，存储的数据量可达到数千字节。为了读出或写入数据，必须在标签和阅读器间进行通信，这里主要有三种通信流程系统：半双工系统、全双工系统和时序系统。

在半双工法中，从标签到阅读器的数据传输与从阅读器到标签的数据传输交替进行。当频率在 30MHz 以下时常常使用负载调制的半双工法。在全双工法中，数据在标签和阅读器间的双向传输是同时进行的，其中，标签发送数据所用的频率为阅读器发送频率的几分之一，或是用一个完全独立的“非谐波”频率。以上这两种方法的共同特点是：从阅读器到标签的能量传输是连续的，与数据传输的方向无关。而在使用时序系统的情况下，从阅读器到标签的能量传输总是在限定的时间间隔内进行的，从标签到阅读器的数据传输是在标签的能量供应间隙进行的。

6.2.1.3 数据传输方法

无论是只读系统还是可读写系统，标签到阅读器的数据传输在不同的非接触式传输系统中都是有所差别的。作为 RFID 系统的两大主要耦合方式，磁耦合和电磁耦合分别采用负载调制和后向散射调制。

负载调制是根据某些差异进行的用于从标签到阅读器的数据传输方法。在磁耦合系统中，通过标签振荡回路的电路参数在数据流节拍中的变化，实现调制功能。在标签振荡回路的所有可能的电路参数中，只有负载电阻和并联电容两个参数被数据载体改变。因此，相应的负载调制被称作电阻（或有效的）负载调制和电容负载调制。

对于高频系统而言，随着频率的上升，其穿透性越来越差，而其反射性却越发明显。在高频电磁耦合的 RFID 系统中，类似于雷达工作原理，用电磁波反射进行从标签到阅读器的数据传输。雷达散射截面是目标反射电磁波能力的测度，而 RFID 系统中散射截面的变化与负载电阻值有关。当阅读器发射的载频信号辐射到标签时，标签中的调制电路通过判断待传输的信号控制电路是否与天线匹配实现信号的幅度调制。当天线与馈接电路匹配时，阅读器发射的载频信号被吸收；反之，信号被反射。

6.2.2 射频识别芯片关键电路

一般说来，无源电子标签芯片主要包括三个部分：模拟电路、数字控制、存储模块。模拟电路包括整流电路、稳压电路、调制解调电路、启动信号电路、时钟产生电路等。对于芯片电路来说，整流电路、稳压电路、调制解调电路、启动信号产生电路构成了芯片的关键电路。

6.2.2.1 芯片整流电路

整流电路功能主要是将天线感应到的射频能量转化为直流能量，供各个模块使用。无源 RFID 标签本身不带电源，在正常工作时它需要通过天线耦合方式接收读写器发送的电磁波来获得能量，将所得的电磁波信号经过整流、稳压等电路，从而获得直流工作电压源，以维持 RFID 标签芯片各部分电路正常工作的需要。所以，直流电压源的产生技术是无源 RFID 标签的关键技术。

在无源 RFID 芯片的直流电压源产生电路中，整流电路的性能决定了 RFID 标签的工作效果，这主要取决于整流电路的两个参数指标，即输出电压 U_{out} 和

能量转换效率 P_{CE}。能量转换效率 P_{CE} 定义为整流电路的输出功率 P_{out} 和输入功率 P_{in} 之比，P_{CE} 计算如式（6-1）所示：

$$P_{CE}=P_{out}/P_{in} \tag{6-1}$$

式中 P_{out}——输出功率，W；

P_{in}——输入功率，W；

P_{CE}——能量转换功率。

整流电路主要是通过整流与滤波元件（一般是二极管和耐压电容）的组合，运用晶体管的单相导通性和电容的充放电特性，获得输入交流电压 2 倍、3 倍以至多倍直流电压，因此整流电路其实是一种倍压整流电路。倍压整流电路结构图如图 6-3 所示。

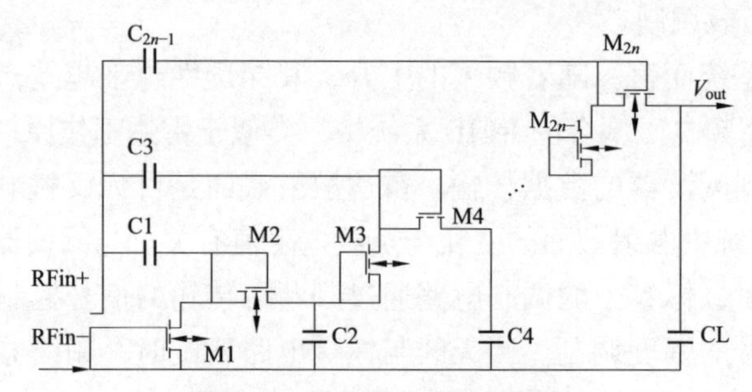

图 6-3　倍压整流电路结构图

从图 6-3 中可看出，整流电路的主要作用是将交流信号转换成直流信号。N 级整流电路包含了 $2N$ 个二极管连接形式的 MOS 管和 $2N$ 个耦合电容。天线两端 RFin+ 和 RFin− 直接或通过匹配网络连接到整流电路的输入端，天线的任意一端接地。当整流器输入正弦信号时，在负半周期，RFin− 为正，RFin+ 为负，MOS 管 M1 连接成二极管的形式，它导通后对 C1 进行充电，充电完毕后 C1 的左半级板电压为负，右半级板电压为正。在正半周期，RFin− 为负，RFin+ 为正，输入电压与 C1 组成串联的电池，电压相加后使 M2 导通，对电容 C2 进行充电，此时 C2 拥有比 C1 更高的电压，这样电压一级一级地升高，在第 N 级处的电容上就形成一个比较高的直流电压，就是倍压整流电路的原理。

6.2.2.2　芯片稳压电路

RFID 的基本工作原理为：阅读器通过天线向周围发射高频的强电磁场；发射磁场的一部分磁力线穿过标签天线，并在标签天线上感应出交变电压；该电压经过整流后，可以得到初级电源 VHD。但 VHD 的波动太大，不适合作为芯片的工作电源，因此这时就需要芯片的稳压电路来产生稳定的模拟和数字电源。

稳压电路按原理可分为串联稳压电路和并联稳压电路。

图 6–4 为并联稳压电路原理图。在 RFID 标签芯片中，需要有一个较大电容值的储能电容存储足够的电荷，以便标签在接收调制信号时可在输入能量较小的时刻 [如在通断键控信号（OOK）调制中无载波发出的时刻] 维持芯片的电源电压，如果输入能量过高，电源电压升高到一定程度，稳压电路中电压感应器控制泄流源将储能电容上的多余电荷释放掉，以此达到稳压的目的。

图 6–5 是一种并联型稳压电路。与常见的并联稳压电路相比，这种串联型稳压电路可以输出较为稳定准确的电源电压。三个串联的二极管 D_1、D_2、D_3 与电阻 R1 组成电压感应器，控制泄流管 M_1 的栅极电压。当电源电压超过三个二极管开启电压之和后，M_1 栅极电压升高，M_1 导通，开始对储能电容 C1 放电。

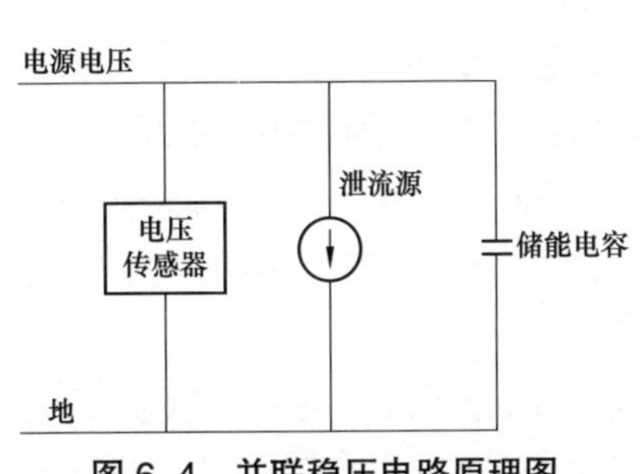

图 6–4　并联稳压电路原理图

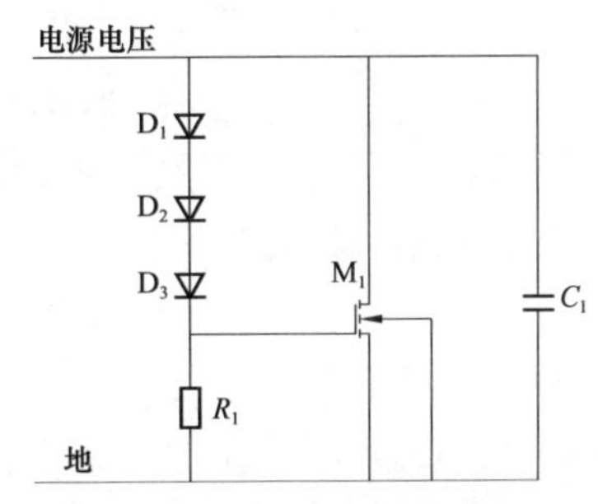

图 6–5　并联稳压电路图

图 6–6 为一种串联稳压电路图，其最左边的部分为带隙基准电压模块，用来产生一个受输入电压和温度影响都很小的基准电压，中间部分为误差放大电路，M_1 为调整管，R_1 和 R_2 构成反馈网络，用来采样输出信号，通过误差放大电路对输出电压进行调整。

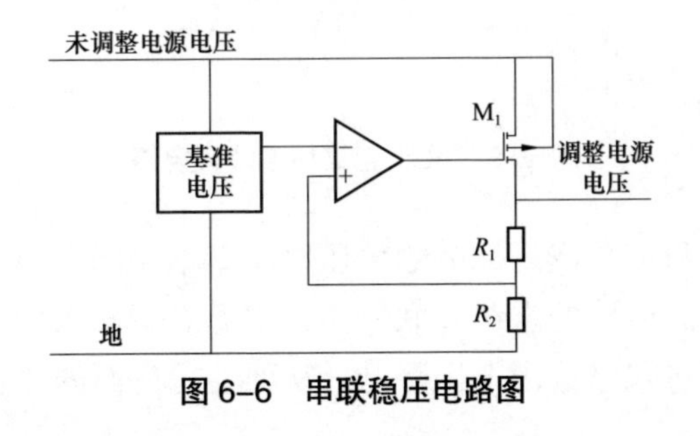

图 6–6　串联稳压电路图

基准电压源被设计成一个与电源电压无关的参考源，输出电源电压经电阻分压后与基准电压相比较，通过运算放大器差值来控制 M 管的栅极电位，使得输出电源与参考源基本保持相同状态。这种串联型稳压电路可以输出较为准确的电源电压，但是由于 M_1 管串联在未稳压电源与稳压电源之间，在负载电流较大时，M_1 管上的压降会造成较高的功耗损失。因此，这种电路结构一般应用于功耗较小的标签电路中。

6.2.2.3 芯片调制与解调电路

1. 调制电路

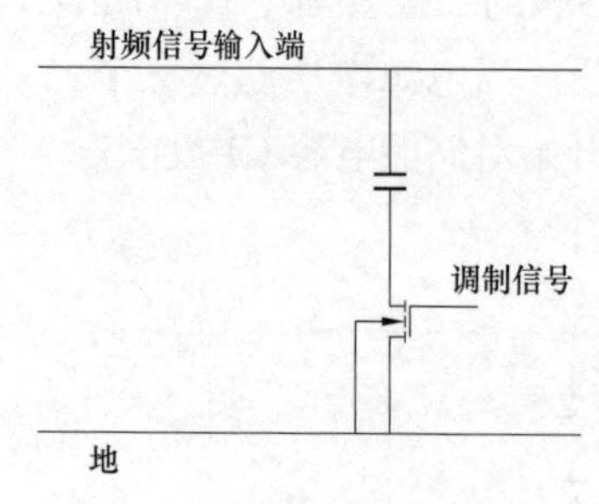

图 6-7 反向散射调制电路

无源 UHF RFID 标签一般采用反向散射的调制方法，即通过改变芯片输入阻抗来改变芯片与天线间的反射系数，从而达到调制的目的。一般设计天线阻抗与未调制时芯片输入阻抗接近功率匹配，而在调制时使其反射系数增加。常用的反向散射方法是在天线的两个输入端之间并联一个接有开关的电容。反向散射调制电路如图 6-7 所示，调制信号通过控制开关的开启，决定了电容是否接入芯片输入端，从而改变了芯片的输入阻抗。

2. 解调电路

出于减小芯片面积和功耗的考虑，目前大部分无源 RFID 标签均采用了振幅键控（ASK）调制。对于标签芯片的 ASK 解调电路，常用的解调方式是包络检波，其电路如图 6-8 所示。

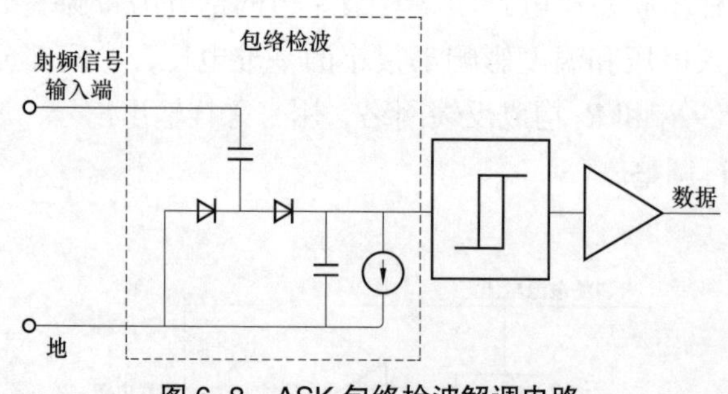

图 6-8 ASK 包络检波解调电路

包络检波部分与电源恢复部分的倍压电路基本相同，但是不必提供大的负载电流。在包络检波电路的末级并联一个泄流源。当输入信号被调制时，输入能量减小，泄流源将包络输出电压降低，从而使得后面的比较器电路判断出调制信号。由于输入射频信号的能量变化范围较大，泄流源的电流大小必须能够动态地进行调整，以适应近场、远场不同场强的变化。例如，如果泄流电源的电流较小，在场强较弱时，可以满足比较器的需要，但是当标签处于场强很强的近场时，泄放的电流将不足以使得检波后的信号产生较大的幅度变化，后级比较器无法正常工作。为解决这个问题，可以采用如图 6–9 所示的带有泄流源结构的包络检波电路。

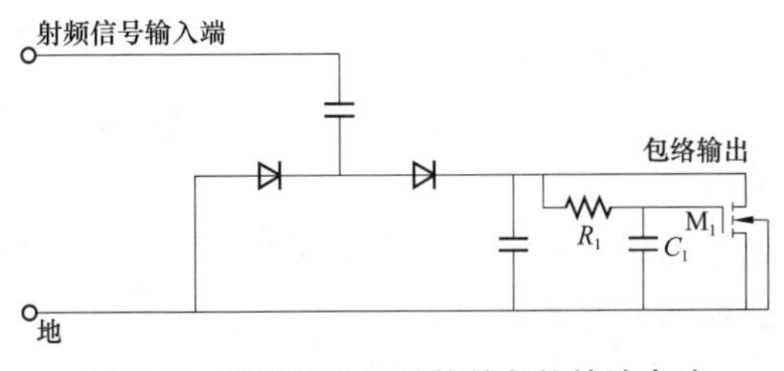

图 6–9　带有泄流源结构的包络检波电路

在输入载波未受调制时，泄流管 M_1 的栅极电位与漏极电位相同，形成一个二极管接法的 NMOS 管，将包络输出钳位在 M_1 的阈值电压附近，此时输入功率与在 M_1 上消耗的功率相平衡；当输入载波受调制后，芯片输入能量减小，而此时由于延时电路 R_1、C_1 的作用，M_1 的栅极电位仍然保持在原有电平上，M_1 上泄放的电流仍保持不变，这就使得包络输出信号幅度迅速减小；同样，在载波恢复后，R_1 和 C_1 的延时使得包络输出可以迅速恢复到原有高电平。采用这种电路结构，并通过合理选择 R_1、C_1 的大小以及 M_1 的尺寸，即可满足在不同场强下解调的需要。

6.2.2.4　启动信号产生电路

启动信号产生电路在 RFID 芯片中的作用是在芯片上电过程中给出复位信号或者启动信号，以保证芯片的正常工作。通常，无源 RFID 标签进入场区后，电源电压上升的时间并不确定，有可能很长，这就要求所设计的电路产生启动信号的时刻与电源电压相关。从射频信号中恢复出能量需要一定的时间，当电源电压上升高于逻辑电路工作电平而没有达到整个芯片电路正常工作电平时，逻辑电路会发生误动作。上电复位电路的功能就是在电源电压上升过程中保持复位状态，直到电源电压稳定到整个芯片可正常工作的电位后，迅速给出启动信号。

图 6–10 是一种常见的启动信号产生电路，其基本原理是：利用电阻 R_0 和 NMOS 管 M_1 组成的支路产生一个相对固定的电压 V_a，当电源电压 V_{dd} 超过

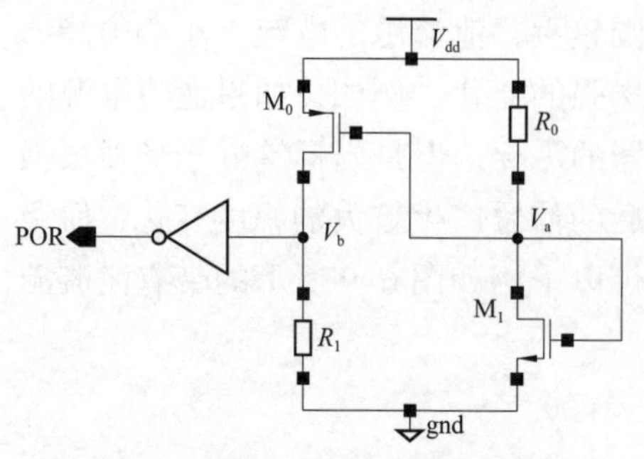

图 6-10　一种常见的启动信号产生电路

NMOS 管的阈值电压后，V_a 电压基本保持不变。随着 V_{dd} 的持续升高，当电源电压达到 $V_a + |V_{tp}|$ 时，PMOS 管 M0 导通使得 V_b 升高，而此前由于 M_0 截止，V_b 一直处于低电平状态。

在设计启动信号产生电路需考虑以下问题：

（1）如果电源电压上升时间过长，会使得复位信号的高电平幅度较低，达不到数字电路复位的需要；

（2）启动信号产生电路对电源的波动比较敏感，有可能因此产生误动作；

（3）静态功耗必须尽可能地低。

6.3　射频识别芯片在智能电网中的典型应用

电力企业作为设备密集型企业，其设备管理能力决定赢利水平。当前电力设备管理面临资产缺乏统一身份编码、分段管理信息难以共享、决策信息支撑不足、资产数据安全缺失、管理效率低下等问题，亟需推进电网资产统一身份编码建设，强化电力资产全生命周期精益化管理，提高资产利用效率，降低运维工作强度和难度，提升设备采购质量，实现电力设备的统一管理和增值保值。

相比传统的一维码技术和 RFID 技术，电力行业专用的高安全 RFID 电子标签使用寿命更长、处理速度更快、数据容量更大、更安全。电力行业 RFID 电力芯片及标签具有以下几方面的特点：

（1）高可靠性。电力 RFID 芯片在设计开发、工艺制程中均按照工业级芯片要求进行研发和生产，产品适应高温、极寒、高湿、盐雾、阳光辐射等恶劣环境。

（2）高安全性。电力行业带安全机制的 RFID 标签存储了电网统一管理的密钥，标签不能仿制，非法设备同样不能进行标签信息的读取和篡改，保证 RFID 标签和读写设备的合法性，做到标签防伪功能。

（3）强适应性。电力行业 RFID 电子标签具备良好的耐冲击、抗弯曲、抗脱落、多种安装方式等物理特性，符合电力设备环境及种类多样的应用需求。

（4）高性能。电力行业 RFID 电子标签具有识别距离远、识别速度快、识别准确率高、使用寿命长等特点。

电力 RFID 设备管理应用系统架构一般由以下五个部分组成：实物资产层、RFID 基础管理层、移动应用层、业务应用系统层、基于大数据的应用层。系统架构图如图 6–11 所示，其中每一部分的功能及用途如下：

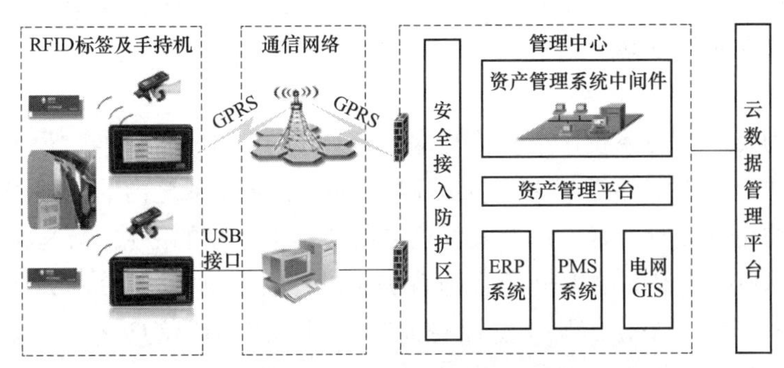

图 6–11　电力 RFID 设备管理应用系统架构图

（1）实物资产层。主要包括变压器、变电柜、开关柜等资产设备，具有种类繁多、环境多样、分布广泛、资产值高、服务周期长等特点。

（2）RFID 基础管理层。主要是针对实物设备应用需求，提供包括普通标签、室内抗金属标签产品和室外高防护类特制标签产品，产品具有抗高磁、耐腐蚀、抗高温高湿等特点。标签存储的信息包括设备 ID 号码、设备更新关键信息。

（3）移动应用层。通过 RFID 中间件，采用符合工业级应用需求的高防护等级移动式或者固定式读写终端采集 RFID 标签信息。

（4）业务应用系统层。业务应用层是与实物资产规划、采购、建设、运营、检修、报废流程密切相关的业务应用系统。

（5）基于大数据的应用层。采用“大云物移”的理念，通过大数据处理和云计算，对设备的数据进行统计分析，形成建议、预警、评价等结论，为决策者、操作人员提供工作依据。

6.3.1　射频识别芯片在电力资产管理系统中的应用

6.3.1.1　应用概述

射频识别芯片在电力资产管理系统中的应用是将密码技术与射频识别技术相结合，是提高电力企业资产管理水平的重要基础。通过给每一个电力资产安装 RFID 电子标签，为资产赋予唯一的实物标识，从而实现实物全寿命周期追踪，整合资产实物流、信息流、价值流，有效支撑实物资产全寿命周期管理。

高安全电力资产 RFID 标签的应用可实现实物识别、激活、全寿命周期追踪与信息互联，消除系统间、业务间信息壁垒。实物身份 ID 在各个环节，贯穿始终，各阶段的其他编码与之建立联系，可以达到全寿命跟踪、全过程记录的目的，可以有效整合实物流、信息流、价值流，为业务提供及时、综合、完整且有价值的业务信息。

6.3.1.2 应用实现

1. 系统介绍

在电力资产管理系统中，资产目录与资产 RFID 电子标签通过设备信息分类编码规则进行关联，设备信息分类编码为资产设备在系统内的唯一身份，从而实现设备的台账、资产卡片以及实物资产的账、卡、物的一致。

基于 RFID 技术的电力资产管理系统通过开展实物资产 ID 建设工作，实现电网实物资产统一身份编码，进而打通跨部门、跨专业信息交互，实现资产管理各环节信息的有效贯通和高效共享。

2. 系统功能

基于 RFID 技术的电力资产管理系统包括电子标签、RFID 识别终端、打印机以及软件管理系统，具有对资产设备信息采集、资产盘点、RFID 标签打印 / 发行等功能，从而实现资产新增→资产领用→资产盘点→资产变更→资产借用→资产维修→资产返还→资产报废→物资处理的闭环管理。具体的电力资产全寿命周期管理系统结构如图 6–12 所示。

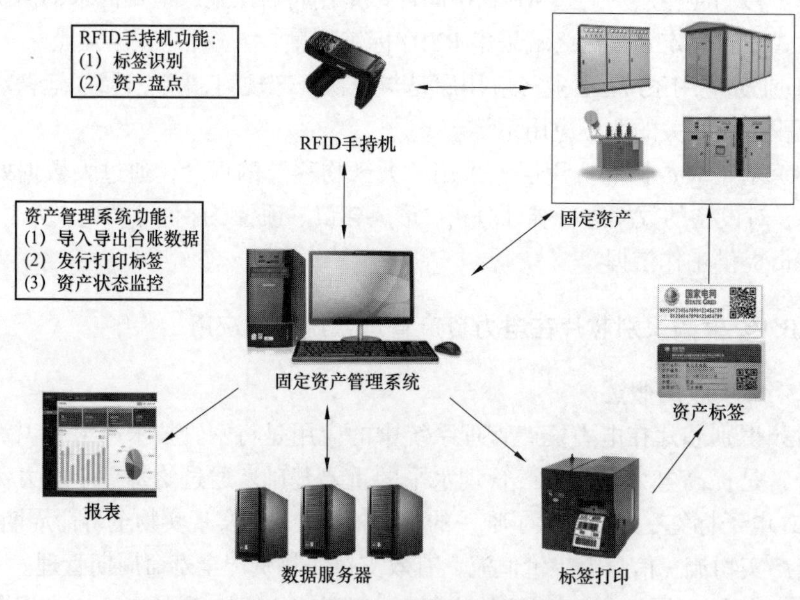

图 6–12 电力资产全寿命周期管理系统结构

3. 案例实现

在进行标签发行与资产盘点时，首先需要将整理过的资产台账数据导入系统。通过在PC客户端执行打印标签程序生成台账的基础数据和盘点单。通过同步程序将台账信息及盘点单下载到RFID识别终端。

在整个标签发行与资产盘点应用中，系统需要以下功能完成对业务的支撑：

（1）RFID标签识别操作：通过RFID识别终端识别读取到RFID标签的信息并将信息传回资产管理系统中，并能通过接口获取到该资产的详细信息。

（2）RFID标签校验：从资产管理系统中获取到资产的详细信息后，可以和现有RIFD标签中存储的信息做对比，若有差异，可将此差异记录到RFID系统日志中。

（3）盘点操作：首先通过下载或通过导入Excel的方式导入资产管理系统的盘点计划，RFID识别终端可以选择盘点计划并通过自动识别RFID标签来执行盘点。在扫描盘点后系统即可得出资产确认情况，且在盘点时可以对比ID、地点、产品编号以及其他信息，并将差异导入系统日志。

（4）用户操作LOG查询：查询用户操作LOG，追溯用户操作记录。

（5）系统权限管理：用户、用户组、角色、权限管理、判别与控制。

电力资产管理系统是实现智能电网系统建设的重要组成部分，是提高电力企业资产管理水平的重要基础。高安全RFID电子标签在电力资产全寿命周期管理的应用推广可以有效保证智能电网的资产安全，有利于电网的“安全、可靠、优质、高效、经济”运行。

6.3.2 射频识别芯片在智能电表中的应用

6.3.2.1 应用概述

智能电网以通信信息平台为支撑，具有信息化、自动化、数字化、互动化特征，将实现“电力流、信息流、业务流”高度一体化融合。电能表RFID电子标签采用超高频RFID技术，针对常规智能电能表进行特殊设计，具有识别距离远、识别速度快、识别准确率高、抗干扰性能强、使用寿命长等特点，单次批量识读数量可达200只，高防护的物理特性设计保证RFID电子标签可直接粘贴于电能表表壳内部，主要用于电能表出入库、库存盘点以及电能表巡检管理等过程。

6.3.2.2 应用实现

1. 系统介绍

RFID智能电表仓库管理系统是一个实时的计算机软件系统，它能够按照运作的业务规则和运算法则，对信息、资源、行为、存货进行更完美的管理，使其最大化满足有效产出和精确性的要求。

仓储管理系统按用户预定的优先原则来优化仓库的空间利用和仓储作业。对上，它通过电子数据交换等电子媒介，与企业的局域网联网，由主机下达收货和订单的原始数据。对下它通过无线网络、手提终端、条码系统和射频数据通信等信息技术与仓库的员工联系。上下相互作用，传达指令、反馈信息并更新数据库。

2. 系统功能

RFID 通道设备可以同时扫描整箱电表电子标签数据，扫描完毕后才把数据整体上传和校验，可以做到整箱数据采集，大大节省了电表出入库的工作时间，最大程度上提高仓库管理工作的效率。

特点：

（1）RFID 通道设备可同时读取多个 RFID 电子标签，理想效果可以同时扫描百个以上电子标签。

（2）RFID 电子标签对水滴、油和化学药品等物质具有很强的抵抗性，对标签数据的读取环境要求不是很苛刻。

（3）在被覆盖的情况下，RFID 通道设备能够穿透纸张、木材和塑料等非金属或非透明的材质读取标签上的信息，并能够进行穿透性通信。

（4）由于 RFID 承载的是电子式信息，其数据内容可以有密码保护，使其内容不易被伪造及变更。

3. 案例实现

主管部门根据销售需求分配指定电能表序列号码，电能表序列号码由主管部门分配给电子标签供应商，供应商根据编码进行标签打印和信息写入，打印好的电子标签由电能表生产厂家在生产线进行粘贴，粘贴好电子标签的电表配送给相应的供电局仓库，由此就进入了电网公司的 RFID 仓储管理信息系统。对需要出入库的电能表，可以通过 RFID 移动手持终端或者射频识别箱体进行出入库数据采集，并将数据采集结果上传到计量一体化管理系统。RFID 智能电能表仓库管理系统结构如图 6–13 所示。

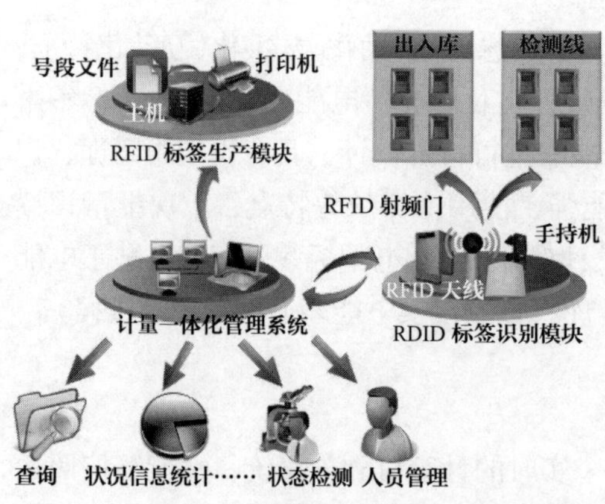

图 6–13　RFID 智能电能表仓库管理系统结构

标签生产模块主要包括 RFID

标签、RFID 标签打印机、RFID 测试机等设备，用以完成标签的印刷和写入工作。

标签识别模块主要包括单体标签读写器、射频门标签识别系统、手持读写器等设备，用以完成计量设备信息的采集和上传。

具体应用流程如下：

（1）编码分配。电能表电子标签的编码需主管上级部门进行按需分配。主管上级部门把规划好的电能表电子标签编码发送给电子标签打印部门。

（2）电子标签打印、信息写入。电能表电子标签的打印、信息写入工作可以由 RFID 标签供应商完成，以保证标签信息的正确，也可以由电能表生产厂家完成打印工作，这样可节省电子标签的流通环节减少系统运营成本。电子标签打印需要由专业的 RFID 打印机完成，在打印的同时把电能表编码写入电子标签数据存储区。

（3）电子标签粘贴。电能表电子标签粘贴工作必须由电能表生产厂家完成。电子标签供应商把打印好的电子标签发送到相应的电能表生产厂家，电能表生产厂家在电能表生产线末端对电能表进行电子标签粘贴工作。

（4）电能表入库。粘贴有电子标签的电表入库，需要通过 RFID 专业扫描设备进行数据采集作为管理系统的唯一数据源。电能表入库可以有两种模式选择：批量入库和单箱入库。

批量入库将需要入库的电能表以箱作为单位，使用 RFID 射频门批量识别装置，把所有需要入库的电能表全部扫描完成后，再进行数据上传、校验工作。

单箱入库的最大优势在于可以把电能表和箱号捆绑入库，这样操作就保证了电能表入库的精确操作，在入库环节严格把关就可以最大程度地减少出库环节的工作量，减少出库操作错误，提高出库效率。

（5）电能表盘点。电能表盘点主要是查看电能表的数量和在仓库的电能表编码。电能表盘点只需要使用 RFID 手持机扫描电能表箱号就可以查看电能表是否在库、数量是否齐全。

（6）电能表出库。单箱入库的电能表可以采用 RFID 手持机扫描箱号或者电能表电子标签进行单箱出库，批量入库的电能表可以采用 RFID 射频门批量识别的方式进行批量出库，RFID 电子标签的运用使电能表出库的管理更加简单、实用、高效。

（7）电能表查询。电能表的一些相关的详细信息查询可以在电网公司营销系统上面完成。营销系统可以把仓库内每只电能表的详细信息显示给工作人员，为工作人员的下一步操作做出正确的判断。

（8）数据中心。该管理系统的数据中心由营销系统开发人员创建、维护、管理。RFID 仓库管理系统只需要把重要的电能表数据发送给数据中心即可。

（9）接口软件。接口软件在该项目里面也承担了很大的作用，接口软件是 RFID 扫描设备和电网公司营销系统结合的桥梁。接口软件主要负责把通过 RFID 手持机的电能表电子标签信息全部发送到数据中心进行记录保存。

基于 RFID 射频识别技术的电子标签作为电能表的“身份证”，以识别距离远、快速、不易损坏、容量大等条码无法比拟的优势，简化繁杂的工作流程，有效改善供应链的效率和透明度，对电能表到货检验、批次、入库、出库、调拨、移库移位、库存盘点等各个作业环节的数据进行自动化的数据采集，保证电能表出入库管理各个环节数据输入的效率和准确性，确保仓库管理部门及时准确地掌握库存的真实数据，同时，利用库位管理功能，更可以及时掌握所有库存资产的当前所在位置，显著提高电能表出入库管理的效率和可靠性。

6.3.3 射频识别芯片在互感器中的应用

6.3.3.1 应用概述

随着电网的快速建设和发展，作为电力系统中计量设备的电流、电压互感器，也有了越来越多的应用。现有的日常用电检查工作中，对互感器的识别主要是通过人工对照互感器铭牌来完成。从目前的检查情况来看，人为更换互感器本体及更换铭牌的现象时有发生，而且此类行为都具有相当的隐蔽性，往往是凭借工作人员的经验才能发现，因此需要提供一种互感器的电子标签以解决上述问题。

而传统的带有条形码的铭牌在使用时存在种种的问题，如粘贴式易脱落；易更换、易仿冒；易篡改；条形码污损后无法辨识；管理效率低等。与传统的带有条形码的铭牌相比，电力互感器电子标签有以下特点：200℃耐高温设计，一体注塑不易更换不脱落；无法更换、篡改和仿冒；ID 数据采用商用密码算法进行高安全管控。

6.3.3.2 应用实现

将 900MHz 的 RFID 电子标签与电流互感器一体化成型，实现电流互感器的唯一编码，使电流互感器具备不可替换性，借助 RFID 技术实现电流互感器的防伪造，实现防窃电。

互感器标签采用带商用密码算法的超高频 RFID 芯片，使互感器具有唯一身份标识，内部数据不可被非法篡改，同时互感器标签在互感器注塑过程中植入互感器本体，可作为互感器铭牌使用。注塑后的互感器标签不影响互感器原有的相关结构和外形尺寸，不会对互感器的各种安全、准确度、电气性能等产生不利影响。图 6–14 为植入式互感器电子标签应用流程，每个环节执行的功能如下：

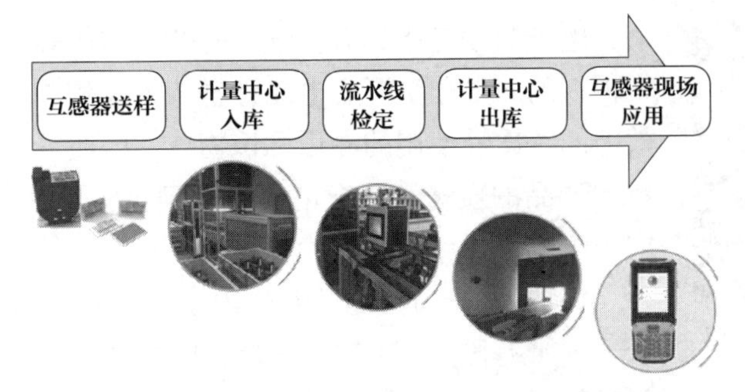

图 6-14　植入式互感器电子标签应用流程

（1）样品送检：投标厂家采购互感器电子标签试制样品进行送样，省公司使用互感器标签检测仪器进行样品检测。

（2）入库：通过射频门进行批量的识别完成互感器到货入库，并将互感器标签编码上传到生产信息管理应用系统。

（3）流水线检定：在互感器检定合格后，通过流水线 RFID 读写工位将检定信息写入电子标签，同时粘贴合格证。

（4）自动化出库：在自动化出库环节，通过射频门实现互感器的批量出库。

（5）互感器现场应用：在现场应用环节，计量中心制定现场应用作业平台，将安装、巡视、检修、报废等环节的信息进行统一管理。

与现有技术比，互感器电子标签具有如下特点：

（1）标签具有优良的耐高温、耐腐蚀、耐辐射、阻燃、均衡的物理机械性能；

（2）标签具有极好的尺寸稳定性以及优良的电性能等特点，理论上能承受240℃以上的温度，也适用于激光打码；

（3）电子标签使得互感器能够快速识别；

（4）可减少人工错误，避免偷换铭牌的问题；

（5）节省人力，操作简单。

该系统有效地解决了通过互感器本体进行窃电的问题，同时实现了互感器入库、检定、配送、安装、巡检、抽检、轮换和报废的全寿命周期管理，提高互感器质量监督水平。

6.3.4　射频识别芯片在电子封印中的应用

6.3.4.1　应用概述

基于 RFID 技术和密码安全技术一体的电子封印为实现安全、可靠、高效、经济的智能电网提供了强有力的技术保障。

图 6-15　卡扣式电子封印

电子封印是指具有自锁、防撬、防伪等功能，用来防止未授权的人员非法开启电能计量装置及相关设备、具有法定效力的一次性使用的专用标识物体。因此，为提高电力计量封印产品的质量和防窃电水平，满足安全性、易追溯要求，应用于电子封印的新一代的射频识别芯片登上了舞台。

最典型的是将物联网 RFID 技术与国家商用密码算法结合，内带有国密 SM 7 算法的卡扣式电子封印。卡扣式电子封印如图 6-15 所示。

6.3.4.2　应用实现

1. 系统介绍

电子式电能计量封印采用 RFID 技术，内嵌国家密码管理局专用加密算法，实现数据信息的安全存贮，具有自锁、防撬、防伪等功能。主要安装在智能电能表、计量箱、采集终端、互感器二次端子盒等设备上，用于计量设备在出厂、检定、现场安装维护等环节，防止未授权人员非法开启电能计量装置及相关设备，是具有法定效力的专用标识物体。

电子式电能计量封印主要是提供给各省市电力计量中心，配合专用的手持终端、主站管理软件及业务操作平台，实现智能封印管理系统的完整解决方案。该系统的建立完善了计量部门对电表的检定、安装、巡检过程中，对于计量设备的监督、检查等工作。

采用封印对计量设备进行施封，能有效解决普通的封印和塑料封印带来的易漏检、易复制、不便于统计巡检人员的工作量等问题；还可实现对计量设备从检定、安装、巡检、抽检、报废等全生命周期管理的目的，满足电力行业对信息安全要求高的应用特点，市场潜力巨大；同时，该封印适应电网新型智能电能表和新型计量箱的结构、配合专用的手持终端、主站管理软件及业务操作平台，实现对各种类型计量资产安全管理的目的。

2. 系统功能

计量设备电子封印管理系统包含三大子系统：密钥管理系统、生产系统、业务系统。本系统采用电子封印、密码机、PSAM 卡、封印发行机、手持终端、固定式读写器、服务器等硬件设备，结合计量设备的日常管理，实现电子封印从生产发行、安装、报废的全流程管控。图 6-16 为计量设备电子封印管理系统架构，其中各子系统的功能及用途如下：

（1）密钥管理系统。密钥管理系统是为了 RFID 电子封印安全应用而设计的安全系统，考虑到电子封印在业务应用上的实时性、快捷性等要求，密钥管理

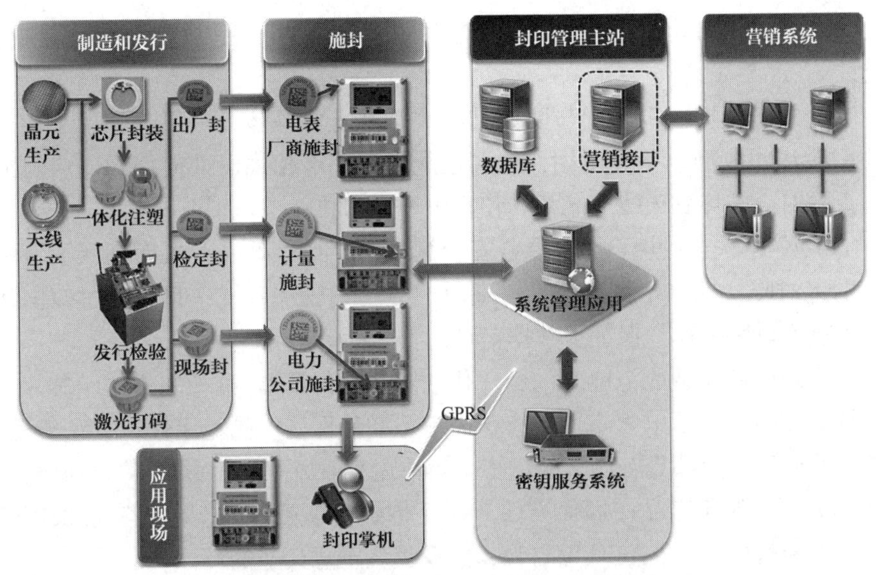

图 6–16　计量设备电子封印管理系统架构

系统采用对称加密体制。该密钥管理系统采用国密 SM1 或 SM7 对称加解密算法，根据智能电能表电子封印的应用特点，从安全的角度为具体应用场景进行密钥保护方案设计，实现密钥的生成、传递、备份、恢复、更新、应用的全生命周期的管理。

（2）生产系统。生产系统主要用于发行电子封印、PSAM 卡，完成电子封印和 PSAM 卡的密钥灌装；生产系统采用一级部署的方式，通过自动化发行设备，主要完成对电子封印和 PSAM 卡的生产，建立相应的文件结构和初始化密钥的灌装。结合实际生产的需要，建立发行子系统，即将电子封印和 PSAM 卡发行部分独立出来，满足批量发行的生产需要。根据密钥体系安全的要求，生产所用密码机由密钥管理系统发行，并经过严格的流程发放到生产车间供发行系统使用。卡片发行系统通过密码机向卡片灌装密钥，保证安全性。

（3）业务系统。业务系统是与营销系统对接的数据交互系统，实现对电子封印数据的下发、上传、绑定等功能。

（4）系统管理应用服务。系统管理应用主要实现了 RFID 封印资产化、计量设备资产的全生命周期管理，从入库、领用、施封、巡检、拆封、报废整个生命周期，对其进行全程跟踪，应用服务分为电子封印管理、计量资产管理、掌机及卡证管理、工单管理、组织结构管理、系统角色权限管理几个部分。

将射频识别芯片应用于电子封印的主要特点如下：

（1）采用了带国密算法的 RFID 芯片：保证一封一密，实现了高级别防伪功能。

（2）封印防拆：将芯片与防撬结构完美整合成一体，电子封印体采用 ABS 材质一次注塑成型，坚固耐用，抗腐蚀能力强，卡扣式设计使得封印启封或受外力拆除时会破坏到天线或芯片，使得电子封印将无法识别。

（3）数据安全：电子封印内置安全算法，序列号唯一，从而确保了每一个封印的绝对唯一性和不可仿造性，通过建立密钥管理系统，只有通过双向认证后方可进行读写操作，保证了数据信息的安全性。

电子封印堪比智能电能表的新一代“防伪身份证”。电子加密封印芯片在功能设计上充分考虑了电力应用的特殊需求，在环保、产品稳定性、算法安全性、防攻击性能等方面都具有显著的优势。具体说来有以下几个方面：

（1）电子封印产品在环保方面，摒弃传统污染铅材料，电路实现采用环保工艺、外壳材质采用 ABS 环保材料，实现了真正意义上的环保。

（2）在安全性方面，封印内置带有安全算法的电子加密封印芯片，封印可记录全国唯一的应用序列号、封印类型等封印产品基本信息，封印可作为载体实时记录资产管理过程中的信息；同时，封印采用了加密芯片技术，现场人员必须使用通过系统授权的掌机进行安全认证和数据加解密，才可以对封印操作，保障了资产管理过程中数据上传下达的安全性。

（3）在自动化管理方面，卡扣式的设计使得封印启封或被外力破坏后，不能再恢复其施封状态，较穿线式封印的施封工作简化了工作量，提高了工作效率，提高了防伪、防拆特性，可实现全自动化管理，降低了人力成本。

计量设备电子封印管理系统能够全面提升防窃电水平，间接地降低电力线路的线损率，有效地杜绝窃电损失，保护国家财产安全，维护电力公司利益和广大民众的用电安全。

第7章

传感芯片技术及应用

7.1 传感芯片概述

人类社会已进入信息化时代，工农业生产、交通、物流、社会服务等方方面面都需要实时获取各种信息，而传感器通常是各类信息的源头，是各类智能化系统的“感觉器官”。传感器是以一定精确度把某种被测参量（主要为各种非电的物理量、化学量、生物量等）按一定规律转换为另一参量（通常为电参量）的器件或测量装置。传感器通常由敏感元件和转换元件组成。敏感元件根据感知量的不同分为热敏元件、光敏元件、气敏元件、力敏元件、磁敏元件、湿敏元件、声敏元件、放射线敏感元件、色敏元件和味敏元件等。

近年来，世界各国都将传感器列为重点发展的技术方向，传感器技术发展日新月异。特别是随着 MEMS 工艺、集成电路工艺、立体封装技术等技术的发展，传感器微型化、智能化水平不断提高。传感芯片就是传感器微型化的产物，在传感芯片内可以集成多种敏感元件和转换元件。在智能电网中广泛应用的传感芯片包括磁传感芯片、温度传感芯片、光电传感芯片、加速传感芯片、位移传感芯片等，芯片内分别集成了磁敏元件、热敏元件、光敏元件等。传感芯片在智能电网的防窃电、红外通信、电气隔离、电能计量、温度感知等功能领域中发挥了重要作用。

7.1.1 传感芯片架构

常见的传感器一般由敏感元件、转换元件、变换电路和辅助电源模块组成。整体架构如图 7–1 所示。

敏感元件直接感受被测量，如力、热、光、声、化学量、生物量等，并输出与被测量有确定关系的物理信号；转换元件将敏感元件输出的物理量信号转换为电信号；变换电路负责对转换元件输出的电信号进行放大调制。一般的敏

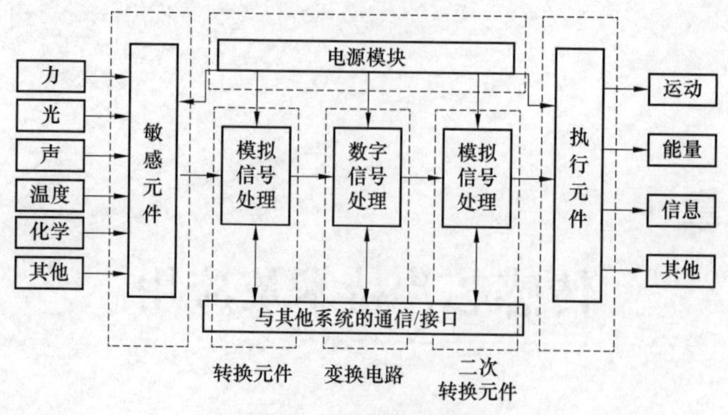

图 7–1　传感器架构图

感元件、转换元件及变换电路均需要辅助的电源进行供电。

随着传感器的不断发展，目前一些先进的传感器还具备执行单元，通过二次转换元件将电信号转换为物理信号去驱动执行单元进行工作，如运动、能量转换、信息采集等。

7.1.2　传感芯片的分类和功能

7.1.2.1　磁传感芯片

磁传感芯片集成磁敏元件和后端处理电路，包括磁阻、斩波放大电路、温度补偿电路等模块，传感芯片整体结构如图 7–2 所示。

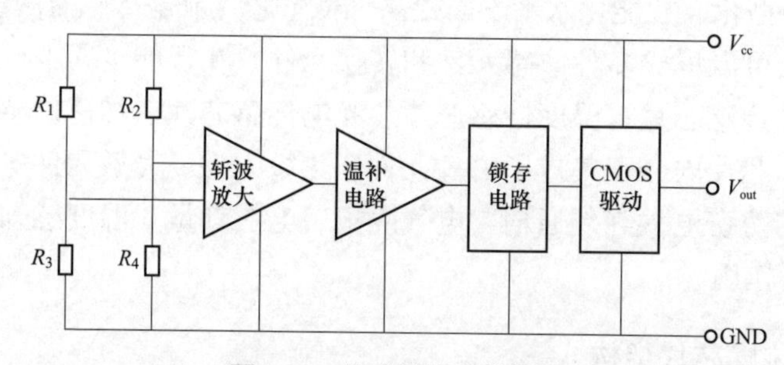

图 7–2　传感芯片总体框图

1. 磁开关芯片

磁开关芯片是一种接收磁信号，并按一定规律转换成可用输出信号的器件或装置。磁开关芯片最大的应用方向是无接触测量，在汽车、民用仪表等方面都有着广泛的应用。其测量的对象包括电流、线性速率、转速、角度、位置、位移等多种物理量。磁开关芯片按其原理及设计可以分为电磁感应、磁通门、霍尔、各向异性磁阻（AMR）、巨磁阻（GMR）等。

2. 磁隔离器芯片

磁隔离器芯片是采用巨磁电阻技术集成的高速 CMOS 器件。磁隔离器芯片非常适合与其他通信电子元件集成实现单一芯片的多通道隔离，它的体积很小而且能耗低，传输速度相比于传统的光电隔离器有了非常大的提高，可在高速数字通信领域发挥重要作用。

3. 电流传感芯片

电流传感芯片是指能感受到被测电流信息，并按照一定规律转换成为符合一定标准需要的电信号或其他所需形式信息输出的电子器件。电流传感芯片在继电保护与测量、直流自动控制调速系统、逆变器、不间断电源、电子点焊机、电车斩波器、交流变频调速电机以及电能管理等方面有广泛应用。随着新兴技术的不断发展，电流传感芯片未来的发展趋势具有以下特点：高灵敏度、温度稳定性、抗干扰性、高频特性。

7.1.2.2 温度传感芯片

温度传感芯片主要由温度传感模块、Δ－Σ调制器、计数器、控制时钟模块、偏置和基准模块以及接口模块六大模块组成，其总体框图如图 7–3 所示。

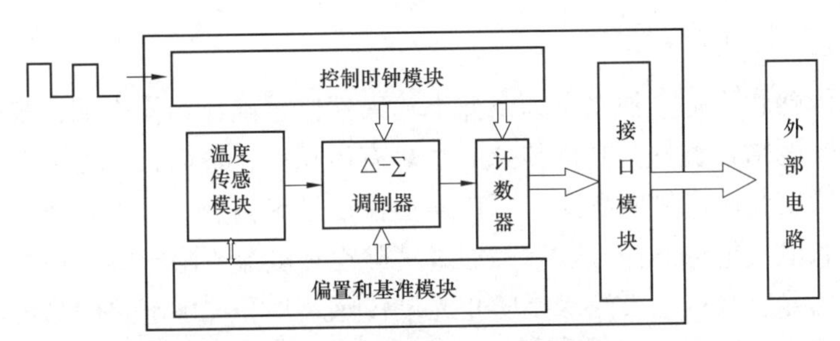

图 7–3　温度传感芯片总体框图

1. 模拟集成温度传感芯片

模拟集成温度传感芯片是在 20 世纪 80 年代问世的，它将温度传感器集成在一个芯片上，可完成温度测量及模拟信号输出等功能。模拟集成温度传感器的主要特点是测温误差小、价格低、响应速度快、传输距离远、体积小、微功耗等，适合远距离测温，不需要进行非线性校准，外围电路简单。测温范围从 –55~+125℃，由于可根据环境封装成不同产品，故可用于冷冻库、粮仓、储罐、电信机房、电力机房、电缆线槽、轴瓦、缸体、纺机等测温和控制领域，以及中低温干燥箱供热/制冷管道热量计量、中央空调分户热能计量和工业领域测温和控制等。

2. 数字输出温度传感芯片

数字输出温度传感芯片就是把温度物理量和湿度物理量，通过温、湿度敏感元件和相应电路转换成方便计算机、PLC、智能仪表等数据采集设备直接读取的数字量的传感芯片，应用在对温度敏感的应用场合。开始供电时，数字温度传感芯片处于能量关闭状态，供电之后，用户通过改变寄存器分辨率使其处于连续转换温度模式或者单一转换模式。用户可以通过程序设置分辨率寄存器来实现不同的温度分辨率，其分辨率有8位、9位、10位、11位或12位5种，对应温度分辨率分别为1.0℃、0.5℃、0.25℃、0.125℃或0.0625℃。

7.1.2.3 光电传感芯片

光电传感芯片主要由传感原件、光电转换模块、信号处理模块组成，其总体框图如图7–4所示。

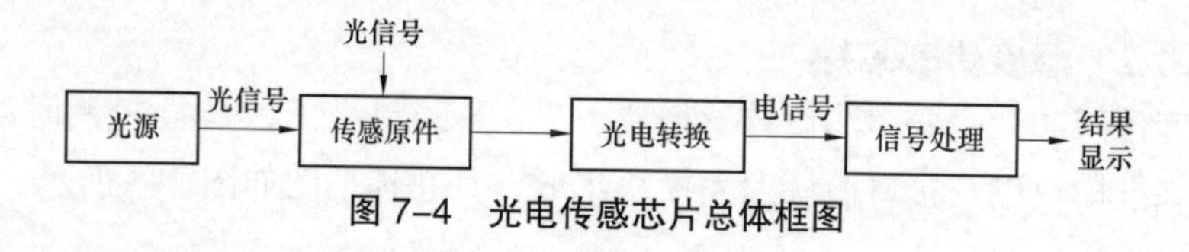

图7–4 光电传感芯片总体框图

1. 光耦传感芯片

光耦传感芯片是一种以光为媒介把输入端信号耦合到输出端，来传输电信号的新型光电结合器件。光耦传感芯片具有体积小、寿命长、无触点、抗干扰能力强、输出和输入之间隔离、可单向传输信号等特点。其主要作用有两个：信号隔离和电气绝缘。信号隔离是通过消除组环电流、阻塞噪声信号和共模瞬变来改善信号质量；电气绝缘是防止光耦传感芯片和灵敏电路因高压电势而引起损坏，使用户安全地使用元器件或设备。光耦传感芯片能够抑制尖峰脉冲及各种噪声，具有很强的抗干扰能力和信号隔离作用。

2. 红外通信芯片

红外通信芯片是利用近红外波段的红外线作为传递信息的媒体（即通信信道）进行无线通信的器件。由于能够满足设备间非接触和高位速率数据通信要求，红外通信芯片具有适用范围广、控制简单、实施方便、较低的成本和低功耗等优势，通常被应用于计算机及其外围设备、家用电器、工业设备和医疗设备等，可实现语言、文字、数据、图像等信息的传输，近距离遥控等功能。

红外通信系统一般由红外发射器、红外信道、红外接收器三部分组成，所以红外通信芯片可分为红外发射芯片、红外接收芯片以及红外发射与接收一体化芯片。

7.1.2.4 位移传感芯片

位移传感芯片将位移量转移为电信号，经由变压器电桥、相敏检波、带通信放大，由 A/D 转换，输出位置量数据，其总体框图如图 7–5 所示。

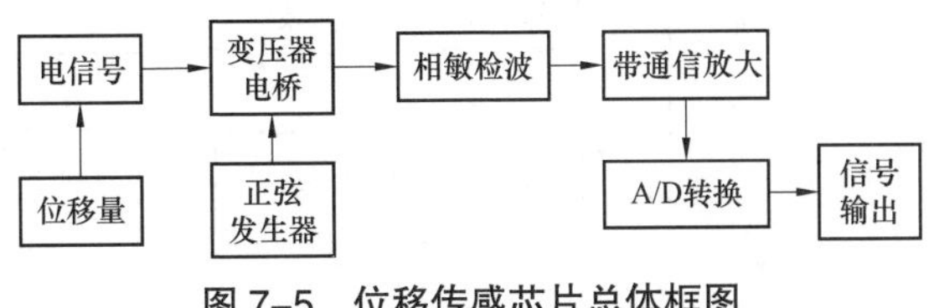

图 7–5 位移传感芯片总体框图

1. 电感位移传感芯片

电感位移传感芯片是通过把被测移量转换为自感、互感的变化，通过测量电感量的变化，实现位移的测量。可将微小的机械量，如位移、振动、压力造成的长度、内径、外径、不平行度、不垂直度、偏心、椭圆度等非电量物理量的几何变化转换为电信号的微小变化，转化为电参数进行测量，具有输出功率大、灵敏度高、稳定性好等特点，在自动控制系统、机械加工与测量行业中应用十分广泛。

2. 电容位移传感芯片

电容位移传感芯片的敏感部分是具有可变参数的电容，芯片将位移的变化所引起电容的变化转换为电压的变化，通过测量电压的变化得到位移量信息。电容传感芯片的电容值通常较小，通常借助信号放大电路，将微小的电容变化转换为与其成正比的电压变化。电容位移传感芯片采用非接触的精密测量方式，除具有无摩擦、无损磨特点外，还具有信噪比大、灵敏度高、零漂小、频响宽、非线性小、精度稳定性好、抗电磁干扰能力强和使用操作方便等优点，适合缓慢变化或微小量的测量，可应用于需要极高精度的测量领域，如测量半导体移动部件的位移量、测量精密部件的厚度和尺寸、航空航天中的位移检测等。

7.1.2.5 加速度传感芯片

加速度传感芯片由加速度感应单元、容压转换器、增益滤波器、振荡器、时钟发生器、逻辑控制及微调电路构成，其总体框图如图 7–6 所示。

1. 线加速度传感芯片

线加速度芯片是将受控或被测对象沿某一直线方向的运动加速度转换成电信号或其他形式信号的装置。所有加速度计的工作原理都可用牛顿第二运动定

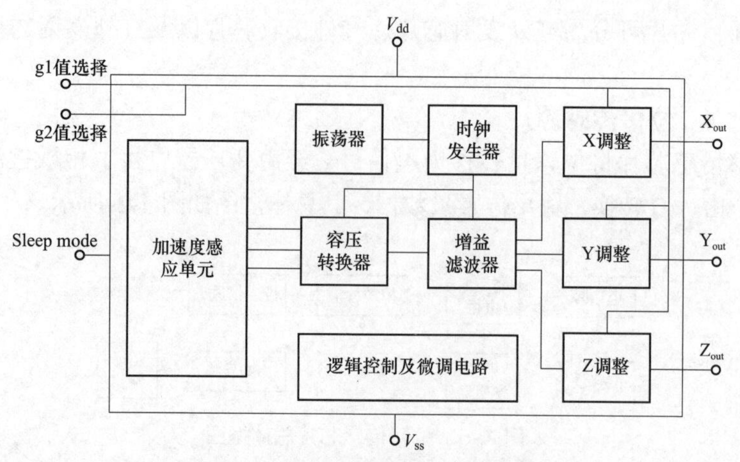

图 7–6　加速度传感芯片总体框图

律进行描述,即力等于质量乘以加速度。敏感质量体是加速度检测中的关键部件，一个质量块被加速时，就存在一个正比于加速度作用的力，通过测量该力即可检测到加速度。

2. 角加速度传感芯片

角加速度传感器是能够测量角加速度，并将测量的结果转化成可用的模拟或数字信号的仪器。物体在空间的运动状态可以分为平移运动和旋转运动两部分。其中，平移运动对应线参考量，旋转运动对应角参考量。在对于运动物体的测量、控制及导航中，不但需要以下信息，如角位移、角速度，更需要角加速度的信息。旋转角加速度的测量是机械测量中很常见的测量物理量之一。按照感应角加速度的技术手段和测量方法，角加速度传感器主要分为两类：直接测量方式，即通过特定敏感元件直接获取角加速度信息；间接测量方式，即采用相关计算算法对角速度（角位移）进行微分处理以得到角加速度信息。

7.1.2.6　力传感芯片

力传感芯片由测量力的传感器件、逻辑控制电路、通信模拟前端电路、天线、电压监测器构成，力传感芯片结构图如图 7–7 所示。测力传感器有多种获取力值变化的方式,其将测量的力值转换成数字信号输出,通过前端通信电路的处理，然后通过天线将采集到的信号发送出去，最终被基站、读写器等接收到，从而完成传感信号的采集传输工作。

1. 电阻应变式传感芯片

电阻应变式多维力传感芯片的力敏感原理是应变片的应变——电阻效应。当外力施加在一定形状的弹性元件上时，首先弹性体会发生变形，这时贴在弹

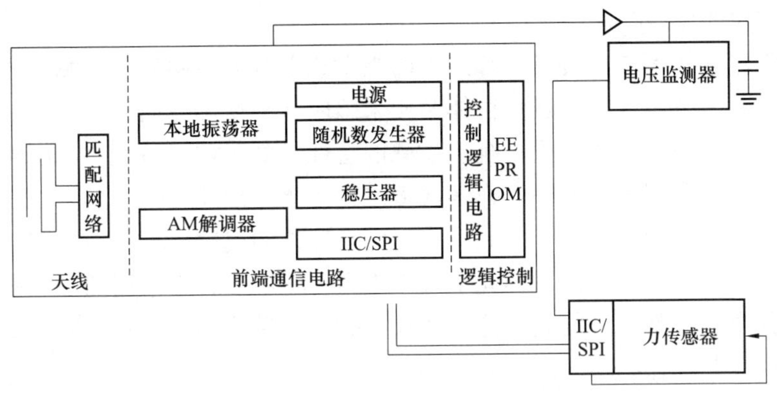

图 7-7　力传感芯片结构图

性元件上的应变片随之发生变形，并将受到的力以相应量的电阻阻值的变化输出，最后通过转化电路把电阻的变化转化成电压的变化用于后期的检测和处理。在众多测量原理的多维力传感芯片中，电阻应变式传感芯片是目前应用领域最广的一种，因为它具有一系列优点，如精度高、测量范围广、技术成熟等，但同时也存在着动态响应差、桥路受外界因素影响较大等缺点，电阻应变式多维力传感芯片设计的重点在于设计出合理的弹性体结构。

2. 压电式传感芯片

压电式多维力传感芯片的测力原理为压电材料所具有的特殊现象——压电效应。表现为受外界应力作用后，压电材料表面就会逸出电荷。作用外力变化时，表面电荷也会发生变化，以此带来输出信号即电压信号的改变，压电材料的主要特点是具有很高的固有频率，特别适合于动态测量，但它最大的缺点是不能长时间作用于静态力。提高压电式多维力传感芯片测量精度的关键途径是处理传感芯片各方向载荷之间的相互干扰。

3. 电容式传感芯片

电容式多维力传感芯片是通过设置多对电容，由极片间的相对空隙变化来实现对多维力的测量。这种检测原理的多维力传感芯片具有较高的灵敏度和分辨率，温度稳定性好，但存在寄生电容影响较大等缺点，实际应用中相对较少。在电容式多维力传感芯片的研究中，Giovani Giovi-nazzo 设计的电容式多维力传感芯片最具代表性，其原理设计是由一个外面包裹的立方套以及里面的立方块组成，立方套和立方块的 6 个相对面间形成 12 个电容，立方套和立方块各有一根控制杆相连，作用在控制杆上的力和力矩使电容极板间产生微位移，由电容的变化就可得到控制杆上力和力矩的大小。

4. 光学式传感芯片

伴随电容式多维力传感芯片产生的光学式多维力传感芯片，测力原理是根据安装光学传感芯片的特殊弹性体结构来感应微小变形继而测出多维力的各个分量。光学检测具有对电磁干扰不敏感的特性，基于这一特点，在电磁干扰比较大甚至更加恶劣的场合中，光学式多维力传感芯片无疑是非常好的选择，但在成本方面却成为它的一个限制因素，而且工作的温度范围相对较窄。典型例子为日本东京工业大学研发的光学式六维力传感芯片，它采用的是六横梁式结构，在其中 3 根梁上安装光学传感芯片，通过光学传感芯片感应微小变形，从而测出六维力的信息。

5. 声表面波式传感芯片

基于声表面波（SAW）的谐振器型压力传感芯片工作原理为，当外界压力作用到压电基片上时，基片各点应力发生变化，导致其弹性常数及密度发生微小变化，从而导致 SAW 传输速度变化；同时，压电基片受外力作用时，其结构尺寸发生改变，从而导致 SAW 波长发生变化。传输速率及波长的变化最终导致谐振器的中心频率发生变化，因此采用读写器通过测量谐振中心频率的变化即可得知压力的大小。

7.2 传感芯片的关键技术和电路

7.2.1 传感芯片关键技术

传感芯片的关键技术包括敏感元件关键技术、模数转换关键技术、传感信号调理关键技术等，下面对传感芯片关键技术进行描述。

7.2.1.1 敏感元件关键技术

1. 磁传感芯片关键技术

磁电阻技术经过半个多世纪的发展，已经由第一代——各向异性磁阻、第二代——巨磁电阻（GMR），发展到目前的第三代——隧道磁电阻（TMR），其他磁阻技术由于自身的一些缺陷，没有得到实际的应用。磁电阻按照其产生机理的不同可以分为以下几种：正常磁电阻（OMR）、各向异性磁电阻、巨磁电阻、隧道磁电阻、庞磁电阻（CMR）。下面选取几种典型的磁传感器技术进行介绍。

（1）正常磁电阻。正常磁电阻来源于载流子在运动过程中所受到的磁场对其洛伦兹力的作用。其最明显的特征为：

1）磁电阻值 $MR>0$；

2）各向异性，但是 $\rho_{\perp}>\rho_{\parallel}$（$\rho_{\perp}$ 和 $\rho_{\parallel}$ 分别表示外加磁场与电流方向垂直及平行时的电阻率）；

3）当磁场不太高时，MR 正比于 B^2。

（2）各向异性磁电阻。在 3D 铁磁金属以及它们的合金中普遍存在各向异性磁电阻现象，在这些材料中电阻值的大小取决于磁化强度和电流方向的夹角。图 7–8 所示为 $Ni_{0.9942}Co_{0.0058}$ 的自发磁化强度随温度的变化曲线，温度范围为从绝对零度到居里温度。在室温下，简单考虑一个圆柱状的 $Ni_{0.9942}Co_{0.0058}$ 样品，因为它的退磁场张量是已知的。用 $\rho_{\parallel}$ 和 $\rho_{\perp}$ 分别表示磁化强度与电流方向平行和垂直时的电阻率，$Ni_{0.9942}Co_{0.0058}$ 的 $\rho_{\parallel}$ 和 $\rho_{\perp}$ 随外磁场的变化曲线如图 7–9 所示，上面的曲线表示磁矩与电流平行时的状况，下面的曲线表示磁矩与电流垂直的状况。可以看到当磁场增大时，$\rho_{\perp}$ 明显变小。当磁场很大时，$\rho_{\parallel}$ 和 $\rho_{\perp}$ 都随磁场增大而一致减小，这种电阻率的减小是由于外磁场导致的除自发磁化强度之外的额外磁化强度的变化所引起的，这是一种各向同性的效应。随着量子力学和

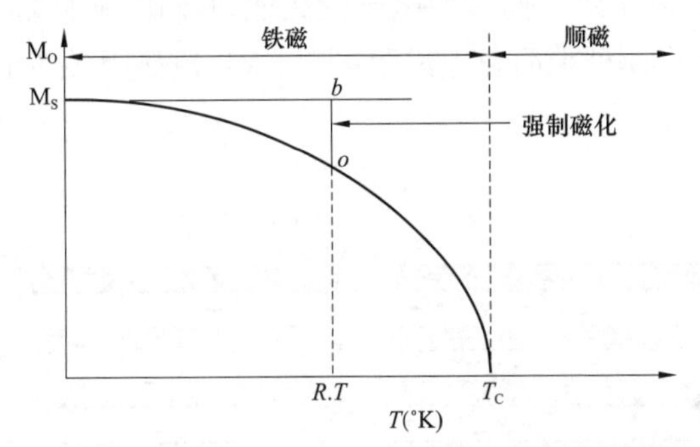

图 7–8　$Ni_{0.9942}Co_{0.0058}$ 的自发磁化强度随温度的变化曲线

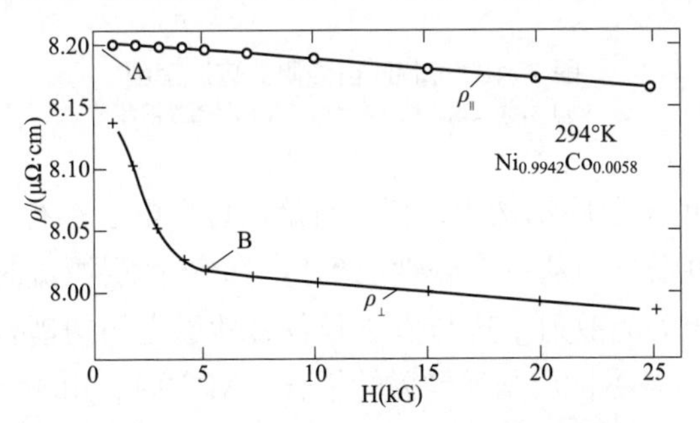

图 7–9　$Ni_{0.9942}Co_{0.0058}$ 的 $\rho_{\parallel}$ 和 $\rho_{\perp}$ 随外磁场的变化曲线

固体理论的发展，现在一般认为 AMR 是由于铁磁材料中的自旋轨道耦合和对称性破缺产生的，是一种相对论的磁输运现象。

材料的各向异性磁电阻值可通过式（7–1）进行计算：

$$AMR=(\rho_{\parallel}-\rho_{\perp})\Big/\left(\frac{1}{3}\rho_{\parallel}+\frac{2}{3}\rho_{\perp}\right) \tag{7–1}$$

式中 AMR——各向异性磁电阻值，Ω；

$\rho_{\parallel}$——外加磁场与电流方向平行时的电阻率，Ω · m；

$\rho_{\perp}$——外加磁场与电流方向垂直时的电阻率，Ω · m。

各向异性磁电阻的电阻变化率虽然和巨磁电阻以及隧道磁电阻相比比较小，但是由于其对方向的敏感性，所以在地磁传感方面有很大的应用价值。

（3）巨磁电阻。GMR 巨磁阻效应本质上来源于铁磁材料多层膜结构中导电的 s 电子受到磁性原子磁矩的散射作用（即与局域的 d 电子作用），散射的几率取决于导电的 s 电子自旋方向与磁性原子磁矩的相对取向。试验表明，自旋方向与磁矩方向一致的电子受到的散射作用很弱，自旋方向与磁矩方向相反的电子会受到强烈的散射作用，而传导电子受到散射作用的强弱直接影响到材料电阻的大小。下面给出模型来简要地说明一下 GMR 巨磁阻效应的原理，如图 7–10 所示。

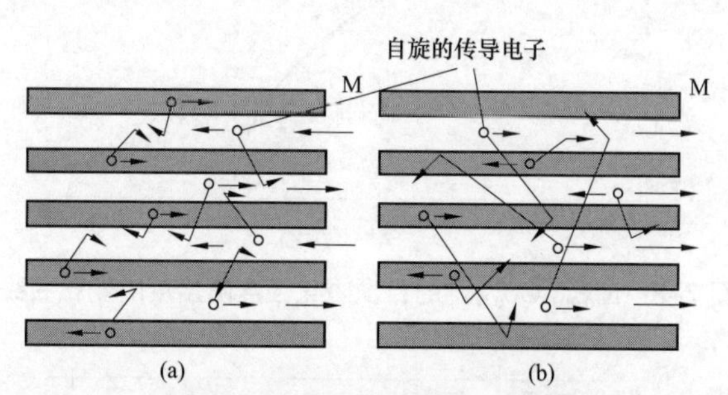

图 7–10 GMR 巨磁阻效应原理图

（a）层间反铁磁性耦合；（b）层间铁磁性耦合

在图 7–10 中的多层膜结构中，任一自旋的传导电子都有足够长的平均自由程，当它们环绕电场方向从一个磁性层到另一个磁性层漂流时，将与磁性原子的取向发生自旋相关的散射；这与多层膜各磁性层之间的耦合方式有关，如图 7–10（a）所示，当各磁性层是反铁磁性耦合（AF）时，由于层间的磁矩交替的变化，各传导电子的平均散射几率较大，宏观表现的电阻就较大；而当各磁性层之间为铁磁性耦合时，层间的磁矩方向一致，如图 7–10（b）所示，与其磁性原子磁矩有相同方向的自旋电子散射几率较小，整体上各传导电子的平均散射几率较小，所以其电阻较小。

上述 GMR 巨磁阻效应的基本原理也可以用简单的二流模型来解释，GMR 巨磁阻效应的二流模型示意图如图 7–11 所示。反铁磁性耦合时（外加磁场为 0）处于高阻态的导电运输特性，磁电阻值为 $R_1/2$，如图 7–11（a）所示；铁磁性耦合时，外加磁场使该磁性多层薄膜处于饱和状态，相邻磁性层磁矩平行分布，电阻处于低阻态的导电运输特性，电阻值为 $R_2 \times R_3/(R_2+R_3)$，$R_2>R_1>R_3$，如图 7–11（b）所示。

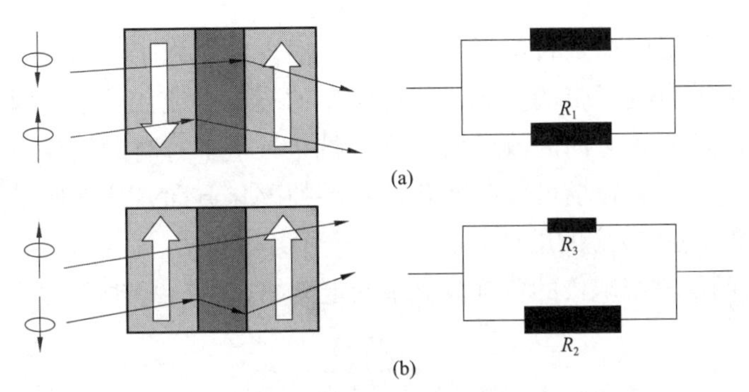

图 7–11　GMR 巨磁阻效应的二流模型示意图

（a）层间反铁磁性耦合；（b）层间铁磁性耦合

有不同方向自旋磁矩的传导电子穿越磁性层时所表现的电阻可以看成两个电阻构成的并联电路。从上文我们知道，传导电子穿过不同耦合性质的磁性层时，各自表现的电阻不同，所以整体电阻也就有所变化，呈现一个高阻态、一个低阻态的导电输送特性。

（4）隧道磁电阻。在磁隧道结（MTJs）中，TMR 效应的产生机理是自旋相关的隧穿效应。MTJs 的一般结构为铁磁层 / 非磁绝缘层 / 铁磁层（FM/I/FM）的三明治结构。饱和磁化时，两铁磁层的磁化方向互相平行，而通常两铁磁层的矫顽力不同，因此反向磁化时，矫顽力小的铁磁层磁化矢量首先翻转，使得两铁磁层的磁化方向变成反平行。电子从一个磁性层隧穿到另一个磁性层的隧穿几率与两磁性层的磁化方向有关。两铁磁层排列示意图如图 7–12 所示。

如图 7–12 所示，若两层磁化方向互相平行，则在一个磁性层中，多数自旋子带的电子将进入另一磁性层中多数自旋子带的空态，少数自旋子带的电子也将进入另一磁性层中少数自旋子带的空态，总的隧穿电流较大；若两磁性层的磁化方向反平行，情况则刚好相反，即在一个磁性层中，多数自旋子带的电子

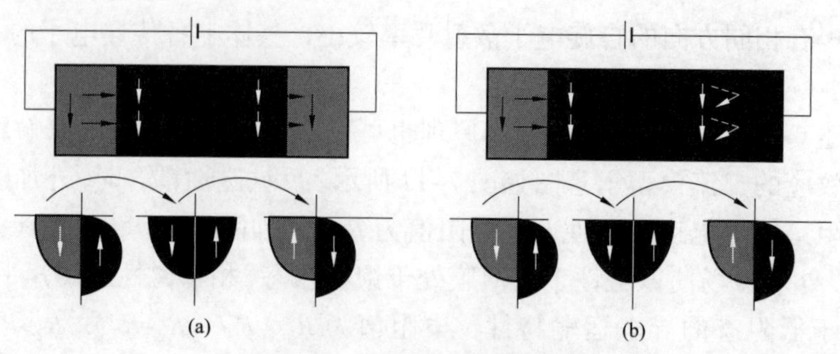

图 7-12　两铁磁层排列示意图

（a）两铁磁层平行排列；（b）两铁磁层反平行排列

将进入另一磁性层中少数自旋子带的空态，而少数自旋子带的电子也将进入另一磁性层中多数自旋子带的空态，这种状态的隧穿电流比较小。因此，隧穿电导随着两铁磁层磁化方向的改变而变化，磁化矢量平行时的电导高于反平行时的电导。通过施加外磁场可以改变两铁磁层的磁化方向，从而使得隧穿电阻发生变化，导致 TMR 效应的出现。

MTJs 中两铁磁层电极的自旋极化率的定义如式（7-2）所示：

$$P=\frac{N_{\uparrow}-N_{\downarrow}}{N_{\uparrow}+N_{\downarrow}} \tag{7-2}$$

式中　P——自旋极化率，%；

$N_{\uparrow}$——铁磁金属费米面处自旋向上电子的态密度，J^{-1}/m^3；

$N_{\downarrow}$——铁磁金属费米面处自旋向下电子的态密度，J^{-1}/m^3。

由 Julliere 模型可以得到式（7-3）：

$$\mathrm{TMR}=\frac{\Delta R}{R_P}=\frac{R_A-R_P}{R_P}=\frac{2P_1P_2}{1-P_1P_2} \tag{7-3}$$

式中　TMR——隧道磁电阻值，Ω；

R_A——两铁磁层磁化方向反平行时的隧穿电阻，Ω；

R_P——两铁磁层磁化方向平行时的隧穿电阻，Ω；

P_1、P_2——两铁磁层电极的自旋极化率，%。

显然，如果 P_1、P_2 均不为零，则 MTJs 中存在 TMR 效应，且两铁磁层电极的自旋极化率越大，TMR 值也越高。

（5）庞磁电阻。Helmolt 等人在 1993 年观察到了氧化物薄膜中的巨磁电阻效应的现象，从而将巨磁电阻效应的研究由之前集中于金属以及一些合金样品等拓宽到了氧化物材料。例如对于 La2/3Bal/3MnO_3 氧化物薄膜，在室温条件下巨磁效应高达60%，而且更重要的是随着氧化物薄膜掺杂浓度的变化，材料中存在反铁磁的转变。这一反常的输运性质和在多层膜样品中发现的巨磁电阻效应有着重大的区别，因此立刻引起了广泛关注。人们通过实验观察到了在磁场作用下掺杂了锰的氧化物薄膜的电阻率大大下降，下降的幅度大概在数个量级左右，也就是说通过磁效应得到的电阻变化值很大，我们通常把这一现象称之为庞磁电阻效应，简称CMR效应。

CMR来源于在居里温度附近的金属–绝缘体转变。只有在较低的温度和很强的磁场下（通常要到几个特斯拉）才能得到比较大的材料电阻变化。虽然庞磁电阻的值非常大，但是产生这种效应所需磁场和温度条件极大地限制了CMR的实际应用。

2. 温度传感芯片关键技术

温度传感芯片的关键技术是对温度的采集是否准确。如果温度采集本身的精度不高，那么无论电路设计上如何巧妙，都没有办法弥补损失的精度。所以，到目前为止发展出来了很多的传感器技术用来采集温度。下面选取几种典型的温度传感器技术进行介绍。

（1）基于双极结型晶体管（BJT）的传感器。利用两个双极性结型晶体管的基极–发射极电压的差值（ΔV_{BE}）得到与温度有关的电压，其电路原理图如图7–13所示。

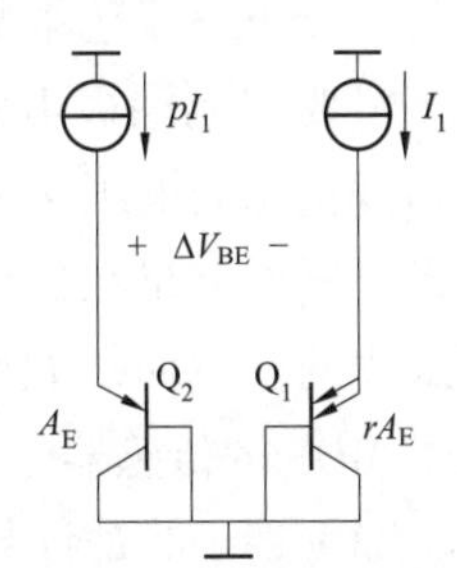

图7–13　电路原理图

Q—双极性结型晶体管；
ΔV_{BE}—基极–发射极电压的差值；
I_1—工作静态电流；
A_E—晶体管发射极面积

为了获得好的温度精度，正确的偏置电流大概在1μA左右。为了补偿因为Q的不匹配和应力导致的基极–发射极电压V_{BE}的变化，需要正确地校准和修正。用V_{BE}和ΔV_{BE}的正确组合作为Σ–Δ型模数转换器的输入能得到一个宽的温度范围，如式（7–4）所示。在这个传感器中需考虑到的几个误差因素是：Q的不匹配、电阻不匹配、电阻不匹配、放大倍数的偏移、电流镜的不匹配。

$$\Delta V_{BE}=\frac{kT}{q}\ln N \qquad (7–4)$$

式中　ΔV_{BE}——V_{BE}的变化值，mV；

k——波尔兹曼常数，1.38E–23J/K；

T——kelvin温度，单位K；

q——电荷量，1E–4C；

N——Q_1和Q_2的比值。

通过量化 ΔV_{BE} 的值，可以精准得到当前环境的温度。在量化 ΔV_{BE} 时，还需要一个不随温度变化的基准作为参考，一般可以通过负温度系数的 V_{BE} 和正温度系数的 $\alpha\Delta V_{BE}$ 相加，得到零温度系数的基准电压 V_{REF}。从原理上来说，负温度系数 V_{BE} 和正温度系数的 $\alpha\Delta V_{BE}$ 相加就会产生零温度系数的电压，但是仍然需要注意的是，基准电压 V_{REF} 的二次非线性误差。

（2）基于 MOS 的传感器。当 MOS 工作在亚阈值区域时，那么 MOS 的漏极电流 I_D 和 MOS 的栅源电压 V_{GS} 之间就是指数关系，见式（7–5）所示：

$$V_{GS}-V_{TV}=\frac{\eta kT}{q}\ln\left(\frac{I_D}{I_O}\right) \tag{7–5}$$

式中 V_{GS}——MOS 的栅源电压，mV；

V_{TV}——MOS 的阈值电压，mV；

k——波尔兹曼常数，1.38E–23J/K；

T——kelvin 温度，K；

q——电荷量，1E–4C；

η——工艺系数。

只要控制漏极电流 I_D 的电流就可产生和二极管 V_{BE} 相同的效果，从而产生与温度正比的电压 ΔV_{GS}。但是，因为 MOS 的温度非线性特性，相较于 V_{BE} 更加恶劣，所以如果在比较窄的温度范围内，利用 MOS 的温度特性也是可以进行温度采集的。然而，如果要在 –40~+125℃的宽范围内实现很好的温度采集，那么基于 MOS 的传感器是不行的。

（3）基于时钟计数的传感器。可以利用 V_{BE} 之间的电压差产生与温度有关的正温度系数电压 ΔV_{BE}，其电路原理图如图 7–14 所示。

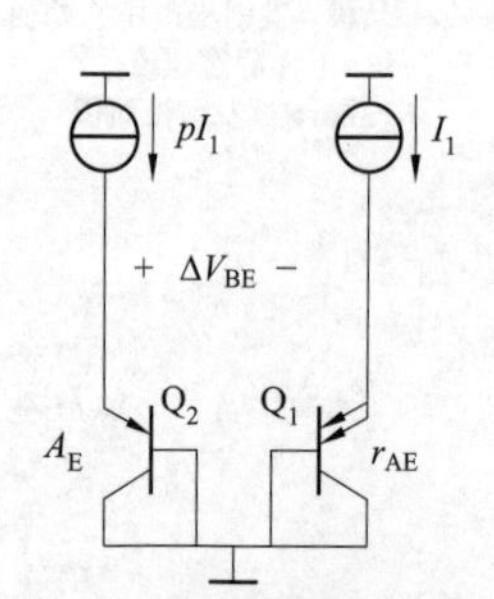

图 7–14 电路原理图

Q—双极性结型晶体管；
ΔV_{BE}—基极 - 发射极电压的差值；
I_1—工作静态电流；
A_E—发射极参数；
r_{AE}—晶体管发射极面积

与温度有关的正温度系数电流 I_1，此电流可以控制振荡器（OSC）电路的频率，即 OSC 产生了与正温度系数电流正相关的时钟输出，这个时钟输出的脉宽是随着温度的变化而有所变化的，其信号转换实现原理图如图 7–15 所示。

此时需要从系统中引入一个与温度无关的时钟，对与温度有关的 OSC 输出时钟脉宽进行计数，就可以得到与温度相关的数字输出，从而得到对于温度进行的采集，其时序图如图 7–16 所示。

该方案的关键在于产生低功耗的与温度线性相关的脉冲以及恒定的基准脉冲信号。基准脉冲信号需要

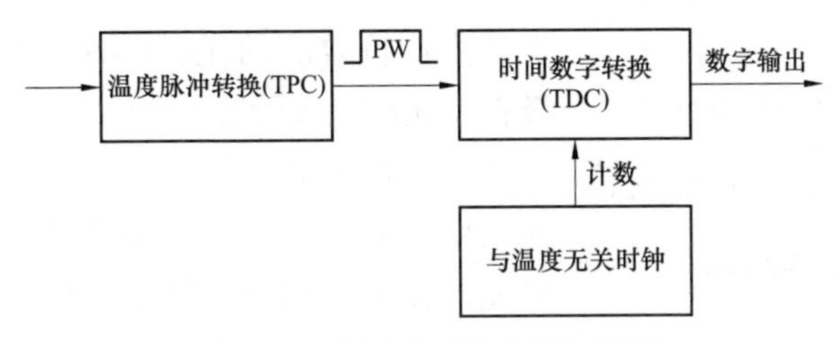

图 7-15 温度传感器实现原理图

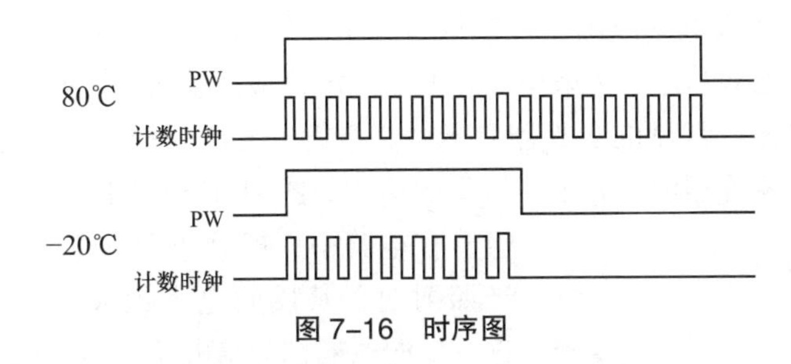

图 7-16 时序图

做到与温度和电源电压无关。

3. 光电传感芯片关键技术

（1）光电效应。光电器件是将光信号的变化转换为电信号的一种器件，它是构成光电式传感器最主要的部件。发光二极管、光敏二极管、光敏三极管等都是结型光电器件，它们的组合是结型光电器件的典型应用。光电器件工作的理论基础是光电效应，光电效应分为外光电效应和内光电效应两大类。

1）外光电效应。在光照的作用下，物体内的电子逸出物体表面向外发射的现象称为外光电效应。向外发射的电子称为光电子。基于外光电效应的光电器件有光电管、光电倍增管等。

2）内光电效应。当光照射到某些物体上时，其电阻率会发生变化，或者产生光生电动势，这种效应称为内光电效应。内光电效应可以分为光电导效应和光生伏特效应两种。

光电导效应为在光照作用下，物体内的电子吸收光子能量后从键合状态过渡到自由状态，从而引起材料电阻率的变化。基于光电导效应的光电器件都有光敏电阻。当光照射到本征半导体上，并且光辐射能量又足够强时，光电材料价带上的电子将被激发到导带上，从而使导带的电子和价带的空穴增加，致使光导体的导电率增大。电子能级示意图如图 7-17 所示。

光生伏特效应为在光照作用下，能使物体产生一定方向电动势的现象。基

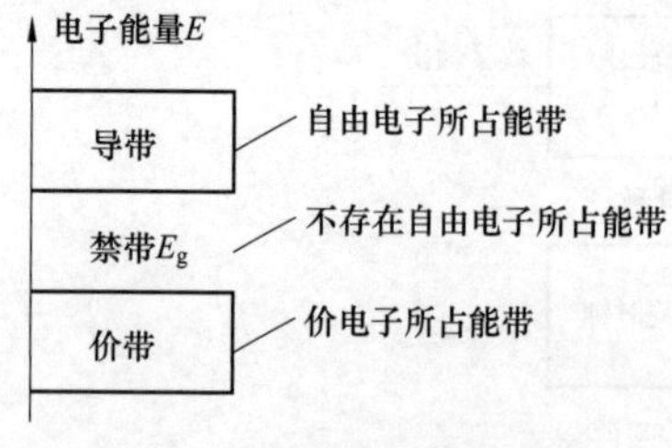

图 7-17　电子能级示意图

于光生伏特效应的光电器件有光电池、光敏二极管、光敏三极管等。

（2）发光器。为实现电光转换，光耦的输入采用发光二极管，用电信号驱动半导体器件发光，发光二极管通常采用红外发光二极管。这主要有以下两个原因：①红外发光二极管的制程相对简单，因而价格也较便宜；②光信号主要的用途是实现电气隔离、传输信号，至于发出的光是否需要被看见则没有意义。因此，光耦芯片通常采用红外发光二极管来完成电光转换。

（3）受光器。常见的受光器有光敏二极管、光敏三极管等。光敏二极管的结构与一般二极管相似，光敏二极管的结构简图和符号如图 7-18 所示。光敏二极管在电路中一般处于反向工作状态，在没有光照射时，其反向电阻很大，反向电流很小，这一反向电流称为暗电流，当光照射在 PN 结上时，光子打在 PN 结附近，使 PN 结附近产生光生电子和光生空穴对，它们在 PN 结处的内电场作用下做定向运动，形成光电流。光的照度越大，光电流越大。因此，光敏二极管在不受光照射时处于截止状态，受光照射时处于导通状态。

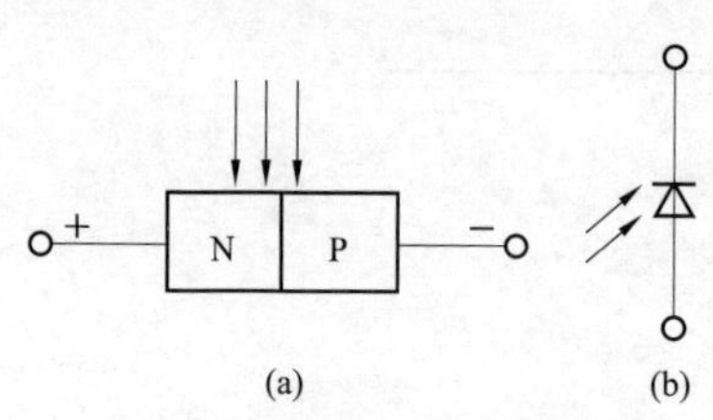

图 7-18　光敏二极管的结构简图和符号

（a）结构简图；（b）符号

光敏晶体管与一般晶体管很相似，具有两个 PN 结，只是它的发射极一边做得很大，以扩大光的照射面积，光敏晶体管结构简图及电路图如图 7-19 所示。大多数光敏晶体管的基极无引出线，当集电极加上相对于发射极为正的电压时，集电结就是反向偏压，当光照射在集电结时，就会在结附近产生电子 - 空穴对，光生电子被拉到集电极，基区留下空穴，使基极与发射极间的电压升高，这样便会有大量的光生电子流向集电极，形成输出电流，且集电极电流为光电流的 β

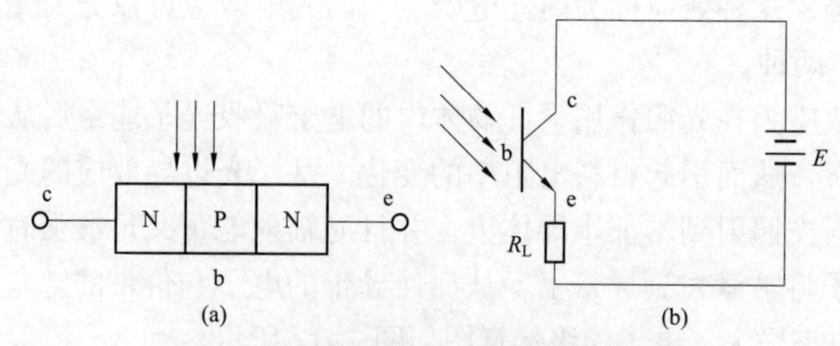

图 7-19　光敏晶体管结构简图及电路图

（a）光敏晶体管结构简图；（b）光敏晶体管的基本电路图

倍，因此光敏晶体管有放大作用。

光敏晶体管的光电灵敏度虽然比光敏二极管高得多，但在需要高增益或大电流输出的场合，需采用达林顿光敏管，达林顿光敏管的等效电路如图 7–20 所示。它是一个光敏晶体管和一个晶体管以共集电极连接方式构成的集成器件。由于增加了一级电流放大，所以其输出电流能力大大加强，甚至可以不必经过进一步放大，便可直接驱动灵敏继电器。但由于无光照射时的暗电流也增大，所以它适合于开关状态或位式信号的光电变换。

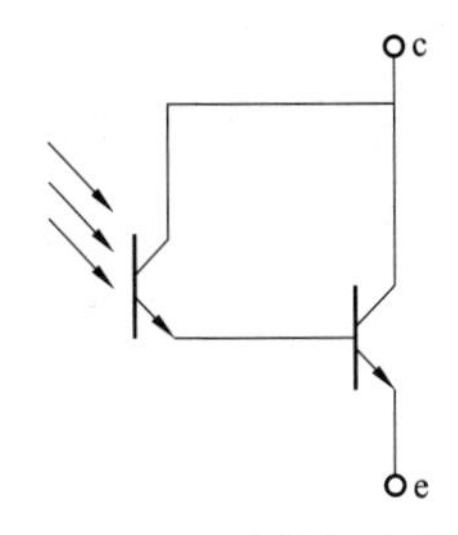

图 7–20　达林顿光敏管的等效电路

4. 位移传感芯片关键技术

位移传感芯片主要技术有：将被测物理量的位移转化为自感 L、互感 M 变化的电感式测量方式和将位移变化转换为电容的变化进而转换为电压变化的电容式测量。

（1）电感测量。敏感元件由静止的螺管线圈和可在线圈上移动的衔铁测头组成，依据电磁感应原理工作。当线圈由高频电源驱动时，其两路引出端将输出两个感应电势，这些信号经信号检出电路综合后，形成在幅值及相位上随测头位置而变的电压信号，代表位移量的大小和方向。

测量电感值的原理如图 7–21 所示，采用开关电路以恒流源电路向电感充电，只经过二极管放电，图中 S 和 D 构成互补开关，S 闭合时电流源 I_S 向被测电感充电，时间足够长使电感中的电流达到稳定值 $i=I_S$，而且有磁通链 $\psi=L_XI_S$，$u_L=DCR\times I_S$。由于被测电感的性质，充电初期 I_S 是变的，I_S 是恒流源电路，充电后期达到的平稳状态是恒流源性质，这样 U_L 是自由可变的。S 断开时，电感中储存的磁通链对应的电动势经二极管 D 放电，这时的电感电压是二极管 D 的正向压降 $U_L=-U_{DP}$，如果不考虑电压的符号，对应的电感电流从 I_1 下降到 I_2 所释放的磁通链为 $\Delta\psi=L_X-(I_1-I_2)=U_{DP}\cdot t_D$，有如下关系式（7–6）

$$L_X=\frac{U_{DP}}{I_1-I_2}t_D \tag{7–6}$$

式中　L_X——电感值，H；

U_{DP}——二极管电压，V；

I_1、I_2——电感电流，A；

t_D——二极管稳定正向导通时间，s。

当 I_S 一定时，I_1 是确定的；当 D 一定时，I_2 也是确定的，并且要求放电电流线性下降。U_{DP}、I_1 和 I_2 为常数，则测量出 t_D 就可用电桥标定出电感值 L_X。过了这段时间，磁场能量不足以击穿 D 的 PN 结，而与结电容构成 LC 阻尼振荡，直至磁场能量释放完毕。

适当地设置 S 的开关周期和占空比保证充电时间足够长，以致充电达到稳定状态，只要放电时间大于 t_D 就可以用检测电路及单片机测量出 t_D，再用式（7–6）计算出电感值 L_X。U_D 越小，可以测量的电感值越小。

（2）电容测量。由绝缘介质分开的两个平行金属板组成的平板电容器如图 7–22 所示。

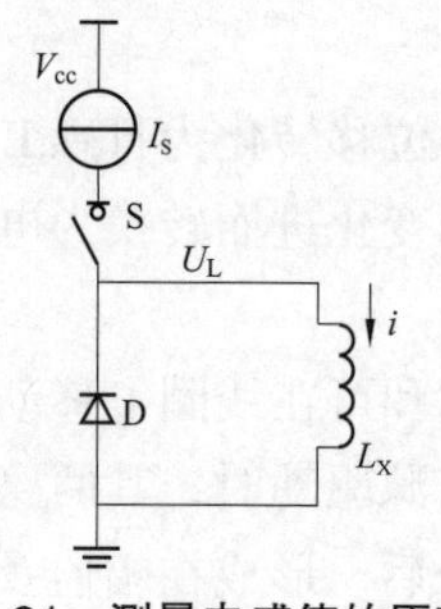

图 7–21　测量电感值的原理图

S—开关；D—二极管；I_S—电流源；U_L—二极管正向压降；L_X—电感值

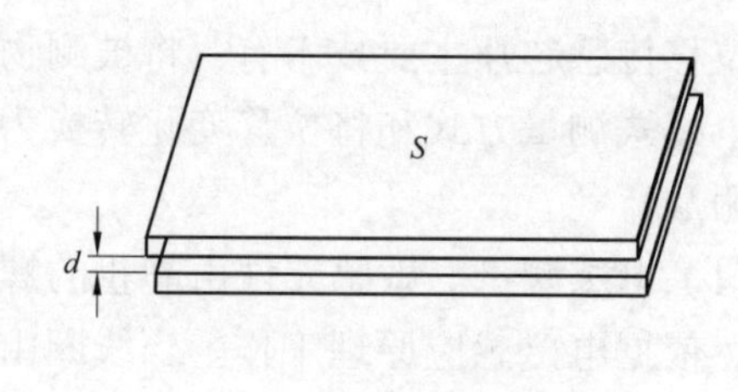

图 7–22　平板电容器

如果不考虑其边缘效应，则其电容由式（7–7）计算得出。

$$C=\frac{\varepsilon S}{d} \tag{7–7}$$

式中　ε——极板间介质的介电常数；

S——平行板所覆盖的面积，m^2；

d——两平行板之间的距离，m。

当被测参数变化使得 S、d 或 ε 发生变化时，电容量 C 也随之变化。如果保持其中两个参数不变，而仅改变其中一个参数，就可把该参数的变化转换为电容量的变化，通过测量电路进一步转换为电压、电流或频率输出，这样就实现了非电量到电量的转换。

7.2.1.2　模数转换关键技术

模数转换器是将模拟信号转换成数字信号的电路，其作用是将时间连续、幅值也连续的模拟量转换为时间离散、幅值也离散的数字信号。因此，模数转换一般要经过取样、保持、量化及编码 4 个过程。

模数转换电路根据其结构和工作原理主要分为SAR ADC、Pipeline ADC和Sigma Delta ADC三种结构，分别对应于低功耗、高速率和高精度。由于结构简单、功耗低、易于数字工艺兼容等优点，近年来SAR ADC已经成为传感芯片中应用最为广泛的模数转换电路结构。

在不同的应用需求下，SAR ADC根据分辨率、采样率、功耗等不同的设计目标可以分为高精度SAR ADC、高速SAR ADC和低功耗SAR ADC。高精度SAR ADC目前在1MS/s的采样率下已经能够达到20bit的分辨率；高速SAR ADC在8bit的精度下已经能够达到600MS/s的采样速度；在10bit的分辨率、20kS/s的采样速率和0.6V的电源电压下，SAR ADC的功耗和品质因数（FOM）已经能够优化到38nW和2.8fJ/step。此外，由于SAR ADC结构上的简化，一般来说高精度SAR ADC要比相同精度和信号带宽的Sigma Delta ADC的功耗要低；高速SAR ADC要比相同精度和采样率的Pipeline ADC和Flash ADC的功耗要低。下文将对SAR ADC的结构和各个模块进行详细分析。

1. SAR ADC结构

（1）基本结构。SAR ADC包含的基本模块主要有采样保持电路、DAC、比较器、SAR控制逻辑电路，带隙基准（Bandgap）和LDO可以选择由片外提供，SAR ADC基本结构图如图7-23所示。但是在高精度SAR ADC的设计中，为了抑制电源抖动对精度的影响，片内基准不可缺少；在高速SAR ADC的设计中，为了保证DAC参考电压的稳定和快速建立，减小板级电路设计的压力，片内LDO同样不可缺少。

SAR ADC采用二进制搜索的方式完成模数转换。对N位的SAR ADC而言，完成一次AD转换一般需要N个比较周期。SAR ADC的工作过程可以简述如下：

在采样过程中（Sample=“1”），采样保持部分对输入信号进行采样，同时比较器的输出在比较器控制信号CMP_CLK的控制下进行复位操作；接下来在转换过程中（Sample=“0”），比较器在时钟信号CLK的控制下对采样信号V_{in}和参考电压V_{ref}进行比较，在得到比较结果后，控制逻辑根据比较器每次比较的结果控制DAC部分完成开关动作，改变比较器同相输入端的电压，实现比较器同相输入端和反相输入端逐次逼近的目的，从而得到从最高有效位（MSB）到最低有效位（LSB）各位输出码。例如，在进入转换模式下，CLK第一次上升沿到来的时候，比较器对V_{in}和V_{ref}进行比较，如果比较器输出逻辑高电平，说明V_{ref}高于V_{in}，从而得到MSB=1，同时控制逻辑通过DAC将比较器反相输入端的电压升高$V_{ref}/2$，为下一次比较做准备。

（2）低功耗改进结构。低功耗SAR ADC主要应用于中低精度（一般不超过

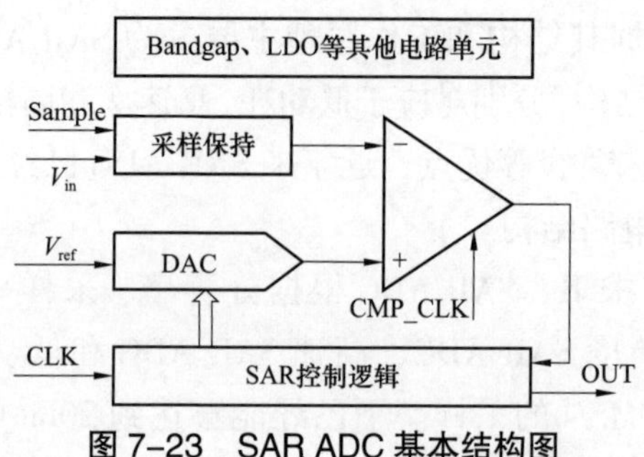

图 7-23　SAR ADC 基本结构图

10bit）、低速（采样率一般不超过 1MS/s）的应用场合中。在这种精度和采样速度条件下，SAR ADC 内部的 DAC 的匹配精度在现今的制造工艺下一般可以比较容易地达到，所以不需要对 ADC 进行额外的校准或者修调。SAR ADC 也不需要额外的模拟电路单元，其功耗主要在开关状态的切换过程中由电容阵列所消耗。基于上述原因，对 SAR ADC 的功耗的优化主要就通过改进电容阵列开关时序来实现。

降低 SAR ADC 的功耗的另一个有效的途径就是降低电源电压。数字电路消耗的功耗包含静态功耗和动态功耗两部分。随着半导体集成电路制造工艺的发展和数字电路工作频率的提高，动态功耗成为数字电路功耗的主要来源。根据分析，降低电源电压能够显著地优化数字逻辑部分的功耗，但是对 ADC 而言，LSB 会随着电源电压的降低而减小，从而增加 ADC 设计的难度。

（3）高速率改进结构。SAR ADC 由于采用二进制搜索逐次逼近的方式来量化输入信号，对 N-bit 的一个 SAR ADC 来说，需要比较器执行 N 次比较才能完成一次数据转换，所以采样速度的提高成为 SAR ADC 设计的一个难点。

高速 SAR ADC 的实现主要有以下几种方法。

1）Flash-SAR ADC。将 Flash ADC 和 SAR ADC 在结构上相结合，使得 Flash-SAR ADC 兼具了 Flash ADC 高速的优点和 SAR ADC 低功耗的优点。对一个 N-bit 的 Flash ADC 来说，一般需要（$2N$-1）个比较器和 $2N$ 个匹配的电阻。$2N$ 个匹配的电阻将 V_{ref} 等分成 $2N$ 个等步长的比较电压，然后每个比较器将输入电压和每个比较电压进行比较。得到的（$2N$-1）个比较器输出结果是量化结果的温度计码表示，将这（$2N$-1）个比较器输出结果通过一个编码逻辑模块，就可以转换成我们所需要的量化结果的二进制表示。由以上分析可知，Flash ADC 在进行模数转换时所有的比较器都是以并行的方式同时进行比较，所以 Flash ADC 可以实现很高的转换速度。但是随着 ADC 分辨率的提高，一方面比较器的数目和电阻的数目都按指数方式倍增，从而导致功耗和面积也按指数方式倍增；另一方面，V_{in} 端电容也会随着分辨率的增加按指数方式增加，导致信号的输入带宽减小，限制 Flash ADC 的采样率的提高。一般来说，Flash ADC 主要是应用于低分辨率（一般最高分辨率为 6bit）、高采样率的场合。Flash-SAR ADC 结合了 Flash ADC 的高速的优点和 SAR ADC 的低功耗的优点，在中低等精度、高速低功耗的应用场合下得到了广泛的选择和使用。

2）SAR-Pipeline ADC。SAR ADC 与 Pipeline ADC 相结合形成 SAR-Pipeline ADC 的架构。SAR-Pipeline ADC 共包含一个 M bit 的 SAR ADC、一个 N bit 的 SAR ADC、一个余量放大器和数字校正模块。采样信号经第一级 SAR ADC 量化后得到 M bit 的粗量化结果，同时在第一级 SAR ADC 中电容的上极板上产生了残差信号。余量放大器将这个残差信号放大 $2M-1$ 倍后作为第二级 SAR ADC 的输入信号，经第二级 SAR ADC 量化处理后得到 N bit 的量化结果。最后，由第一级 SAR ADC 粗量化得到的 M bit 量化结果和第二级 SAR ADC 精量化得到 N bit 的量化结果，经过数字校正模块，得到最终的（$M+N-1$）bit 的数字输出码。SAR-Plpeline ADC 兼具了 SAR ADC 的低功耗的优点和 Pipeline ADC 的高速的优点。但是由于宽带高增益的运算放大器仍是必不可少的模块，所以功耗的优化会遇到瓶颈。此外，SAR-Pipeline ADC 很难在低压条件下设计实现。

3）时域交织 ADC。通过时域交织（Time-interleaved）的方法来设计高速 ADC 也是一个非常有效的途径和策略。对 N 通道的时域交织 ADC 而言，共有 N 个设计完全一致的 ADC。由锁相环（PLL）或者延迟锁定回路（DLL）产生的 N 个通道 ADC 的采样控制信号 CLK1、CLK2、…、CLKN 的频率相等且都等于时钟频率 fclk，但是相邻的控制信号之间存在着恒定的相位差。因此，各个通道 ADC 的采样率可以保证都等于 fclk。在一个单通道转换周期 T_{clk}（$T_{clk}=1/f_{clk}$）内，N 个通道 ADC 能够各自完成一次转换。在多路输出模块 MUX 的输出端，我们便可以得到 N 次转换的量化结果。换句话说，整体 ADC 的采样率能够提高到 $N\times$ fclk。值得注意的是，对单通道 ADC 而言，如果 ADC 的增益误差和失调误差是恒定不变的，那么它们只会在一定程度上限制 ADC 的动态范围，但是不会影响 ADC 的量化精度。而对时域交织 ADC 而言，各个通道的增益误差之间的失配和失调误差之间的失配将产生谐波，从而降低时域交织 ADC 的整体性能。除增益误差和失调误差外，时序失配也会对时域交织 ADC 的 SNR 产生影响。在理想情况下，时域交织 ADC 各通道在时域上等时间间隔地对输入信号进行采样量化。但是由于噪声和信号干扰的客观存在，以及时钟产生电路版图走线的不对称等因素，相邻通道的采样时间间隔并不是一致的，采样时刻偏差便不可避免。

（4）高精度改进型结构。现今的半导体制造工艺下，SAR ADC 一般最高可以达到 12bit 的精度。如果需要设计更高分辨率的 SAR ADC，电阻或者电容的匹配精度将成为设计的瓶颈。在这种情况下，校准便必不可少。此外，高精度 SAR ADC 对比较器的精度要求也非常高，如果比较器的精度不够，SAR ADC 在逐次逼近的最后几个比较周期得到的比较结果将是错误的，从而限制 ADC 的精度。对 DAC 的校准可以分为前台校准和后台校准。前台校准由于功耗低、设计简单、易于实现、芯片面积小等优点，被工业界广泛采用。自校准（self-calibration）是前台校准 SAR ADC 设计中最常用的校准方法。自校准 SAR ADC 包含两个比较器、SAR 逻辑、自校准逻辑、两个加法器、随机静态存储器（SRAM）、一个主 DAC 和一个校准 DAC。当 ADC 上电后，自校准逻辑开始对主 DAC 中存在失配的电容从 MSB 位到 LSB 位依次进行测量。当所有电容的失配全部测量完成后，失配测量模块停止工作，正常的 AD 转换才开始进行。在正常模数转换过程中，校准 DAC 根据 COMP1 的输出结果对其内部校准电容的连接关系进行调整，并且对从 SRAM 中读取的数据进行运算从而实现对主 DAC 电容失配引起的 ADC 非线性进行补偿。随着半导体制造工艺的发展，模拟电路的设计变得越来越困难，而数字电路却因为其速度快、功耗低、能够对 ADC 进行实时校准和易于实现的优点却越来越受到人们的青睐。正因如此，在对 SAR ADC 的校准设计过程中，后台校准的研究近几年来已经成为研究的热点。

2. 开关时序

无论是低功耗 SAR ADC、高速 SAR ADC，还是高精度 SAR ADC，为了实现其逐次逼近的目的，都需要采用合适的开关时序。本节将从低功耗 SAR ADC 的设计目标出发，对低功耗 SAR ADC 的所采用的最常用的 monotonic 开关时序和 VCM-based 开关时序进行功耗分析和线性度分析。

（1）单调形开关时序。2010 年，中国台湾成功大学的 C.C.Liu 等人提出了著名的 monotonic 开关时序，并在 0.13μm CMOS 工艺下设计出一款 10bit 50MS/s 的低功耗 SAR ADC。Monotonic 开关时序采用上极板采样技术，在采样阶段，所有电容的下级板全部接至参考源 V_{ref}。然后进入 AD 转换阶段，由于采用了上极板采样，SAR ADC 能够在保持所有电容的开关状态不变的情况下直接进行比较，从而确定 MSB。然后根据 MSB 的结果，更新电容阵列的开关状态。例如，如果 MSB=“1”，则将接至比较器同相端的电容阵列的 MSB 电容从 V_{ref} 接至 GND，而其他电容的连接状态保持不变。这样，将比较器同相端的电压降低 $1/2V_{ref}$，而比较器反相端的电压保持不变，为下一次比较做准备。反之，如果 MSB=“0”，则将接至比较器反相端的电容阵列的 MSB 电容从 V_{ref} 接至 GND，而其他电容的连接状态保持不变，从而将比较器反相端的电压降低 $1/2V_{ref}$。以此类推，直至数字输出码从 MSB 到 LSB 全部确定后，ADC 完成了一次转换。

（2）VCM-based 开关时序。2010 年，澳门大学的 Y.Zhu 等人提出了 VCM -based 开关时序，并应用该时序在 90nm CMOS 工艺下设计出一款 10bit 100MS/s 的低功耗 SAR ADC。为了抑制共模噪声的影响，SAR ADC 一般采取差分输入的结构。如果采用上极板采样，在采样阶段，所有电容的下级板全部接至 V_{cm}（$V_{cm}=1/2V_{ref}$），上极板对输入信号进行采样。然后在转换阶段，由于采用了上极板采样，SAR ADC 能够在保持所有电容的开关状态不变的情况下直接进行比较，从而确定 MSB。然后根据 MSB 的结果，更新电容阵列的开关状态。例如，如果 MSB=“1”，则将接至比较器同相端的电容阵列的 MSB 电容从 V_{cm} 接至 GND，同时将接至比较器反相端的电容阵列的 MSB 电容从 V_{cm} 接至 V_{ref}，为下一次比较做准备。反之，如果 MSB=“0”，则将接至比较器反相端的电容阵列的 MSB 电容从 V_{cm} 接至 GND，同时将接至比较器同相端的电容阵列的 MSB 电容从 V_{cm} 接至 V_{ref}。以此类推，直至数字输出码从 MSB 到 LSB 全部确定后，ADC 完成了一次转换。

3. 比较器

比较器是 SAR ADC 中一个非常重要的模块单元，比较器的分辨率、速度、等效输入噪声、输入失调电压等性能能够直接影响 SAR ADC 的整体性能。比较器按照结构划分可以分为开环运放架构比较器和动态锁存比较器两大类。开环运放架构比较器可以通过设计运放的开环增益而达到很高的分辨率，但是比较速度却由于运放有限的带宽而常常受到限制。所以在一些低速高精度 ADC 的设计中，我们可以选择开环的运放结构作为比较器来使用。动态锁存比较器由于其基于正反馈网络的比较原理，一般具有较快的比较速度，但是动态锁存比较器的分辨率一般非常有限。而且，和开环运放架构的比较器相比较，动态锁存比较器的等效输入噪声和输入失调电压一般会比较高。所以，动态锁存比较器常常被应用在高速、中低精度的 ADC 的设计中。在一些高速高精度的 ADC 的设计中，为了能够兼具开环运放架构的比较器的高分辨率的优点和动态锁存比较器的高速的优点，我们通常将这两种不同类型的比较器进行级联。

（1）高速高精度比较器。在很多应用场合，比较器可能在速度和精度两方面都满足一定的要求。这时，单独采用前述两种结构的比较器很可能无法满足我们的设计目标。既然开环运放架构的比较器具有高分辨率、低噪声和失调的优点，动态锁存比较器具有高速的优点，那么如果将这两个不同结构的比较器按照如图 7-24 所示的方式级联起来，便会得到在速度和精度方面都能够满足要

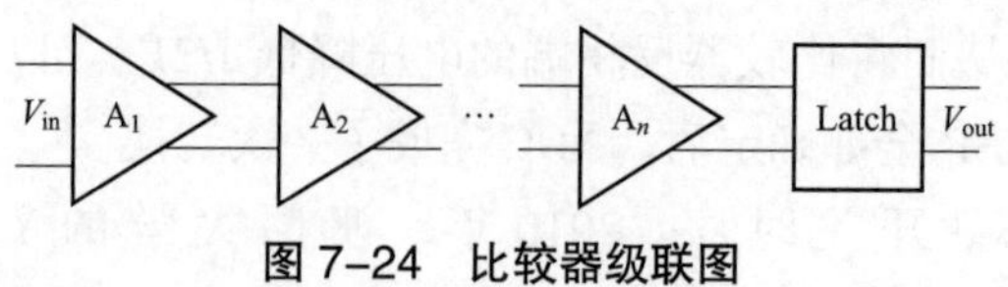

图 7-24 比较器级联图

求的高速高精度比较器。

将开环运放架构的比较器和动态锁存比较器级联起来得到的高速高精度比较器的时域响应如图 7-25 所示。这种比较器兼具了开环运放架构的比较器的负指数响应特性和动态锁存比较器的正指数响应特性。

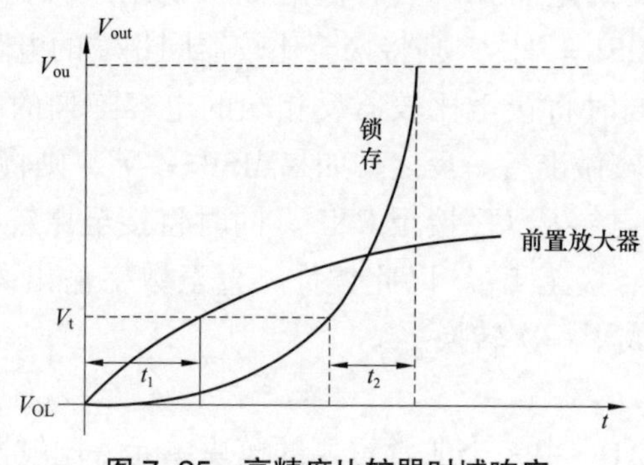

图 7-25 高精度比较器时域响应

（2）低失调比较器。比较器是模数转换器中的一个关键模块，在电路设计中，比较器的主要要求是低失调、低功耗、低噪声、高速和高精度。模拟电路的设计是不同性能指标的折中，需要在设计时针对不同的应用场合，集中改善以上多个设计要求中的两个或多个。对于高精度逐次逼近模数转换器，比较器的失调是电路设计的一个需要努力优化的指标。产生失调的原因很多，其中主要的因素是不同电路元件在生产和使用时各种环境的不一致，包括温度、浓度以及各种工艺因数的不同，会导致元件电气特性的不匹配，导致电路产生失调。比较器失调的典型值一般是几十毫伏（20~50mV）。

常见的消除失调的方法是：输入端失调电压存储（IOS）、输出端失调电压存储（OOS）和反馈失调消除以及激光修调技术。

失调自调整比较器需要的面积很大，因而在一个复杂的大芯片里是一个很好的失调消除方案。多个失调自调整比较器可以共用控制电路和存储器，降低电路所需的面积和复杂性。同时，如果电路设计的失调对于不同时间和温度失调电压变化不大的话，那么只需少数几次失调消除电路就可以长期正常工作，因此可以应用到连续时间的场合下。

7.2.1.3 传感信号调理关键技术

目前传感器在信号调理方面主要具有三种可能途径：①利用计算机合成，即智能合成；②利用特殊功能材料，即智能材料；③利用功能化几何结构，即智能结构。智能合成表现为传感器装置与微处理器的结合，这是目前的主要途径；智能材料方式实现的系统特点是传感、信号处理、信号传输等功能重合；智能结构方式实现的特点是利用特殊功能材料和功能化几何结构，主要用来增强对信号的选择性，即信号处理功能。

目前主要沿用以下关键技术手段实现传感器的信号调理。

1. 传感信号放大技术

在实际应用中发现，由于传感器自身的失调电压以及外界干扰信号会"湮没"正常的信号，从而无法进行有效的信号采集，所以需要将采集的传感信号进行放大，来提高电路的抗干扰能力。

采用仪表放大器可以有效地在噪声存在的条件下放大小信号的器件。它的工作原理是利用差模小信号叠加在较大的共模信号之上的特性，并能够有效地去除共模信号，而又同时将差模信号放大。衡量仪表放大器性能的关键参数是共模抑制比，这个参数用来衡量差分增益与共模衰减之比。仪表放大器是传感电路系统中的重要模块，它的性能直接决定了传感器的品质。

2. 传感信号滤波技术

传感器芯片滤波的基本技术主要有卡尔曼滤波和粒子滤波两种主流技术。

卡尔曼滤波是对高斯噪声分布的线性动态过程进行有效的状态估计的一种滤波技术。卡尔曼滤波首次在滤波理论中引入了现代控制理论中的状态空间思想，将系统模型以及测量模型描述为状态方程和观测方程，便于处理时变系统，并且由于它采用了一种递归的、高效可计算的方式来估计动态过程的状态，在计算机中也很容易实现。在系统的数学模型已知并且符合噪声为高斯分布的线性系统条件下，卡尔曼滤波算法可以得到系统当前状态的最小均方误差估计（MMSE），是最优的滤波算法。

粒子滤波技术是一种基于蒙特卡罗序列采样技术的滤波算法，通过一组具有权重的随机样本（称为粒子）来表示随机事件的后验几率，从含有噪声或不完整的观测序列，估计出动态系统的状态，粒子滤波器可以运用在任何状态空间的模型上。尽管算法中的概率分布只是真实分布的一种近似，但由于非参数化的特点，它摆脱了解决非线性滤波问题时随机量必须满足高斯分布的制约，能表达比高斯模型更广泛的分布，也对变量参数的非线性特性有更强的建模能力。因此，粒子滤波能够比较精确地表达基于观测量和控制量的后验概率分布。

粒子滤波器是卡尔曼滤波器的一般化方法，卡尔曼滤波器建立在线性的状态空间和高斯分布的噪声上；而粒子滤波器的状态空间模型可以是非线性的，且噪声分布可以是任何型式。在对非高斯噪声分布非线性状态下的动态过程，它能够达到很好的跟踪效果。

3. 传感信号噪声抑制技术

在微弱信号放大时，干扰和噪声的影响不容忽视。因此，常用抗干扰能力和信号噪声比作为性能指标来衡量放大电路这方面的能力。

（1）干扰的来源及抑制措施。高压电网、无线电发射装置以及雷电等都会产生较强的干扰，它们所产生的电磁波或尖峰脉冲通过电源线、磁耦合或传输线间的电容进入放大路。因此，为了减小干扰对电路的影响，在可能的情况应远离干扰源，加入金属屏蔽罩，并在电源接入电路之处加滤波环节，通常将一个 10~30μF 的钽电容和一个 0.01~0.1μF 的独石电容并联在电源接入处；同时，在已知干扰的频率范围的情况下，还可在电路中加一个合适的有源滤波电路。

（2）噪声的来源及抑制措施。目前，国内外对于电力线噪声的建模主要有两大模块，即背景噪声建模与脉冲噪声建模。根据测量方式的差异性，噪声建模又可分为时域噪声建模和频域噪声建模，其中时域建模是基于实时的噪声测量，而频域建模是基于噪声频谱的测量。

4. 传感信号数字处理技术

由于科学技术的飞速发展和生产建设规模的不断扩大，日益复杂的信号处理算法用模拟处理系统来实现是难以想象的，高精度、高分辨率等性能指标也是模拟处理系统无法达到的，而数字处理则成为现代科技不可或缺的手段之一。数字处理具有以下优点：①系统工作稳定可靠；②具有模拟处理无法达到的性能指标；③数字信号处理算法巧妙、种类多；④数字信号处理算法的实现手段多；⑤数字处理系统可以时分复用。

数字信号处理的实现方法一般有以下几种：①在通用计算机上用高级语言编写软件实现，它的缺点是速度较慢，一般可用于 DSP 算法的模拟；②在通用计算机系统中加上专用的加速处理器实现，这种方法的专用性很强，不便于系统的独立运行，需要的配套设备体积较大，在工程应用中受到限制；③在通用的单片机（如 MCS-51、96 系列等）上实现，这种方法可用于一些不太复杂的数字信号处理；④用通用的可编程 DSP 芯片实现，与单片机相比，DSP 芯片具有更加适合于数字信号处理的软件和硬件资源，可用于复杂的数字信号处理算法，为数字信号处理的应用打开了新局面；⑤用专用的 DSP 芯片实现，在一些特殊的场合，要求信号处理的速度极高，用通用 DSP 芯片很难实现，例如专用于 FFT、数字滤波、卷积、相关等算法的 DSP 芯片，这种芯片将相应的信号处理算法在芯片内部用硬件实现，无需软件编程。

5. 传感信号补偿技术

大多数传感器的敏感元件采用金属或半导体材料，其静特性与环境温度有着密切的联系。实际工作中由于传感器的工作环境温度变化较大，又由于温度变化引起的热输出较大，将会带来较大的测量误差；同时，温度变化也影响零点和灵敏度值的大小，继而影响到传感器的静特性，所以必须采取措施以减少或消除温度等变化对传感器精度造成的影响。

（1）温度补偿技术。为使传感器的技术指标及性能不受温度变化影响而采取一系列具体技术措施，称为温度补偿技术。一般传感器都在标准温度（20+5）℃下标定，但其工作环境温度也可能由零下几十摄氏度上升到零上几十摄氏度。传感器由多个环节组成，尤其是金属材料和半导体材料制成的敏感元件，其静特性与温度有着密切的关系。

温度误差灵敏度是指传感器输出变化量与引起该输出量变化的温度变化量之比，即 $S_{t=}\Delta y/\Delta T$，显然传感器的 S 越小，适应环境温度变化的能力越强，其温度附加误差就越小。环境温度 T 对传感器输出的影响如图 7–26 所示，传感器的输出 y 是输入被测量 x、环境温度 T 的函数，即 $y=f(x, T)$。

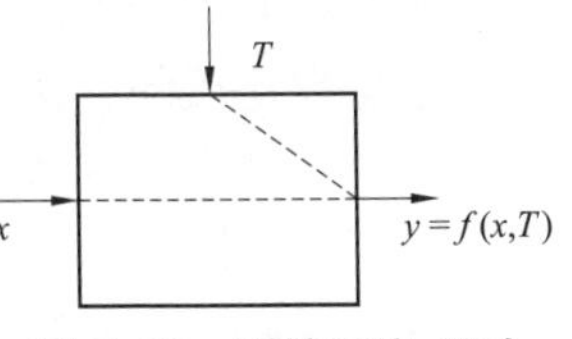

图 7–26　环境温度 T 对传感器输出的影响

（2）软件补偿法。在高精度测量中，给传感器附加硬件补偿措施很难达到精度要求。所以，在测试系统中引入单片机或微机，利用软件方法实现温度补偿，软件补偿原理图如图 7–27 所示。首先要测出传感点的温度，该温度信号作为多路采样开关采集信号的一路送入单片机，测温元件通常是安装在传感器内靠近敏感元件的地方，用来测量传感点的环境温度，测温元件的输出经放大及 A/D 转换送到单片机，单片机通过串行接口接收温度数据，并暂存温度数据。等信号采样结束，单片机运行温度误差补偿程序，补偿传感器信号的温度误差。对于多个传感器，可用多个测温元件，常用的测温元件有半导体热敏电阻、AD950 测温管、PN 结二极管等。

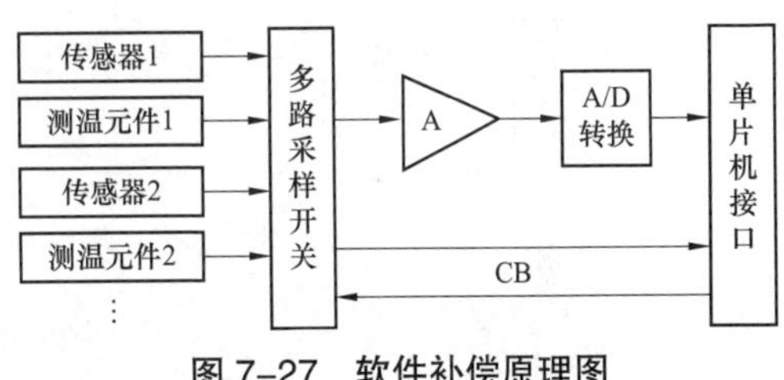

图 7–27　软件补偿原理图

温度变化给传感器的实际测量带来的误差，表现在静特性方面。所以找出输入输出特性曲线的关系，建立数学模型，编制出温度补偿的软件程序，即可实现温度的自动补偿。

7.2.2　传感芯片关键电路

传感芯片关键电路分为磁传感芯片关键电路、电能计量芯片关键电路、温度传感芯片关键电路、光电传感芯片关键电路、位移传感芯片关键电路等，下面对芯片关键电路分别进行描述。

7.2.2.1　磁传感芯片关键电路

磁传感芯片按照磁敏感元件类型可分为霍尔、异性磁电阻、巨磁电阻、隧道磁电阻等技术路线，按照输出信号可分为开关量、模拟量、数字量输出等类型，按照用途可分为开关、电流、位置、速度等类型。本节主要介绍开关型磁传感芯片的惠斯通电桥、斩波放大电路和电流传感芯片中的抗电磁干扰等关键电路。

1. 惠斯通电桥

磁传感芯片集成磁敏元件和后端处理电路，包括磁阻、斩波放大电路、温度补偿电路等模块，磁传感芯片整体结构如图 7–28 所示。

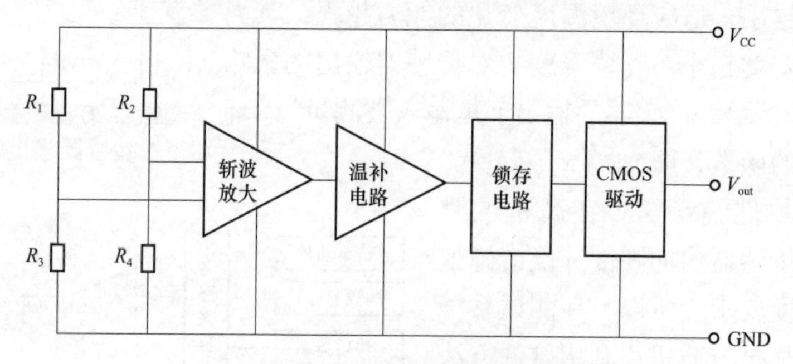

图 7–28　磁传感芯片整体结构

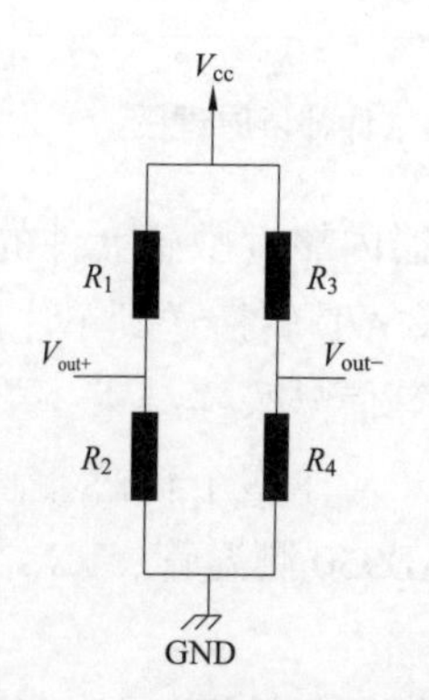

图 7–29　惠斯通电桥结构图

惠斯通电桥常用于磁传感芯片中，是电路中的重要组成部分，结构如图 7–29 所示，其中 R_1，R_2，R_3，R_4 四个电阻的初始值均为 R。在材料制备的过程中，通过控制磁化方向和电流方向，可以使惠斯通电桥单臂上的两个电阻在磁场作用下的磁阻效应变化趋势相反（如 R_1 减小，R_2 增大），而双臂同一位置上的两个电阻变化趋势也相反（如 R_1,R_3 增大）。

这样的电桥结构也可以起到温度补偿的作用，这是由于四个桥臂的电阻具有相同的温度系数，从理论上，温度的不稳定性可相互抵消。

2. 斩波放大电路

磁传感器输出的信号通常是低频微弱信号，一般在 100kHz、毫伏级以内，甚至需要放大微伏级的电信号。这时普通的运算放大器已无法使用了，因为它们的输入失调电压一般在数百微伏以上，而失调电压的温漂也在零点几微伏以上。磁传感芯片内部通常使用斩波放大电路，其电路工作原理图如图 7–30 所示。将传感器的信号先用方波调制，再送入运放；已调制信号和放大器自身的失调电压与噪声同时被放大后再解调（对已调信号是解调，对失调电压与噪声却是一次调制，这样在频率域上被放大后的传感器信号和失调电压与噪声就远远地分隔开了），用高阶低通滤波器可提取出相对纯净的传感器信号。

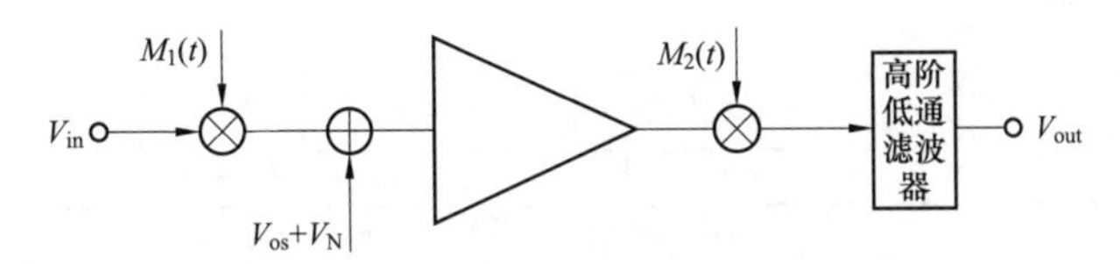

图 7–30　斩波放大电路工作原理图

3. 抗磁场干扰电路

电流传感芯片通常采用两种方式来抑制磁场干扰：①采用软磁材料来聚集被测磁场，并将磁传感器放置于软磁材料气隙处以增强信号强度；②采用两颗磁阻传感器差分检测被测电流，从而抑制共模干扰，增加电流传感芯片在磁噪声环境中的测量精度，其原理如图 7–31 所示。

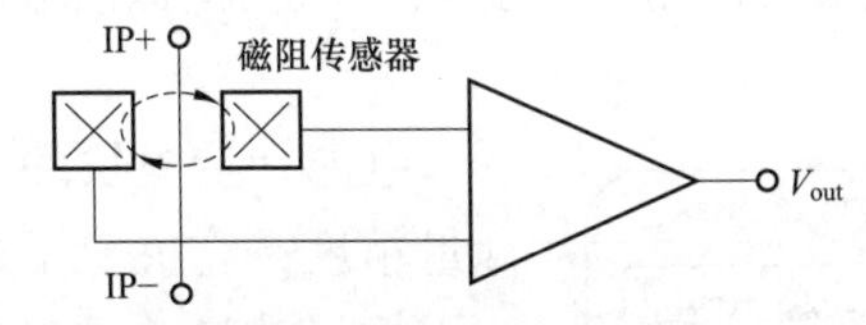

图 7–31　采用磁阻传感器进行抗磁场干扰原理图

7.2.2.2　电能计量芯片关键电路

电能计量芯片能够测量线电压和电流，并计算有功、无功、视在功率以及瞬时电压和电流有效值，分为单相电能表用和三相电能表用两种。

电能计量芯片包括 ADC 通道和一个高精度电能计量内核。ADC 通道包括模拟前端电路和数字前端电路，其中∑ – △型 ADC 是其中的核心模块。电能计量芯片各输入通道支持独立且灵活的增益级，支持多路电流、电压采样信号输入，适合与各种电流传感器一起使用，如电流互感器、低阻值分流器、罗氏线圈等。图 7-32 为单相电能计量芯片整体结构图。

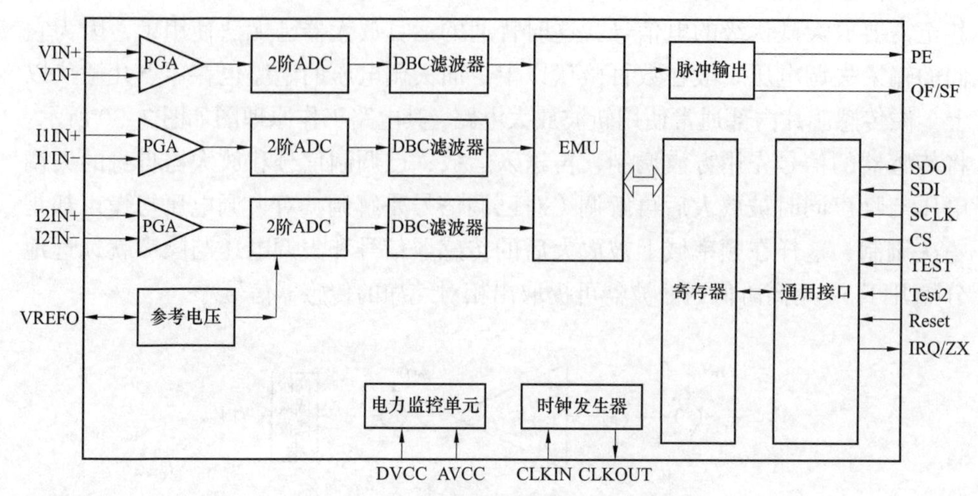

图 7-32 单相电能计量芯片整体结构图

1. 模拟前端电路

模拟前端电路的主要功能是把从输入端检测到的电压或电流形式的模拟信号进行低噪声放大和模数转换，包括 3-7 路模拟信号处理电路，每路模拟信号处理电路包括用于检测传感器信号和增大模数转换器动态范围的 PGA、用于信号模拟域到数字域转换的高精度模数转换器以及高性能基准源、低压差线性稳压器、电压参考源、基准电流偏置电路等模块。模拟前端电路结构图如图 7-33 所示。

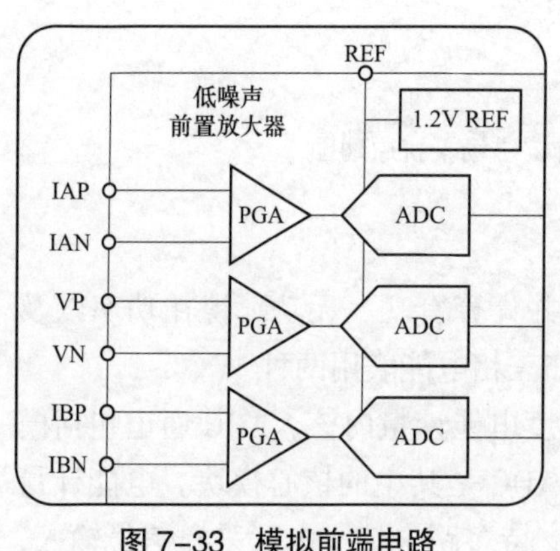

图 7-33 模拟前端电路

电能计量模块的一个重要性能指标是计量精度，它决定了智能电表对用户电能使用情况计量的准确性。为了满足系统精度要求，需要将内部各模块的噪声控制在合理范围之内。根据系统噪声理论，模拟前端电路贡献了绝大部分噪声，而其中的 PGA 和 Sigma-Delta ADC 是影响噪声性能的主要因素。

由于 ADC 本身没有放大信号的功能，因此从 ADC 的输入端口来看，其看到的信号在不同PGA放大倍数下应该是相同的。ADC看到的信号是PGA差分满幅信号（FS=1.4V）。而PGA的作用，则是根据系统外部大小不同的输入信号，选择合适的放大倍数，将信号放大到ADC的最佳处理量程。这样对于PGA而言，在不同放大倍数下，提供给ADC的信号均为满幅信号，也就是说提供给ADC的信号信噪比要保持一致。信噪比与信号功率和噪声功率有关，在不同放大倍数下，信噪比相同，输入信号幅度不同，所要求的噪声功率也会不同。PGA放大倍数 G=16时，PGA输入端等效噪声功率为 G=1时，PGA输入端等效噪声功率的 $1/16^2=1/256$，亦即，要保证全增益范围内的计量精度一致，可变增益放大器的等效噪声功率在1倍和16倍两种情况下，会有256倍的巨大差异。这对电路的噪声性能提出了很高的要求，必须具备一个超低噪声的模拟前端，才能使得在大动态范围内的计量精度保持一致。

2. 数字前端电路

数字前端电路由数字抽取滤波器构成，用于对模拟调制器输出的信号进行降采样信号处理，并将其转换为多比特数字信号。

数字抽取滤波器具有如下性能指标。

（1）通带阻带频率。通带频率根据系统指标确定为 f_p=14kHz。通常来说，为了防止混叠效益，阻带的频率应该≤ $F_s/2$，但是如果已知有用信号仅存在于（$0\sim f_p$）的通带内，这样就可以允许在（$f_p\sim F_s/2$）频带范围内存在一些混叠，此时阻带频率 $f_c=F_s-f_p$=31.25−14=17.25kHz。

（2）通带内纹波。如果通带内存在纹波，也就是在不同输入信号频率下，滤波器的增益不一样，假设纹波为 RdB，$GAIN=10^{R/20}$ 倍，输入信号幅度为 A，那么在不同频率的情况下，输出信号的大小会存在差异，差异值计算见式（7−8）：

$$|A\times(GAIN+1)-A|<A\times\frac{1}{2^N} \qquad (7-8)$$

虽然在等式两边 A 可以约掉，但是纹波的要求仍然与输入幅度有关，因为 N 的值与 A 有关，当输入满幅时，ADC的有效位数达到最大，N 最大，计算出来的 R 越小，当输入幅度变小时，N 也会减小，从而 R 也会越小。

（3）阻带衰减。如果CIC的输出频率为192kHz，通带频率24kHz，阻带频率为168kHz，前级Σ−Δ型AD的输出在168~192kHz的频带内噪声低于−70dB，而SDM要求的本底噪声（noise floor）为−140dB，因此要求CIC的阻带衰减能力约70dB。

滤波器的阻带衰减能力不仅与本身的噪底要求相关，还与SDM自身的噪声整形有关，阶数更高的SDM噪声整形时，将通带内的噪声压制更低，噪声的形状更陡，因此需要后续数字滤波器提供更大的带外噪声抑制能力。

芯片级给出的阻带衰减是对应的降频之后最终阻带频率所对应的阻带衰减，由于数字滤波器通常由几级组成，前几级的阻带频率都远远大于最终的阻带频率，因此阻带频率对应的是最后一级滤波器的衰减。

7.2.2.3　温度传感芯片关键电路

温度传感芯片由温度传感器、ROM、非挥发的温度报警触发器、配置寄存器等组成。温度灵敏元件是其中的关键电路，下面主要介绍几种常用的温度灵敏元件电路实现。

1. 基于 BJT 的传感器电路

基于 BJT 的 sensor 电路原理图如图 7–34 所示，利用图中三极管 Q1 和 Q2 之间的 V_{BE} 的差值产生 ΔV_{BE}，将 ΔV_{BE} 放大后得到 V_{PTAT}。V_{BE} 和 V_{PTAT} 求和得到 V_{REF}，ADC 利用 V_{REF} 对于 V_{PTAT} 这个与温度相关的量进行量化，得到输出量 μ，再经过数字量化电路处理之后，得到输出 D_{out}。

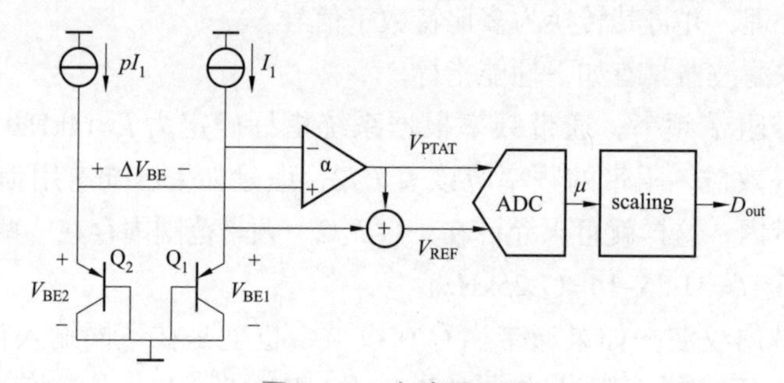

图 7–34　电路原理图

根据上图的原理，可以得到如下每个阶段的公式（7–9）：

$$\mu=\frac{\alpha\times\Delta V_{BE}}{V_{REF}}=\frac{\alpha\times\Delta V_{BE}}{V_{RE}+\alpha\Delta V_{BE}}=\frac{\alpha}{\dfrac{V_{BE}}{\Delta V_{BE}}+\alpha} \tag{7–9}$$

式中　ΔV_{BE}——V_{BE} 的变化值，mV；

V_{REF}——基准电压，mV；

α——匹配系数；

μ——偏差量和基准的比例关系。

通过对于 V_{BE} 和 ΔV_{BE} 进行电路的设计，产生 $X=\dfrac{V_{BE}}{\Delta V_{BE}}$，那么使用 ADC 将 X 的值量化，得到与温度相关的输出。

2. 基于 MOS 的传感器电路

基于动态阈值电压金属氧化物半导体（DTMOS）的特性，如图 7–35 所示，将 MOS 的栅极、漏极和衬底连接在一起，产生了类似于 BJT 的二极管特性。

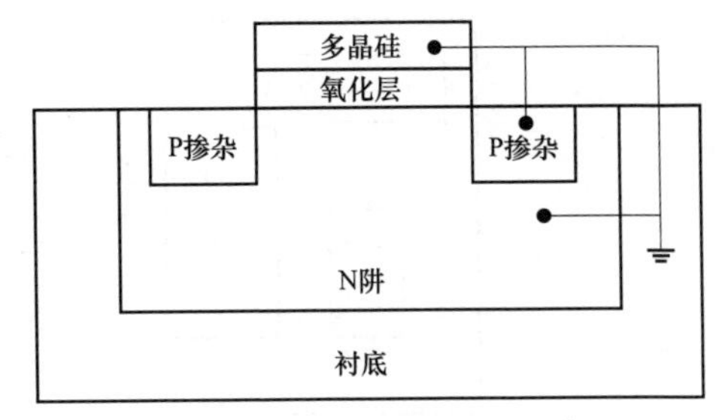

图 7–35 DTMOS 的特性示意图

利用 MOS 在不同的电流情况下的阈值电压 V_{GS} 差异，可以得到阈值的差 ΔV_{GS}，ΔV_{GS} 产生电路原理图如图 7–36 所示。但是因为电流源的不匹配以及 DTMOS 的版图不匹配导致的偏差会影响温度相关量阈值的差 ΔV_{GS} 的线性度。

和 BJT 类似，仍然需要将与温度相关的 ΔV_{GS} 进行量化，那么就需要产生一个与温度无关的基准电压，如图 7–37 所示：

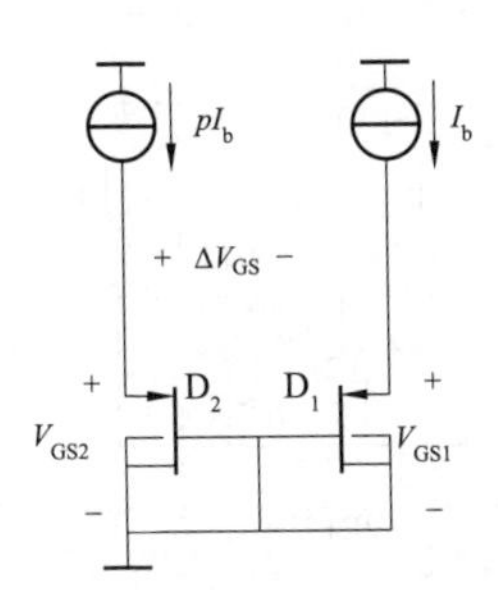

图 7–36 ΔV_{GS} 产生电路原理图

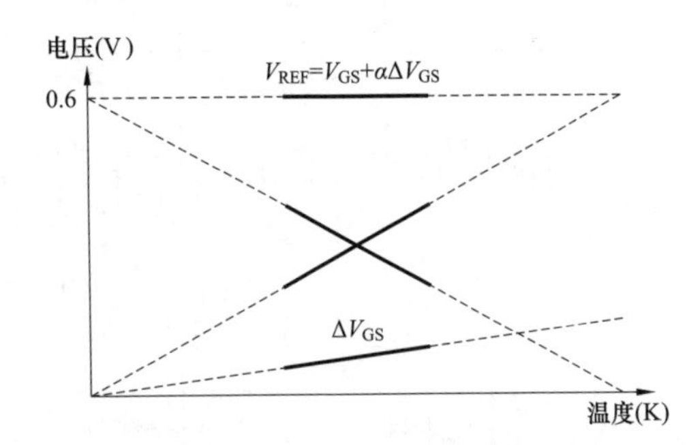

图 7–37 基准电压产生原理图

产生基准的一般公式为式（7–10）：

$$V_{REF}=V_{GS}+\alpha\Delta V_{GS} \tag{7–10}$$

式中 ΔV_{GS}——MOS 栅源之间的差值，mV；

V_{GS}——S 值，栅源电压，mV；

α——匹配系数；

V_{REF}——基准电压，mV。

通过 ADC 将 $V_{GS}/\Delta V_{GS}$ 进行量化之后，通过数字的算法，对于 X 进行数字滤波和数学运算，最终得到温度传感器的输出，基于 DTMOS 的温度传感器工作原理图如图 7–38 所示。

此 Zoom ADC 的采用了 SAR–ADC 和 1 阶 $\Sigma-\Delta$ ADC 的优点，既保证了精度，也降低了系统的功耗。

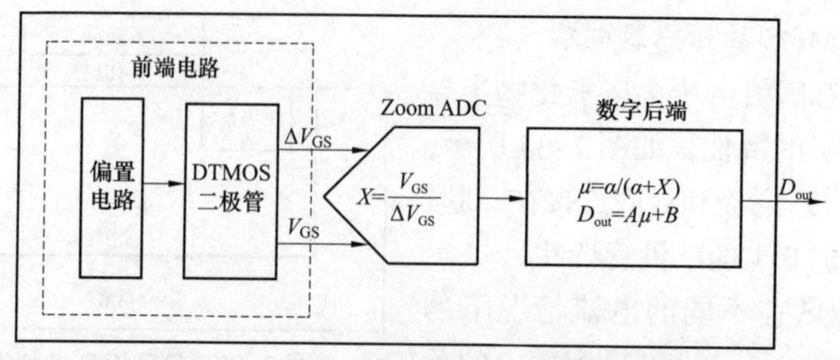

图 7-38　基于 DTMOS 的温度传感器工作原理图

3. 基于振荡器的传感电路电路

基于 OSC 的温度监测电路的原理图如图 7-39 所示。

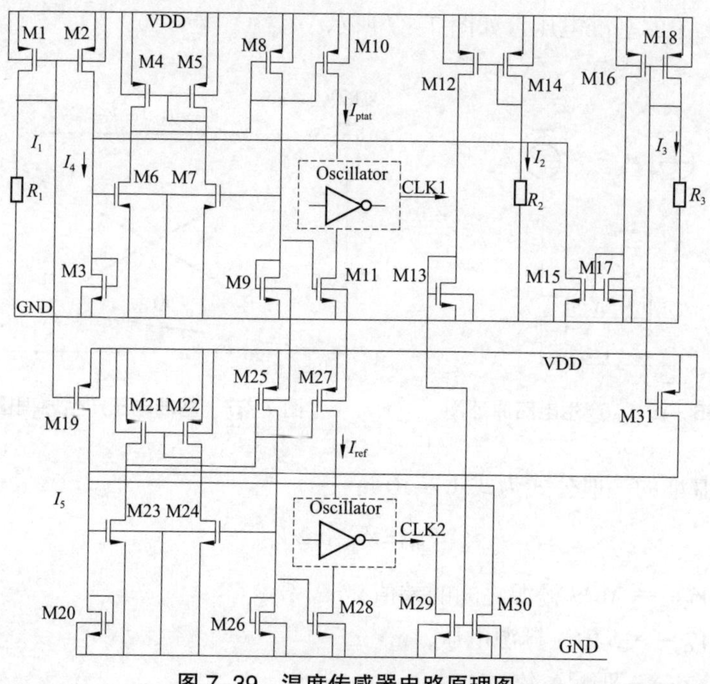

图 7-39　温度传感器电路原理图

在图 7-39 中，M1~M30 是 MOS 晶体管，I_1~I_5 是支路的电流。I_{ref} 是产生的基准电流，并产生与温度无关的时钟 CLK2。I_{ptat} 电流是正温度系数电流，并产生与温度有关的时钟 CLK1。利用 MOS 的温度特性产生与温度有关的 I_{ptat} 电流，这个电流控制产生的 CLK1 就与温度直接正相关；利用正温度系数电路和负温度相加的原理，产生与温度无关的电流 I_{ref}，可以得到与温度无关的时钟 CLK2；进而用 CLK2 对于 CLK1 进行采样，就能得到与温度相关的输出，实现温度传感器的设计。

7.2.2.4 光电传感芯片关键电路

光电传感芯片关键电路一般包括：脉冲电流激励电路、光电信号转换与隔直流滤波电路和压频转换电路。

1. 脉冲电流激励电路

脉冲电流激励电路常用于光电传感器中，用以激励发光二极管产生脉冲光，包含一个运算放大器以实现脉冲振荡，并推动三极管输出脉冲电流，从而激励发光二极管发出脉冲光。其工作原理如图 7–40 所示，放大器 A 与电容 C 及电阻 R_1~R_4 实现自激励脉冲振荡，三极管 T 及 R_5 完成脉冲电流输出，V_C 是振荡控制信号。

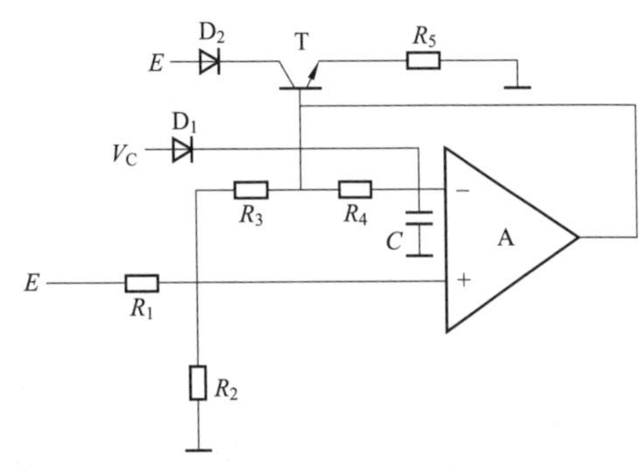

图 7–40　脉冲电流激励电路工作原理图

2. 光电信号转换与隔直流滤波放大电路

光电信号转换与隔直流滤波放大电路用光敏三极管完成光电转换，用二极管和电容器对光电转换信号进行隔直流、箝位及低通滤波处理，再用一运算放大器对滤波后的信号进行放大输出，从而完成信号的转换与处理；对光电信号进行隔直流滤波，可以有效地消除检测系统误差和噪声干扰。其工作原理如图 7–41 所示，由光敏三极管 T 输出的脉冲电流经 R_1 取样形成频率及相位与发光激励电流相同的脉冲电压，C_1 的隔直流作用使该电压中的脉冲部分可以通过，而包含背景光影响的直流部分被阻隔，D_1 的箝位作用使 C_1 能快速放电，同时保证 R_1 上的脉冲电压能高比率地通过 C_1、D_2、R_2 和 C_2 构成整流滤波电路，目的是将通过 C_1 传输过来的脉冲电压整流滤波为直流电压，该电压经 A 放大后输出，从而完成信号的转换与处理。

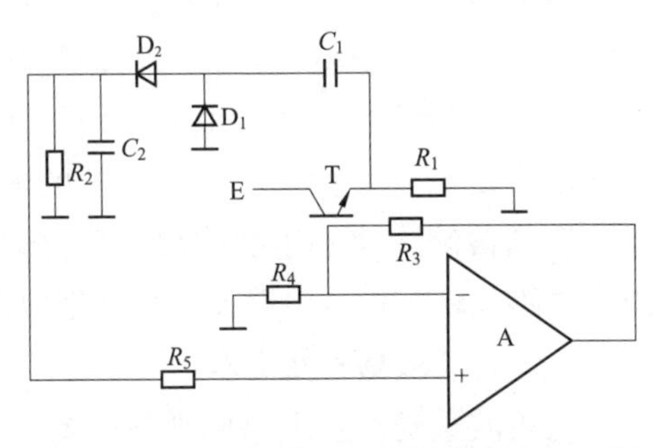

图 7–41　光电信号转换与隔直流滤波放大电路工作原理图

3. 压控振荡电路

电压控制振荡电路是一种将电平变换为相应频率的脉冲变换电路，或者说是输出脉冲频率与输入信号电平成比例的电路，可以用两个运算放大器和一个三极管构成压控脉冲振荡器。该振荡器的振荡脉冲频率受控与于前面所说的滤波放大的直流电压，从而实现压频转换，其工作原理如图 7–42 所示。其中 A1 为差动积分电路，A2 为滞后比较电路，A2 的输出控制三极管 T 的通断状态。

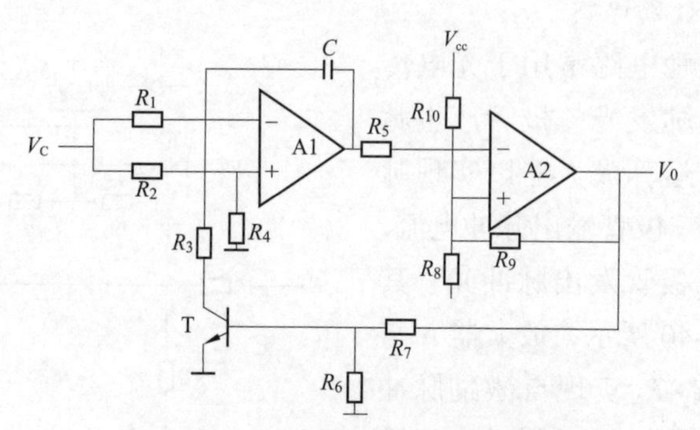

图 7–42　压控振荡电路工作原理图

7.2.2.5　位移传感芯片关键电路

本节主要介绍电容式位移传感器芯片的关键电路。

以电容器为敏感元件，将机械位移量转换为电容量变化。当被测物体在左右方向发生位移时，带动电容器极板间电介质的移动，所以电容器电介质的相对介电常数发生变化，引起电容器的电容发生变化，根据电容器电容的变化就可以感知被测物体发生的位移。电容式位移传感器的关键电路包括三角波激励产生电路、精密检波电路及寄生补偿电路。

1. 三角波激励产生电路

三角波激励产生电路原理图如图 7–43 所示，由两部分组成。其中集成运放 A1 组成滞回比较器，A2 组成积分电路。滞回比较器可以产生稳定的方波信号，再通过积分电路积分产生所需要的三角波。

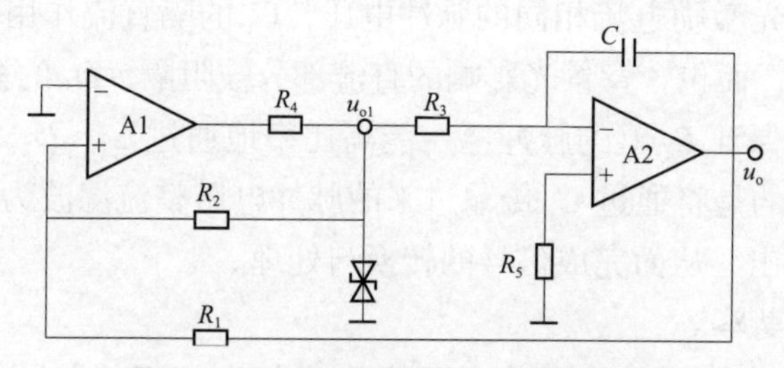

图 7–43　三角波激励产生电路原理图

2. 精密检波电路

精密检波电路工作原理图如图 7–44 所示。该电路电阻元件少，R_1=R_2。输入信号 U_i 为虚部法电容检测电路的输出信号。当 U_i 为正，二极管 D1 截止，D2 导通，运算放大器 A2 相当于电压跟随器，1 : 1 放大输出，U_o 为正；当 U_i 为负，D1 导通，D2 截止，运算放大器 A2 反相 1 : 1 输出，U_o 亦为正。

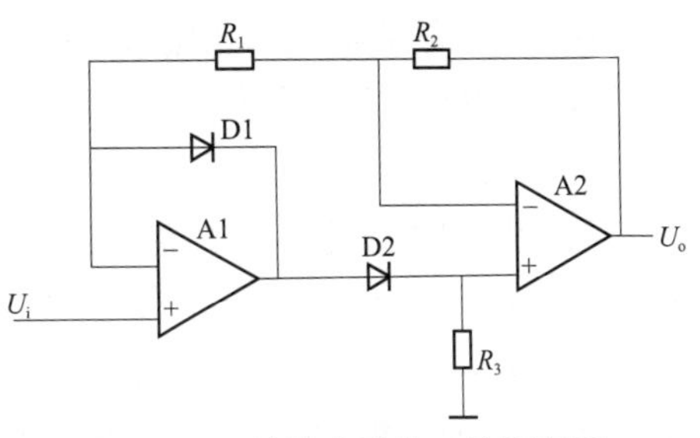

图 7–44 检波电路的工作原理图

3. 寄生补偿电路

寄生电容是制约电容式位移传感器检测距离的关键因素。在微小电容测量中，电容只有几皮法，甚至飞法级，而运放芯片管脚、PCB 板电路连线及过孔寄生电容加起来却有十几皮法，甚至二三十皮法。飞法级的电容信号被淹没在寄生电容中，很难被提取。图 7–45 为寄生补偿电路图工作原理图。其中，C_x 为传感器所要测量的电容信号，C_{b1} 为电路寄生电容，C_{b2} 为补偿电容。

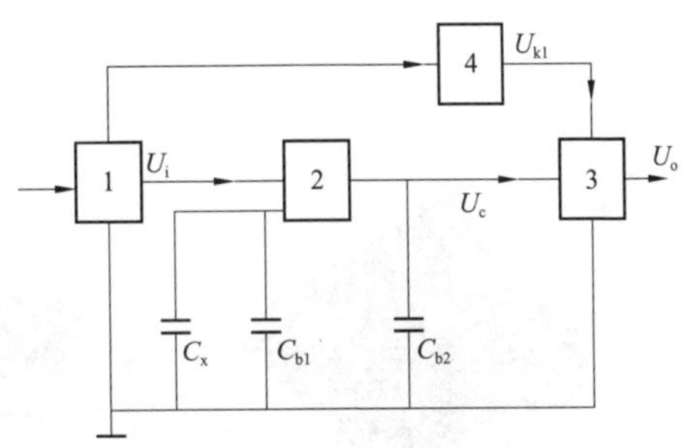

图 7–45 寄生补偿电路图工作原理图

若 C_{b1}=C_{b2}，则实现了寄生电容补偿。

7.3 传感芯片在智能电网中的典型应用

7.3.1 传感芯片在智能电表中的应用

在电能的生产和使用环节中，智能电能表作为连接电网和用户的重要桥梁，电能的计量和电能质量的监测至关重要。如果电能表的电能计量误差较大，则会给用户和供电部门造成直接经济损失。因此，研究具有高精度、多功能的智能电能表成为能源计量中一个重要的研究方向。

7.3.1.1 磁开关芯片

1. 应用概述

强磁场靠近电能表，影响电能表内部的电流互感器、磁保持继电器、变压器的正常工作，造成电能表计量、费控功能异常。窃电者利用此技术漏洞窃取电力资源，给电力公司造成巨大的经济损失。国家电网公司出于防窃电的需求，在2013年发布了新的三相电能表技术标准，明确要求三相电能表具备抗磁场干扰和检测磁场干扰的功能。

2. 应用实现

目前国内多家电能表厂商已经开始采用基于3D磁开关芯片的三相表恒定磁场检测方案。设计思路是：使用1颗3D磁开关芯片检测外部磁场，智能电能表的MCU通过3D磁开关芯片检测外界磁场，当不法分子利用磁场干扰的方式窃取电力资源时，3D磁开关芯片给MCU输出开关报警信号，MCU将磁场干扰报警信号上传至主站,工作人员做相应处理,从而给电力公司挽回经济损失。图7-46为磁开关芯片实物图，图7-47为磁开关芯片在三相电能表内的安装位置。

图7-46 磁开关芯片实物图

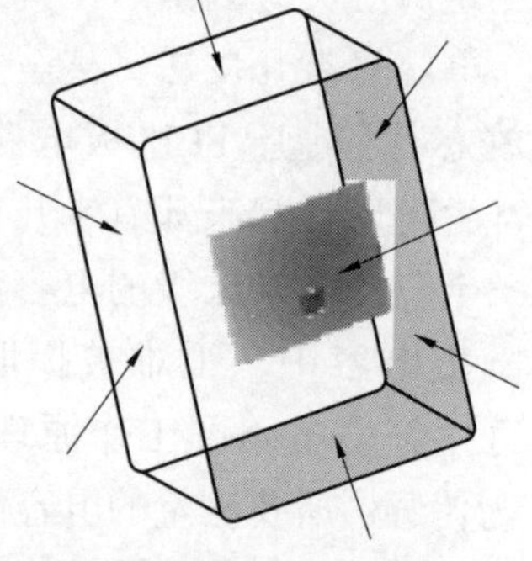

图7-47 3D磁开关芯片在电能表中的应用

7.3.1.2 电流传感芯片

1. 应用概述

基于电流互感器的智能电能表，用电负载影响计量精度问题日益严重，该类问题的表现为：

（1）负荷的功率因数影响电能表计量精度；

（2）非线性用电设备影响电能表计量精度。

在非线性用电设备运行中，时常出现电能计量误差较大的情况，更有甚者，窃电者利用此漏洞故意安装非线性用电设备，以达到窃电的目的。此问题的原因在于我国的智能电能表采用基波计量的方式，只统计基波能量，同时对直流分量和谐波分量的抗干扰能力较弱。因此我们需要提高基波电能表对非线性负载的适应性，提高计量对直流、谐波分量的抗干扰能力。等条件成熟后，使用谐波表和全波表计量。

2. 应用实现

基于电流传感芯片方案的智能电能表能有效改善上述问题，基于该方案的智能电能表系统结构图如图 7-48 所示。在智能电能表系统中，电流传感芯片完成电流变换和电气隔离功能，将采样到的大电流转换为微处理器能够接受的弱电信号。电流传感芯片可以根据被测电流的大小输出数字或模拟电压信号直接取代电流互感器。

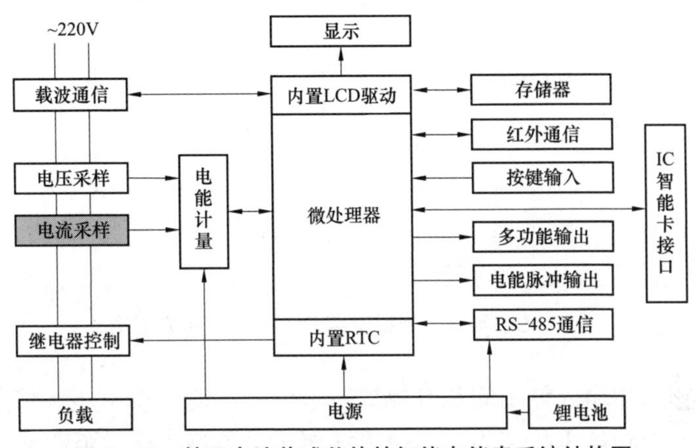

图 7-48　基于电流传感芯片的智能电能表系统结构图

电流传感芯片能够弥补电流互感器因角差和比差引起的电能计量偏小的缺点，也能够避免电流互感器因铁芯线圈磁化曲线非线性引起的计量误差，也能够克服电流互感器的剩磁误差，从而提高计量精度。

7.3.2　传感芯片在采集终端中的应用

7.3.2.1　光耦传感芯片

1. 应用概述

光耦传感芯片以光为媒介传输电信号。它对输入和输出电信号有良好的隔离作用，因此在各种电路中得到广泛的应用。由于光耦传感芯片输入输出间互相隔离，电信号传输具有单向性等特点，因而具有良好的电绝缘能力和抗干扰能力。光耦传感芯片在数字通信及实时控制中作为信号隔离的接口器件，可以大大提高工作的可靠性，又由于光耦传感芯片的输入端属于电流型工作的低阻元件，因而具有很强的共模抑制能力。

2. 应用实现

以单相电能表为例，在 RS-485 电表与采集器、集中器的连接关系中，电表通过两根差分 RS–485 线与采集器完成通信。半双工光耦隔离 RS–485 应用方案图如图 7–49 所示。采用半双工连接方式时，可以实现真正的多点双向通信，但由于发送和接收共享一个信号通道，在某一个时刻只允许接收或发送数据，因此需要对传输方向进行控制。为了保护 RS–485 接口，采用光耦进行隔离保护，安装于集中器和电表的 RS–485 通信电路输入处。

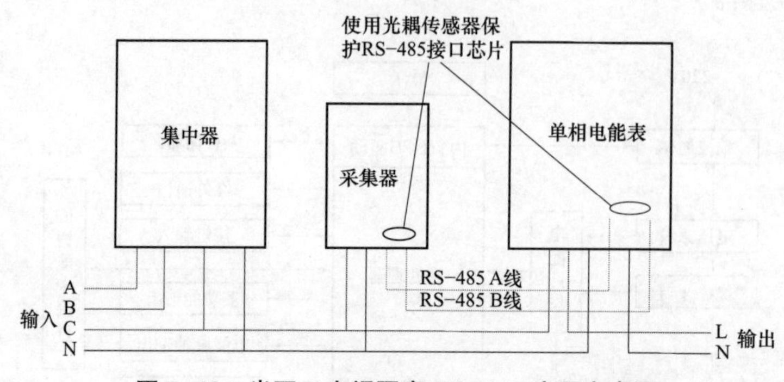

图 7–49 半双工光耦隔离 RS–485 应用方案图

光耦传感芯片输入输出间相互隔离，电信号传输具有单相性特点，具有良好的电绝缘能力和抗干扰能力，其输入端属于电流型工作的低阻元件，具有很强的共模抑制能力，作为采集终端的隔离元件，可大大提高信噪比。

光耦传感芯片对 RS–485 接口进行了很好的保护，即使通信网络受到强干扰，最恶劣的情况也只是损坏 485 收发器，而不至于损坏采集终端的 MCU，从而保护整个采集终端不被损坏。

7.3.2.2 磁阻隔离芯片

1. 应用概述

光电隔离器和光电耦合器的不足之处主要体现在速度限制、功耗、体积以及 LED 老化上，同时光电耦合器的隔离阻抗会随着频率的提高而降低，抗干扰效果也就随之降低，已经无法满足一些先进的智能用电设备的要求。磁阻隔离器虽然出现时间不长，但其性能大大超越了传统的光电隔离器。磁阻隔离器集成度非常高，非常适合与其他通信电子元件集成而实现单一芯片的多通道隔离，它的体积很小而且能耗低，此外它的传输速度相比于传统的光电隔离器有了非常大的提高，最快可达 200Mbit/s。

2. 应用实现

电表与采集器、集中器采用同样的连接方式，通过 RS–485 进行通信，通过控制使能引脚同样可以实现半双工或全双工通信。使用磁阻隔离芯片来实现

RS-485 接口的完全隔离，对接口电路进行保护。

与传统的光耦隔离电路相比，磁阻隔离电路最明显的优势就是只需一片芯片就可完全解决 RS-485 接口隔离问题，而且电路设计简单，使得 PCB 节省 60%~70%。其次，DM 2587E 芯片所采用的磁隔离技术是基于芯片级变压器传输原理，信号传输时几乎不存在能量损耗，能以极低的功耗实现 150Mbps 的高速数据隔离，而光电隔离鲜有如此高的传输速率。相同速率下，其功耗仅为光电隔离的 1/10~1/6。最后 iCoupler 磁隔离消除了与光耦合器相关的不确定电流传送比率、非线性传送特性以及随时间漂移和随温度漂移问题，且其内部含有施密特电路，能够对输入输出的电路滤波整形，可直接与各种高速控制芯片连接。

7.3.3 传感芯片在变电站中的应用

变电站是智能电网的重要组成部分，目前传统传感器技术在变电站中的应用主要体现在变电站设备状态监测（如变压器油色谱 / 油温监测、局部放电监测、断路器 SF_6 气体监测、设备热点监测、避雷器监测）、环境监测（如室外微气象、室内温湿度、水浸）、安全保卫（如图像监控、电子围栏、红外对射）等方面，变电站的综合自动化也体现了一系列传感器技术应用。

针对变电站运维检修需求，在智能变电站和电力物联网的建设过程中，不断涌现出基于传感芯片技术的新型传感器，用于变电设备在线监测，如无源传感器、电力物联网传感器等，克服了现有变电设备监测技术在传感器供电、布置、通信等方面存在的局限性，为变电设备的在线监测提供了新的解决方案。

7.3.3.1 超高频无源传感芯片

1. 应用综述

超高频无源传感芯片是基于超高频射频识别原理，将敏感元件嵌入到超高频射频标签内，在单一芯片内实现“感知”和“射频识别技术”的融合，突破了电力设备传感器小型化、低成本、低能耗等关键问题。利用此类芯片构成的监测系统，兼有“无源”和“无线”两大特点，并具有安全可靠、成本低、实时性好、便于维护等优点。

2. 应用实现

（1）超高频无源温度传感芯片。超高频无源温度传感芯片可用多种电力设备温度监测，应用方式如图 7-50 所示。

以开关柜温度监测为例，无源无线温度监测系统应用示意图如图 7-51 所示。

从下图可知，整个超高频温度在线监测系统由感知层、传输层及应用层组成。其中感知层由超高频温度标签、超高频天线组成；传输层由超高频读卡基站、温

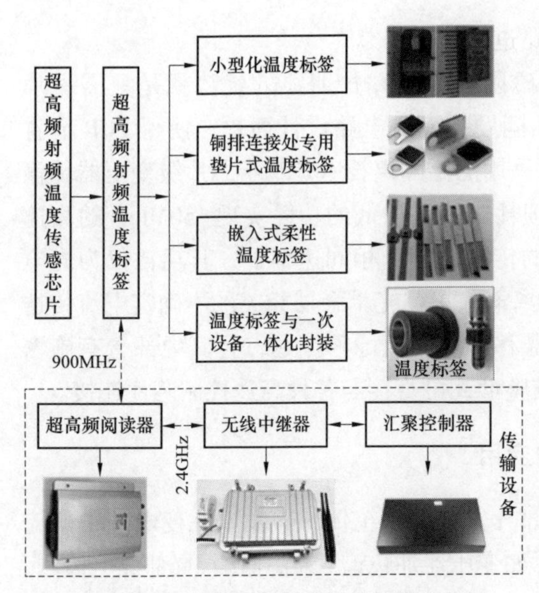

图 7–50　超高频无源温度传感芯片应用图

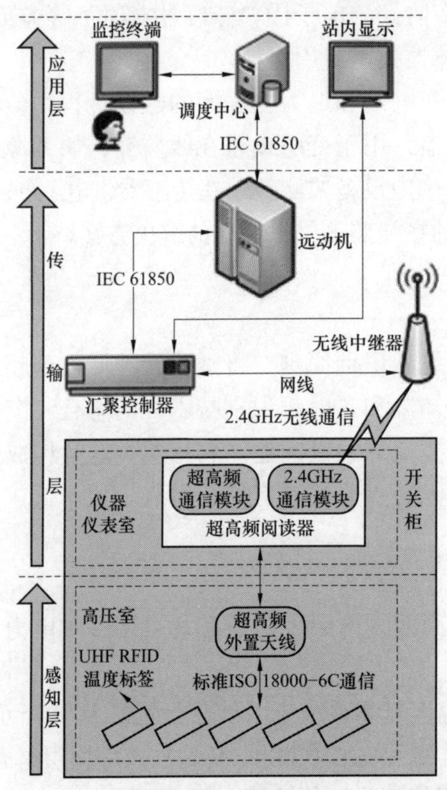

图 7–51　无源无线温度监测系统应用示意图

度传感无线中继器、交换机及汇聚控制器组成；应用层主要由 PC 或服务器组成。

整套超高频温度在线监测系统的作用如下：

1）超高频温度标签：感知温度，反馈温度数据；

2）超高频外置天线：给温度标签提供能量，传递温度数据；

3）超高频读卡基站：给温度标签提供能量，接收并上传温度数据；

4）温度传感无线中继器：采集各超高频读卡基站温度数据，对温度数据进行压缩，上传温度数据；

5）汇聚控制器：采集并上传各点的温度数据，符合 IEC 61850 标准；

6）主站：解析并显示温度信息。

开关柜超高频温度在线监测系统现场部署图如图 7–52 所示。

（2）超高频无源压力传感芯片。超高频无源压力传感芯片可用于气体绝缘开关设备（GIS）伸缩节波纹管形变监测，监测系统应用图如图 7–53 所示。

GIS 伸缩节波纹管形变监测管理系统由后台展示与管理软件系统、数据服务器、手持机、数据传输基站和 GIS 伸缩节波纹管形变传感器等组成。形变传感器实时采集 GIS 伸缩节波纹管的形变量大小与方向，同时采集环境温度，这些数据通过数据传输基站或巡检手持机传输到数据库，后台软件系统自动分析采

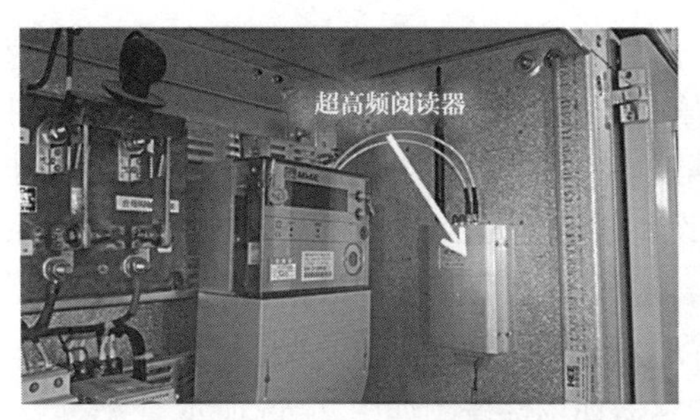

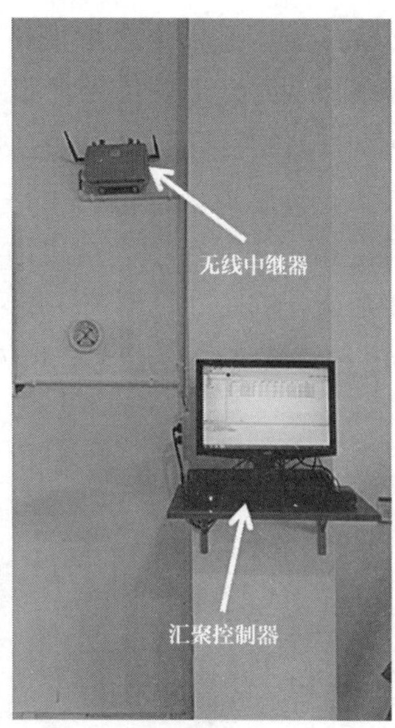

图 7-52　开关柜超高频温度在线监测系统现场部署图

集到数据，对异常形变量发出告警，并将温度 - 形变量 -GIS 管线长度与发生时刻的关系以图形方式直观展示，协助运维管理人员全面把控 GIS 管线的工作状态，提升运维管理的工作质量和工作效率。

GIS 伸缩节波纹管形变监测传感器原理框图如图 7-54 所示，由形变传导杆和无源压力传感器组成。

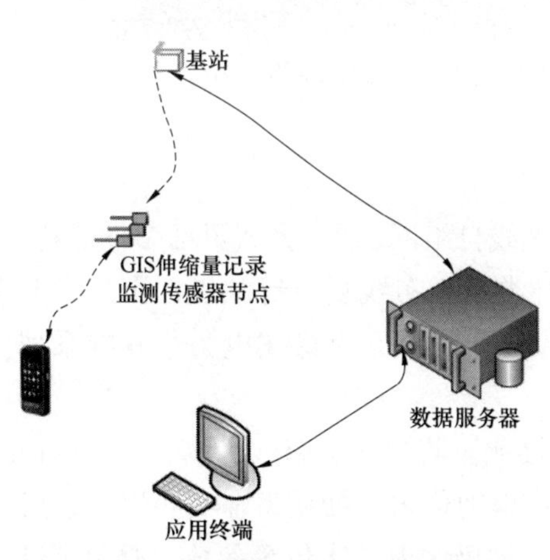

图 7-53　GIS 伸缩节波纹管形变监测系统应用图

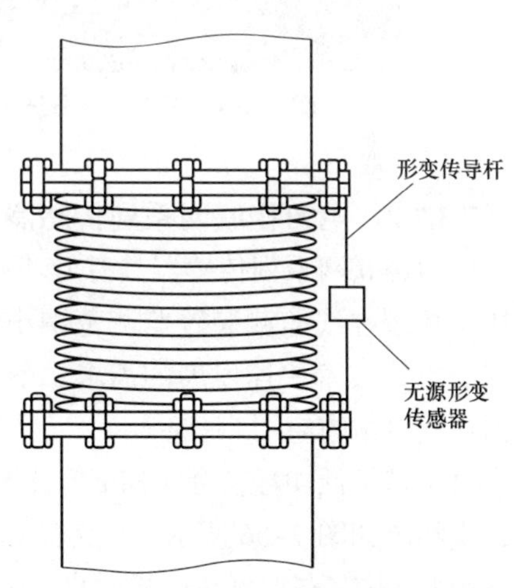

图 7-54　GIS 伸缩节波纹管形变监测传感器原理框图

无源形变传感器通过形变传导杆固定在缝波纹管两端的法兰上，当波纹管发生伸缩形变时，形变传导杆跟踪伸缩形变，并将该形变传导至压力传感器上。RFID 读卡设备将传感器采集的形变与时间信息传输到后台软件系统；在非自组网模式下，传感器数据可由手持设备进行巡检，手持机读取上次巡检以来的全部数据记录，并保存在手持机内，巡检完毕手持机将数据导入数据服务器，后台软件系统分析处理、预警、展示这些信息。

GIS 伸缩节波纹管形变监测传感器现场部署图如图 7–55 所示 。

图 7–55　GIS 伸缩节波纹管形变监测传感器现场部署图

7.3.3.2　电力物联网系列传感器

电力物联网系列传感器具有低功耗、无线自组网、通信方式灵活多样等特点，解决了传统在线监测装置监测范围小、种类少、布线复杂等缺点，满足了变电站状态检修技术快速发展的需求。下面以几个具体案例讲述电力物联网系列传感器在变电站的应用。

（1）基于低功耗蓝牙（BLE）技术的接地极监测井水温、水位、温湿度传感器，实物图如图 7–56 所示。该传感器自带电池供电，使用寿命 5 年以上，蓝牙通讯距离 5m 左右，可在巡检时自动采集接地极水温、水位等参数，避免了过去需揭开监测井承重盖板进行测量的弊端。

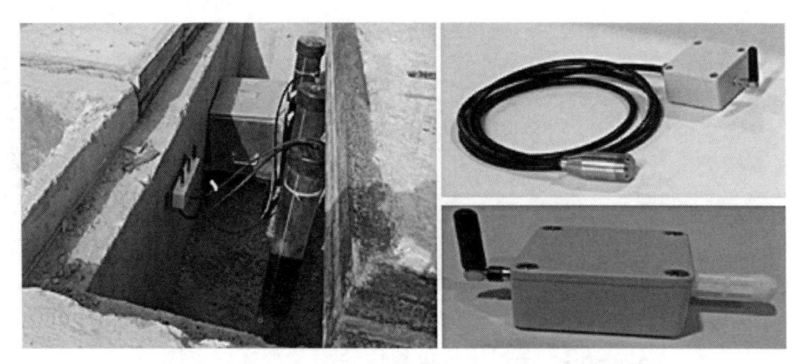

图 7–56　低功耗蓝牙温度、水位传感器实物图

（2）针对 GIS 设备形变造成设备漏气的教训和风险，结合低功耗平台和物联网技术的 GIS 形变监测传感器。该装置体积小、方便安装，不用外接电源，同时具备安卓客户端自动采集功能，可在运维人员进行设备巡检时自动采集数据，避免了采用标尺人工记录形变量的繁重工作量，监测精度可达 0.1mm。在 10s/ 次的采集频率下，单设备使用周期可达 10 年以上。同时该传感器兼容 2.4G 无线传感器网络技术，也可在增加基站基础上扩展为在线监测系统，传感器如图 7–57 所示。

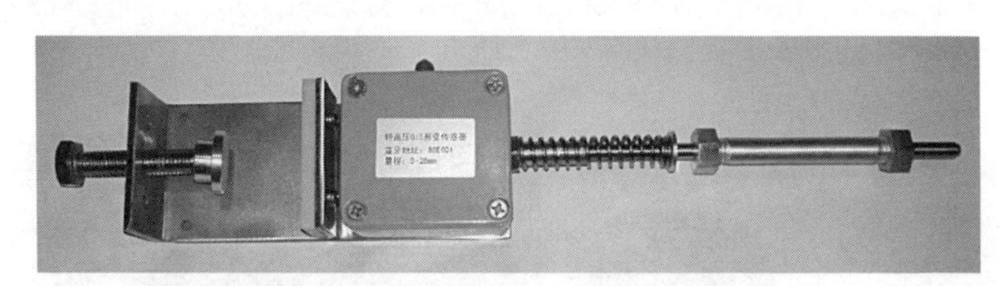

图 7–57　GIS 伸缩节监测传感器

（3）针对运维过程中保护压板漏投、误投，会导致保护装置出现拒动 / 误动的情况，采用结合了传感芯片技术与物联网技术的保护压板位置传感器。该装置基于霍尔原理实现，利用传感器监测保护压板未投退到位，该传感器采用低功耗平台，体积小，与原有保护回路无电气连接，安装过程中不需要退出保护装置原有压板。如大规模应用一方面可替代原有运维工作中的压板定期核查工作，另一方面可扩展变电五防系统，将变电站五防系统扩展至二次保护设备。同时，若接入调度端，调控中心可远程核查现场压板投入情况，传感器及部署图如图 7–58 所示。

（4）基于无线传感器网络技术和相位式激光测距技术的 GIL 管线形变监测传感器。该传感器的工作原理是采用测量精度较高的相位法激光测距传感器，

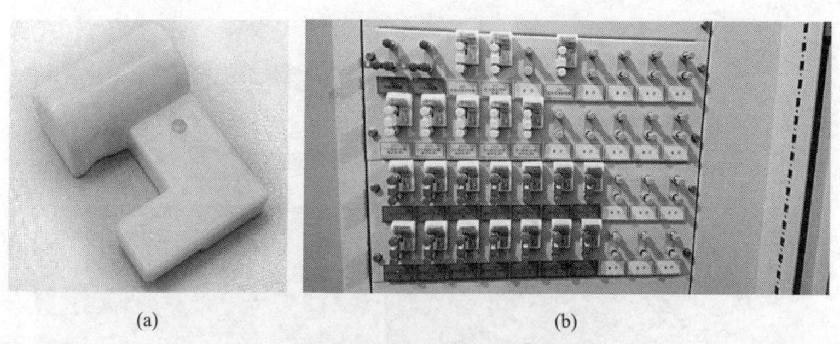

(a)　　　　　　　　　　　　　　　　(b)

图 7–58　保护压板位置传感器及现场部署图

（a）保护压板位置传感器；（b）现场部署图

相位法激光测距技术通过对激光束进行幅度调制并将正弦调制光往返测距仪与目标物间距离所产生的相位差测定，根据调制光的波长和频率，换算出激光飞行时间，再依次计算出待测距离。在待 GIL 管线的终端放置反射镜、激光测距传感器安装在起始端，激光测距传感器发出的激光束照射到终端的反射镜后原路反射回激光测距传感器，激光接收机对该反射信号进行处理，并与发射机的调制信号进行自相干处理，调制信号的相角差换算成时间即为 2 倍被测距离的光速飞越时间，再换算成测量距离。该传感器具备优异的测量精度和极高的稳定性，实现了实时、精确、无接触式监测 GIL 管线纵向形变，传感器及现场部署图如图 7–59 所示。

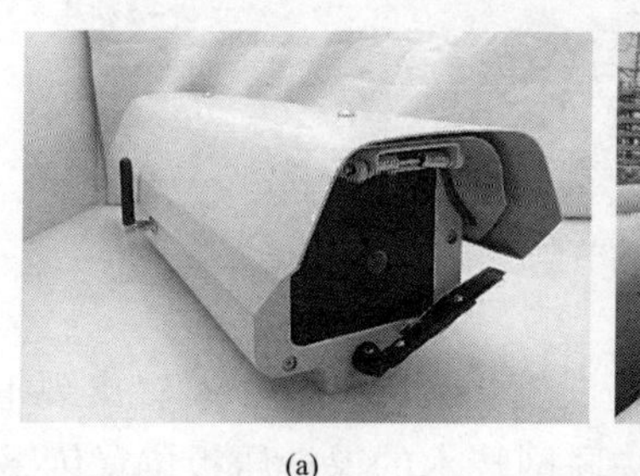

(a)　　　　　　　　　　　　　　　　(b)

图 7–59　GIL 管线形变监测传感器及现场部署图

（a）GIL 管线形变监测传感器；（b）现场部署图

（5）端子箱温控设备一直以来是运维人员检查维护的重点，且在常规变电站及换流站中，温控器故障率一直居高不下，同时检查难度较大，费时费力。基于物联网的温湿度控制器及除湿装置，该装置可远程查看端子箱温湿度，并自动根据凝露点计算温（湿）度控制策略。无线温湿度传感器基于 WSN（无线传感器网）技术，可以实时、准确地测量环境温度和环境相对湿度。传感器及控制器如图 7–60 所示。

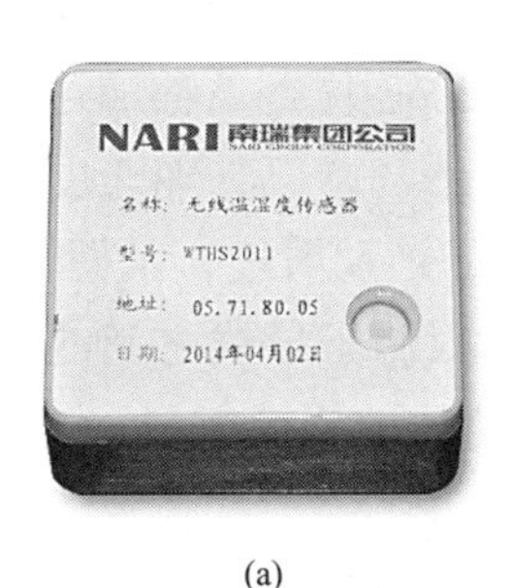

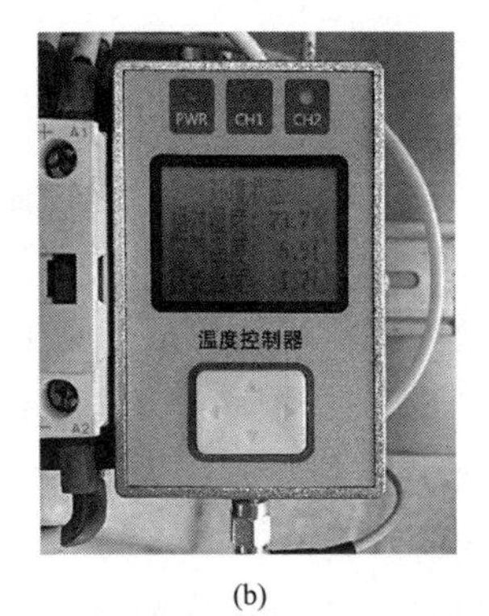

(a)　　(b)

图 7–60　传感器及控制器

（a）无线温度传感器；（b）端子箱自组网温控器

（6）无线温度传感器是集成传感、无线通信、低功耗等技术的产品，无线温度传感器采用电池供电。将无线温度传感器大量应用于等设备温度测量中，可用于一次设备接头及动力回路持续测温，安装方式简单，可靠性较高，无线温度传感器及部署图如图 7–61 所示。

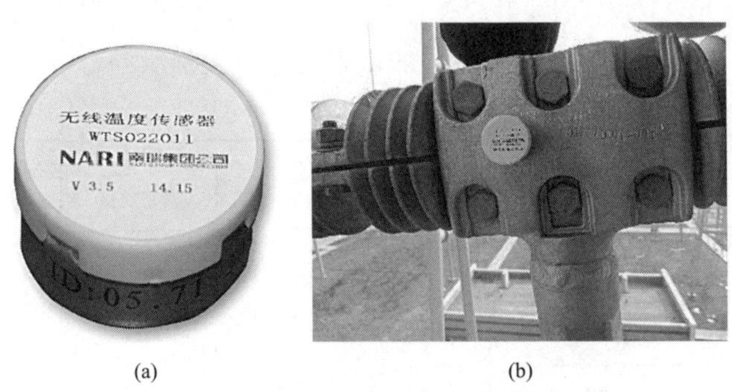

(a)　　(b)

图 7–61　无线温度传感器及现场部署图

（a）无线温度传感器；（b）现场部署图

7.3.4　传感芯片在输电线路中的应用

高性能、低功耗芯片化技术是实现一次设备内置传感器小型化、集成化、高可靠的关键技术，特别适合于复杂电磁环境下无线传感器与一次设备集成，如输电线路智能间隔棒采用温度传感器芯片、输电线路微风振动传感器采用加速度传感器芯片等应用方案，满足输电线路在线监测产品低功耗、长寿命、高可靠性等要求。输电线路所采用的传感器内部芯片进行系统级三维封装，是实现高性能、低功耗芯片化的重要技术。

7.3.4.1 输电线路智能间隔棒

输电线路智能间隔棒在保持原有间隔棒的功能的同时，在现有新设计上集成了多种芯片级的传感器，其中包括温度传感芯片、三轴加速度传感芯片。温度传感芯片可以对导线附近的温度信息进行感知，三轴加速度传感芯片可以对导线的运动加速度进行测量，从而获取导线的运动轨迹，掌握输电线路的舞动、摆幅、摆频等信息，使得间隔棒在原有具有限制子导线之间的相对运动和在正常运行情况下保持分裂导线的几何形状的功能前提下，具备一定的感知能力、能量收集能力和通信能力。

智能间隔棒的整体设计分为三部分，分别为导线状态感知单元、能源收集单元和网络通信单元，该设计的原理框图如图 7–62 所示。间隔棒采用四分裂导线用间隔棒，温度传感芯片与间隔棒采用一体化设计，并采用与间隔棒相同的铝制材料。温度传感芯片和备用电池被扣合在间隔棒的臂上，采用前后扣合的方式进行设计，保证与间隔棒一样的热胀冷缩系数。智能间隔棒除温度传感器外，还包括北斗导航定位模块、电流感应取电与储能单元、MEMS 三轴陀螺、MEMS 三轴加速度传感器、二维固态风速风向传感器、激光测距传感器、微控制器和射频单元。取电线圈扣合在导线上，整体重量小，自重上与间隔棒比例为 500 ∶ 1，基本可以忽略传感器增加带来的重量上涨。

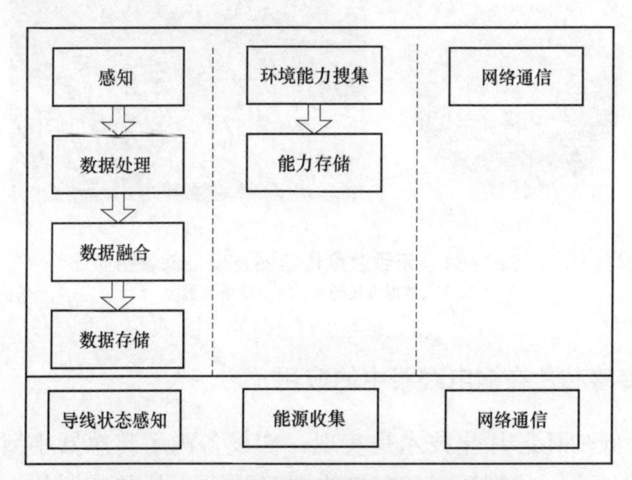

图 7–62　智能间隔棒整体设计原理框图

在图 7–62 中，导线状态感知单元能够感知导线的舞动轨迹与舞动节距、温度、导线的对地间距、地理位子信息等；数据处理单元将传感器感知到的数据进行处理归一化；数据融合单元将数据处理单元处理过的多传感器数据进行融合，综合分析后存储在本地数据库中；能量收集单元用于将线路上感应的能量供智能间隔棒使用；网络通信单元用于将各个节点收集到的数据传输给后台处理。

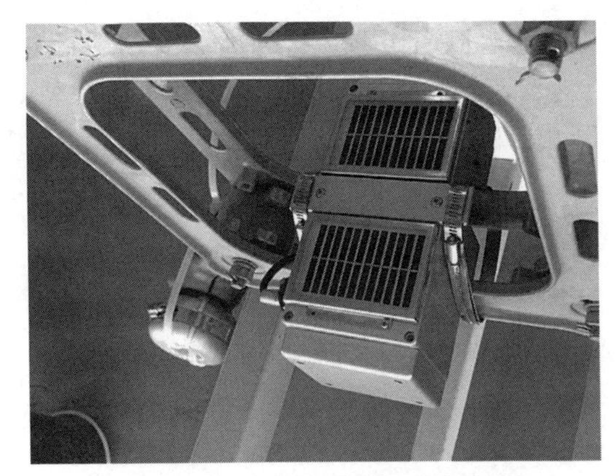

图 7–63　智能间隔棒实物外观图

一套完整的智能间隔棒装置由3部分组成，其实物外观结构图如图7–63所示。

（1）TA取电装置：由两个半圆的磁环组成，外圈用抱箍扎紧，套在电缆上；

（2）电源盒：是一个铝合金的外壳，内部装有电池和线路板，电源盒和TA取电装置之间用电缆连接。

（3）主机盒：是由铝合金加工而成的，内部装有温度传感芯片、三轴加速度传感芯片和主线路板等，侧面装有无线天线，可以将数据发回基站，电源盒和主机盒采用电缆连接。

芯片化传感器具有集成化、小型化、智能化、高可靠、长寿命特点，是电网监测装置的发展趋势。将无线传感器与间隔棒有机结合，采用机电一体化设计形成智能间隔棒产品，在间隔棒内分别直接嵌入模块化传感器、计算机及信息处理算法软件、无线链路，直接获取一次设备的多维工作参数，并从一次设备本身的泄漏电流、感应获取能源，通过小型化、保型天线、集成化功能部件等技术实现了智能一次设备的集成设计与制造，实现了一次设备的智能化。智能间隔棒产品的挂装试用，大幅提升了输电线路状态监测的实时性和有效性，大幅降低了系统的复杂度和总体成本，为输电线路在线状态监测与检修的普及奠定了基础。

7.3.4.2　输电线路微风振动传感器

输电线路长期处于野外，经常受到自然条件和其他外界条件的影响，容易发生微风振动事故，常常引起导线断股、断线、金具脱落等危害。尤其对于特高压、大跨越线路，一旦发生疲劳断股，将给电网安全运行带来严重危害，有时甚至需要对全线进行更换。加速度传感芯片以其低功耗、高集成度等特点，集成在输电线路微风振动传感器中，可用于输电线路微风振动的监测。

微风振动是一种高频、低幅的导线运动状态，由于导线的动弯应变与其振幅有一定的线性关系，常采用测量弯曲振幅的方法。弯曲振幅是两点之间的相对振幅，利用 MEMS 加速度传感器芯片测量弯曲振幅，如图 7–64 所示。其中点 1 是线夹与导线的最终接触，点 2 是距离点 1 为 89mm 处的导线上的位置，点 2 处相对横向振幅就是所谓的弯曲振幅。采用 MEMS 加速度传感器测量弯曲振幅，适合输电线路监测装置对小型化，低功耗的要求。

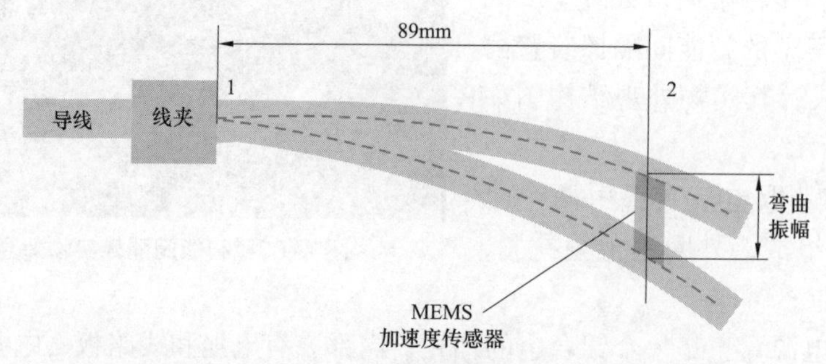

图 7–64　利用 MEMS 加速度传感器芯片测量弯曲振幅

计算线夹出口处的动弯应变，就需测量距离此处 89mm 处的弯曲振幅。在振幅相同的情况下，导线表面的应变只取决于外层线股的材质，且导线振型受线夹附近的刚度影响，呈现的不是标准正弦曲线。因此导线振幅的大小与动弯应变值的关系如式（7–11）：

$$\varepsilon=\frac{E_{a}Dp^{2}Y_{b}}{4\left(e^{-px}-1+px\right)} \tag{7–11}$$

式中　E_a——外层线股的杨氏模量，MPa；

x——导线与线夹的最终接触点到被测点的距离，x=89mm；

Y_b——89mm 处的振动峰—峰值，mm；

D——导线直径，mm；

p——试验常数，与导线的抗弯刚度 EI 和导线张力 T 有关。

通过在装置内安装高精度 MEMS 加速度传感器芯片，对测得的导线振动加速度进行 2 次积分后，可得到导线振动的 Y_b 值，利用上述公式（7–11）得到 ε 值，作为衡量导线微风振动情况的依据。基于 MEMS 加速度传感芯片的微风振动监测装置如图 7–65 所示。

微风振动传感器是基于嵌入式技术、无线网络技术和传感器技术研发的新型传感器，其核心部件为加速度传感芯片，可将输电线路现场微风振动的振幅和频率进行在线监测，并通过 GPRS 等无线网络实时传输到后台计算机进行处理分析。系统架构图如图 7–66 所示。

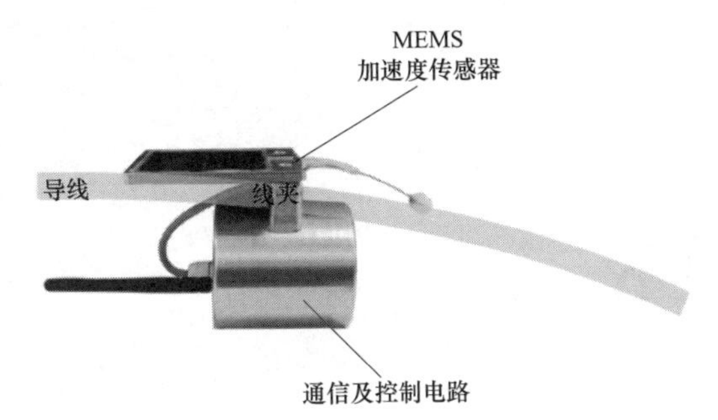

图 7–65　基于 MEMS 加速度传感芯片的微风振动监测装置

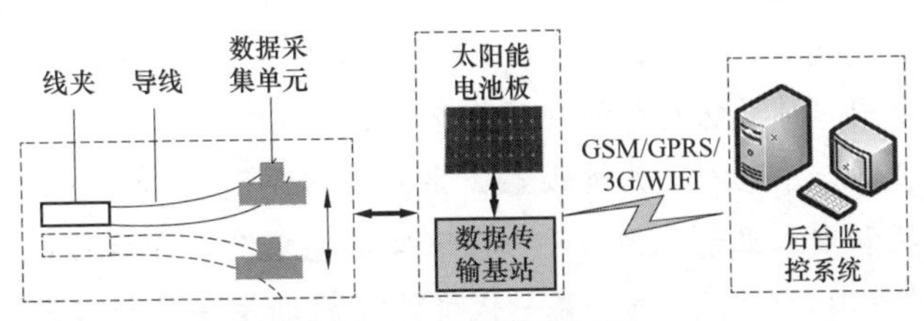

图 7–66　系统架构图

芯片传感技术立足解决智能一次设备一体化集成设计与制造方面存在的诸多不确定性问题，如电力系统中的无线传感器等检测装置与一次设备的集成度不高，装置存在功能单一、结构庞杂、体积笨重、耗电巨大等问题。

参考文献

[1] 前瞻产业研究院 . 全球及中国芯片产业发展解析 [EB/OL]. https：//bg.qianzhan.com/report/detail/494/180905-c9345b7d.html，2018-9.

[2] 国家电网公司 . 国家电网智能化规划 [Z]. 2012.

[3] 国家电网公司 . 智能电网关键设备（系统）研制规划 [Z]. 2011.

[4] 中华人民共和国工业和信息化部 . 国家集成电路产业发展推进纲要 [Z]. 2014.

[5] 单茂华，姚建国，杨胜春，等 . 新一代智能电网调度技术支持系统架构研究 [J]. 南方电网技术，2016（6）：1-7.

[6] 刘振亚 . 特高压电网 [M]. 北京：中国经济出版社，2005.

[7] 刘文魁，庞东 . 电磁辐射的污染及防护与治理 [M]. 北京：科学出版社，2003.

[8] 唐兴伦，范群波，张朝晖，李春阳 . ANSYS 工程应用教程——热与电磁学篇 [M]. 北京：中国铁道出版社，2003.

[9] 季双 . 微电子芯片的热仿真分析 [D]. 北京：北京交通大学机械与电子控制工程学院，2009.

[10] 杨世铭，陶文铨 . 传热学 [M]. 北京：高等教育出版社，2006.

[11] 徐龙潭 . 电子封装中热可靠性的有限元分析 [D]. 哈尔滨：哈尔滨工业大学能源科学与工程学院，2007.

[12] 刘勇，梁利华，曲建民 . 微电子器件及封装的建模与仿真 [M]. 北京：科学出版社，2010.

[13] 刘培生，黄金鑫，卢颖，杨龙龙 . 晶圆级封装的优化散热分析 [J]. 电子元件与材料，2015（1）：22-25.

[14] 周浩，张北记 . ANSYS 有限元分析软件在热分析中的应用 [J]. 化工管理，2016（12）：115-115.

[15] 马鹏，卢景芬，龚令侃 . 32 位嵌入式 CPU 的微体系结构设计 [J]. 计算机工程，2008，34（9）：136-138.

[16] 李柯 .2015 年中国集成电路市场回顾与展望 [J]. 电子工业专用设备，2016（4）：1-2.
[17] Q/GDW 1364—2013，单相智能表技术规范 [S].
[18] Sansen，W.M.C. 著，陈莹梅译 . 模拟集成电路设计精粹 [M]. 北京：清华大学出版社，2008：437-438.
[19] Phillip E. Allen，Douglas R. Holberg. CMOS 模拟集成电路设计 [M]. 北京：电子工业出版社，2011.
[20] 王小曼，原义栋，张海峰．一种低功耗高可靠性上电复位电路的设计 [J]. 微电子学，2011，41（5）：681-684.
[21] Kuijk K E. A precision reference voltage source [J].IEEE Journal of Solid-State Circuits. 1973（SC-8）: 222-226.
[22] 杨庆，杜新纲，王小曼 . 一种带电源电压和温度补偿的振荡器电路设计 [J]. 电子技术应用，2014，12（40）：60-62.
[23] 周春良，张峰，程伦，等 . LTE230 无线通信基带芯片的设计与应用 [J]. 电子技术应用，2015，41（12）：48-50.
[24] 曹津平，刘建明，李祥珍 . 基于 230MHz 电力专用频谱的载波聚合技术 [J]. 电力系统自动化，2013，37（12）：63-68.
[25] 周春良，周芝梅，王连成，等 . LTE230 数字中频接收机的设计 [J]. 电子技术应用，2017，43（9）：46-49.
[26] 周春良，樊文杰，王连成，等 . 实时操作系统 Nucleus Plus 在 LTE230 芯片上的移植［J］. 微型机与应用，2017，36（1）：22-24，31.
[27] 乌力吉，李翔宇，王安，等 . 芯片侧信道安全性分析与测评平台研发与应用 [J]. 中国科技成果，2015（20）：1-1.
[28] 马鹏，卢景芬，龚令侃 . 32 位嵌入式 CPU 的微体系结构设计 [J]. 计算机工程，2008（S1）：136-138.
[29] Q/GDW 1364—2013，单相智能表技术规范 [S].
[30] 孙传军 . 浅谈智能电表目前的现状与未来发展方向 [J]. 中国新技术新产品，2011（22）：5-6.
[31] 代浩凌 . 智能化客户终端设备在智能电表网络体系中的应用 [J]. 中国新技术新产品，2013（21）：90.
[32] 曾义秀 . 浅谈智能电表在智能电网中的应用 [J]. 中国新技术新产品，2013（16）：33-34.
[33] 胡江溢，祝恩国，杜新纲，杜蜀薇 . 用电信息采集系统应用现状及发展趋势 [J].

电力系统自动化，2014（2）：131-135.
[34] 许晓慧．智能电网导论 [M]. 北京：中国电力出版社，2009.
[35] 顾勇，王晨旭，周童，等．一种新型抗功耗分析的电流平坦化电路有效性研究 [J]. 密码学报，2017，4（5）：458-471.
[36] 陈曼．分组密码算法能量与错误分析攻击及其防御对策研究 [D]. 济南：山东大学，2013.
[37] 郭东昕，陈开颜，张阳，等．基于 VGGNet 卷积神经网络的加密芯片模板攻击新方法 [J]. 计算机应用研究，2019（10）.
[38] Picek S，Heuser A，Guilley S. Template attack versus Bayes classifier[J]. Journal of Cryptographic Engineering，2017，7（2）：1-9.
[39] Gross H，Mangard S，Korak T. An Efficient Side-Channel Protected AES Implementation with Arbitrary Protection Order[C]. Cryptographers' Track at the RSA Conference. Springer，Cham，2017：95-112.
[40] 张赟，赵毅强，刘军伟，等．一种抗物理攻击防篡改检测技术 [J]. 微电子学与计算机，2016，33（4）：121-124.
[41] 郑昉昱．密码高速计算技术研究 [D]. 北京：中国科学院大学，2016.
[42] 杨先文，张鲁国，田志刚．专用 SoC 安全控制架构的研究与设计 [J]. 单片机与嵌入式系统应用，2010，10（11）：11-14.
[43] Akhshani A，Akhavan A，Mobaraki A，et al. Pseudo random number generator based on quantum chaotic map[J]. Communications in Nonlinear Science & Numerical Simulation，2014，19（1）：101-111.
[44] 张明睿．混沌真随机数发生器的研究与后处理方案的设计 [D]. 西安：西安电子科技大学，2015.
[45] 冯婷．一种抗重布线攻击的动态主动屏蔽层方法 [D]. 长沙：湖南大学，2015.
[46] 倪林，李少青，马瑞聪，等．硬件木马检测与防护 [J]. 数字通信，2014（1）：59-63.
[47] 徐平江，付青琴．基于链表方式的智能卡文件系统设计 [J]. 微型计算机，2011（11）：49-50，73.
[48] 赵东艳，王于波，徐平江．一种智能卡写保护机制的实现 [J]. 电子产品世界，2014（12）：32-34.
[49] 付青琴，徐平江．一种改进的智能卡认证方法的实现 [J]. 计算机工程与科学，2014（1）：94-97.

[50] 王爱英 . 智能卡技术（第三版）[M]. 北京：清华大学出版社，2009.
[51] 杨力，马建峰 . 可信的智能卡口令认证方案的研究 [J]. 电子科技大学学报，2011（40）：128–133.
[52] ISO/IEC 7816–4：1996，identification cards–Integrated circuit cards–part 4：organization，security and commands for interchange[S].
[53] S Kumari，SA Chaudhry，F Wu，et al. An improved smart card based authentication scheme for session initiation protocol[J]. Peer–to–Peer Networking and Applications，2015：1–14.
[54] SH Islam.Design and analysis of an improved smartcard–based remote user password authentication scheme[J].International Journal of Communication Systems，2016，29（11）：1708–1719.
[55] J Srinivas，S Mukhopadhyay，D Mishra. A Self–Verifiable Password Based Authentication Scheme for Multi–Server Architecture Using Smart Card[J]. Wireless Personal Communications，2017，96（18）：1–25.
[56] 刘丁丽，张大方，宁佐廷，等 . 基于 SM1 算法的文件安全机制设计与实现 [J]. 计算机应用与软件，2015，32（12）：316–320.
[57] 杨宗德 . 嵌入式 ARM 系统原理与实例开发 [M]. 北京：北京大学出版社，2007.
[58] 田泽 . 嵌入式系统开发与应用 [M]. 北京：北京航空航天大学出版社，2005.
[59] 田泽 . 嵌入式系统开发与应用实验教程 [M]. 北京：北京航空航天大学出版社，2004.
[60] 陈大才 . 射频识别（RFID）技术（第二版）[M]. 北京：清华大学出版社，2000.
[61] 刘锋 . 龙云亮 . 超高频 RFID 无源标签倍压整流电路设计 [J]. 微波学报，2008，24（2）：37–40.
[62] 孙旭光，张春，李永明，等 . 超高频无源 RFID 标签的一些关键电路的设计 [J]. 中国集成电路，2007，16（1）：29–35.
[63] 贝毅君，干红华，程学林，赵斌 .RFID 技术在物联网中的应用 [M]. 北京：人民邮电出版社，2013.
[64] 曾宝国，程远东 . RFID 技术及应用 [M]. 重庆：重庆大学出版社，2014.
[65] 黄玉兰 . 物联网：射频识别（RFID 核心技术详解）（第二版）[M]. 北京：人民邮电出版社，2012.
[66] 林为民 . 云计算与物联网技术在电力系统中的应用 [M]. 北京：中国电力出

版社，2013.
[67] 张旭涛 . 传感器技术与应用 [M]. 北京：人民邮电出版社，2010.
[68] 刘利秋，卢艳军，徐涛 . 传感器原理与应用 [M]. 北京：清华大学出版社，2015.
[69] 吴建平 . 传感器原理及应用 [M]. 北京：机械工业出版社，2016.
[70] 郁有文 . 传感器原理及工程应用 [M]. 西安：西安电子科技大学出版社，2014.
[71] 刘少强 . 现代传感器技术：面向物联网应用 [M]. 北京：电子工业出版社，2016.
[72] 徐文毫，郭训华，王国兴，等 . 霍尔芯片关键技术及发展趋势分析 [J]. 电路与系统，2014（3）：65-72.
[73] 张碧勇，许洋铖，张磊，等 . 高灵敏度低频感应式磁传感器的研制 [J]. 实验室研究与探索，2015，34（8）：61-63.
[74] 邵英秋，王言章，程德福，等 . 基于磁反馈的宽频带磁传感器的研制 [J]. 仪器仪表学报，2010，31（11）：2461-2466.
[75] 欧阳斌林，杨方，王润涛，等 . 恒流源充电二极管放电的电感式位移传感器 [J]. 传感技术学报，2012，25（9）：1262-1267.

索　引

C

D

F

G

H

J

K

L

M

N

P

Q

R

S

T

W

X

Y

Z